房屋建筑标准强制性条文实施指南丛书

建筑施工质量分册

住房和城乡建设部强制性条文协调委员会
MOHURD Advisory Committee on Technical Regulations

U0253982

中国建筑工业出版社

图书在版编目（CIP）数据

建筑施工质量分册/住房和城乡建设部强制性条文协调
委会员 .—北京：中国建筑工业出版社，2017.3
房屋建筑标准强制性条文实施指南丛书
ISBN 978-7-112-19953-2

Ⅰ.①建… Ⅱ.①住… Ⅲ.①建筑工程-工程施工-
标准-中国-指南 ②建筑工程-工程质量-标准-中国-指南
Ⅳ.①TU711-62 ②TU712-62

中国版本图书馆 CIP 数据核字（2016）第 237517 号

为使广大工程技术人员能够更好地理解、掌握和执行《工程建设标准强制性条文（房屋建筑部分）》（2013 年版）（以下简称《强制性条文》），并便于有关监管部门和监督机构有效开展监督管理工作，受住房和城乡建设部标准定额司委托，住房和城乡建设部强制性条文协调委员会组织编制了《房屋建筑标准强制性条文实施指南》（以下简称《实施指南》）系列丛书。本书为《实施指南》系列丛书的《建筑施工质量分册》，针对《强制性条文》第九篇"施工质量"、第十篇"施工安全"及其后批准实施的与房屋建筑工程施工质量直接相关的工程建设强制性条文进行编制。

强制性条文的文字表达具有逻辑严谨、简练明确的特点，且只作规定而不述理由，对于执行者和监管者来说可能知其表易，而察其理难。本书的首要目的即是要准确诠释强制性条文的内涵，析其理、明其意，从而使执行者能够准确理解并有效实施强制性条文，使监管者能够准确理解并有效监督强制性条文的实施。

本书包括 9 部分内容，主要内容包括：强制性条文概论、基本规定、地基基础工程施工、混凝土结构工程施工、钢结构工程施工、砌体结构工程施工、木结构工程施工、施工安全和附录。本书为《实施指南》系列丛书的建筑施工质量册，共纳入强制性条文 190 条，涉及标准 55 本。其中，基本规定篇的强制性条文 11 条，涉及标准 3 本；地基基础篇的强制性条文 52 条，涉及标准 12 本；混凝土结构篇的强制性条文 61 条，涉及标准 22 本；钢结构篇的强制性条文 39 条，涉及标准 8 本；砌体结构篇的强制性条文 15 条，涉及标准 9 本；木结构结构篇的强制性条文 10 条，涉及标准 1 本。

本书是对房屋建筑标准有关强制性条文的权威解读，适合房屋建筑相关勘察、设计、施工、工程监理单位以及有关监督管理机构的专业技术人员和管理人员参考使用，亦可作为强制性条文的宣贯培训用书。

责任编辑：何玮珂
责任设计：李志立
责任校对：焦　乐　刘梦然

房屋建筑标准强制性条文实施指南丛书
建筑施工质量分册
住房和城乡建设部强制性条文协调委员会
*
中国建筑工业出版社出版、发行（北京西郊百万庄）
各地新华书店、建筑书店经销
北京红光制版公司制版
大厂回族自治县正兴印务有限公司印刷
*
开本：787×1092 毫米 1/16 印张：21½ 字数：522 千字
2016 年 12 月第一版 2016 年 12 月第一次印刷
定价：**58.00 元**
ISBN 978-7-112-19953-2
(29444)

建筑施工质量分册编委会

前　言

为充分发挥工程建设强制性标准在贯彻国家方针政策、保证工程质量安全、维护社会公共利益等方面的引导和约束作用，进一步加强工程建设强制性标准的实施和监督工作，2013年，住房和城乡建设部标准定额司委托住房和城乡建设部强制性条文协调委员会（以下简称强条委）对现行工程建设国家标准、行业标准中的强制性条文进行了清理，并将清理后的强制性条文汇编成《工程建设标准强制性条文（房屋建筑部分）》（2013年版）（以下简称《强制性条文》）。

为使广大工程技术人员能够更好地理解、掌握和执行《强制性条文》，并便于有关监管部门和监督机构有效开展监督管理工作，受住房和城乡建设部标准定额司委托，强条委组织编制了《房屋建筑标准强制性条文实施指南》（以下简称《实施指南》）系列丛书。本书为《实施指南》系列丛书的建筑施工质量分册，针对《强制性条文》（2013年版）第九篇"施工质量"、第十篇"施工安全"及其后批准实施的与房屋建筑工程施工质量直接相关的工程建设强制性条文进行编制。

一、编制概况

强制性条文的文字表达具有逻辑严谨、简练明确的特点，且只作规定而不述理由，对于执行者和监管者来说可能知其表易，而察其理难。编制《实施指南》的首要目的即是要准确诠释强制性条文的内涵，析其理、明其意，从而使执行者能够准确理解并有效实施强制性条文，使监管者能够准确理解并有效监督强制性条文的实施。为此，强条委秘书处统一部署，精心组织，邀请房屋建筑相关标准主要编写人员和房屋建筑标准化领域的权威专家，经过稿件撰写、汇总、修改、审查、校对等过程，历时两年编制成稿。

二、内容简述

本书包括九部分内容，各部分主要内容如下：

第一篇　强制性条文概论——全面介绍强制性条文发展历程，分析其属性和作用，并对强制性条文的编制管理、制定、实施和监督等方面作了系统阐述，以使读者对强制性条文有全面、清晰的了解和认识。

第二～七篇　基本规定、地基基础工程施工、混凝土结构工程施工、钢结构工程施工、砌体结构工程施工、木结构工程施工——本书的技术内容部分，对强制性条文逐条解析，提出实施要点，并按照统一的体例进行编制，即"强制性条文"、"技术要点说明"和"实施与检查"，部分强制性条文还辅以"案例"。其中：

（1）"技术要点说明"主要包括条文规定的目的、依据、含义、强制实施的理由、相关标准规定（特别是相关强制性条文规定）以及注意事项等内容。

（2）"实施与检查"主要指为保证强制性条文有效执行和监督检查应采取的措施、操作程序和方法、检查程序和方法等，具体包括实施与检查的主体、行为以及实施与检查的内容、要求四个方面。本书中强制性条文的实施主体主要是勘察、设计单位，检查主体主要是监管部门和监督机构（如施工图审查单位），为避免重复，实施与检查的主体一般予以省略。

（3）"案例"针对部分强制性条文给出，供读者参考，以便于读者更好地理解、掌握。

第八篇　施工安全——收录与地基基础、混凝土结构、钢结构、砌体结构、木结构施工安全有关的强制性条文，以便于读者查阅。

第九篇　附录——收录与建筑工程施工强制性条文实施和监督相关的行政法规、部门规章、强条委简介及有关文件，以便于读者查阅。

三、有关说明

1. 本书为《实施指南》系列丛书的建筑施工质量册，共纳入强制性条文 190 条，涉及标准 55 本。其中，基本规定篇强制性条文 11 条，涉及标准 3 本；地基基础工程施工篇强制性条文 52 条，涉及标准 12 本；混凝土结构工程施工篇强制性条文 61 条，涉及标准 22 本；钢结构工程施工篇强制性条文 39 条，涉及标准 8 本；砌体结构工程施工篇强制性条文 15 条，涉及标准 9 本；木结构工程施工篇强制性条文 10 条，涉及标准 1 本。

2. 本书中强制性条文的收录原则如下：

（1）以《强制性条文》为基础，并对 2015 年 12 月 31 日前新发布标准中的强制性条文进行了补充或替换；但未纳入全文强制国家标准《住宅建筑规范》GB 50368—2005 的条文。

（2）对于处于修订中的标准，2015 年 12 月 31 日前已经完成强制性条文审查的，按强条委的审查意见纳入了相关条文，并在文中注明，未经过强制性条文审查的，纳入其原有的强制性条文。

（3）由于标准修订不同步等原因，导致部分专用标准的个别强制性条文与通用标准或基础标准不协调或冲突时，该专用标准的相关条文不予纳入。

3. 在本书中，对于等同、等效的强制性条文，仅对其中一条列出实施要点的具体内容，对其他条仅列出条文，不再重复实施要点的具体内容。对有些内容相近，但又不属于等同或等效的强制性条文，各条的实施要点分别列出。

4. 为了解释全面、详尽，个别强制性条文的实施要点涉及少量非强制性条文的内容，但这并不表示这些非强制性条文具有强制性，而是仅指这些非强制性条文与该强制性条文有相关性。

5. 本书中的强制性条文所在的国家标准、行业标准修订后，其新批准发布的强制性条文将替代《强制性条文》和本书中相应的内容。

6. 本书由强条委组织编制，是对房屋建筑标准有关强制性条文的权威解读，适合房屋建筑相关勘察、设计、施工、工程监理单位以及有关监督管理机构的专业技术人员和管理人员参考使用，亦可作为强制性条文的宣贯培训用书。但需要特别指出的是，除强制性条文之外，本书的其他内容并不具有强制性。

四、致谢

本书的编制工作得到了各标准主编单位、标准主要编写人员及有关专家的大力支持和帮助，住房和城乡建设部标准定额司、住房和城乡建设部标准定额研究所、中国建筑工业出版社有关负责同志也给予了具体指导。在本书付梓之际，诚挚地对有关单位、专家和有关人员表示感谢。

五、意见反馈

本书今后将适时修订。在本书使用过程中，如有意见或建议，请反馈至住房和城乡建设部强制性条文协调委员会秘书处（地址：北京市北三环东路 30 号 中国建筑科学研究院标准规范处；邮编：100013；E-mail：qtw@cabr.com.cn），以便修订完善。

住房和城乡建设部强制性条文协调委员会
二〇一六年六月

目　录

第一篇　强制性条文概论

第二篇　基　本　规　定

第三篇　地基基础工程施工

第四篇 混凝土结构工程施工

第五篇 钢结构工程施工

第六篇　砌体结构工程施工

第七篇　木结构工程施工

第八篇　施　工　安　全

附　　录

第 一 篇

强制性条文概论

1　强制性条文发展历程

工程建设标准是为在工程建设领域内获得最佳秩序，对建设工程的勘察、规划、设计、施工、安装、验收、运营维护及管理等活动和结果需要协调统一的事项所制定的共同的、重复使用的技术依据和准则，对促进技术进步，保证工程安全、质量、环境和公众利益，实现最佳社会效益、经济效益、环境效益和最佳效率等，具有直接作用和重要意义。

工程建设标准在保障建设工程质量安全、保障人身安全和人体健康以及其他社会公共利益方面一直发挥着重要作用。具体就是通过行之有效的标准规范，特别是工程建设强制性标准，为建设工程实施安全防范措施、消除安全隐患提供统一的技术要求，以确保在现有的技术、管理条件下尽可能地保障建设工程质量安全，从而最大限度地保障建设工程的建造者、所有者、使用者和有关人员的人身安全、财产安全以及人体健康。

就强制性而言，我国工程建设标准经历了全部强制、《中华人民共和国标准化法》意义上的强制性标准、强制性条文、全文强制标准的发展过程。1949～1989 年，为标准全部强制阶段，我国标准化工作采用单一的强制性标准体制。1989～2000 年，为标准分为强制性标准和推荐性标准阶段，我国标准化工作采用强制性标准和推荐性标准相结合的二元结构体制。2000 年至今，强制性条文制度建立并发展，全文强制标准陆续编制发布，强制性标准表现为条文强制和全文强制两种形式。

1.1　强制性条文的产生

1988 年和 1989 年先后发布的《中华人民共和国标准化法》、《中华人民共和国标准化法实施条例》规定：国家标准、行业标准分为强制性标准和推荐性标准；强制性标准，必须执行，推荐性标准，国家鼓励企业自愿采用。

1997 年发布的《中华人民共和国建筑法》规定，建设、勘察、设计、施工和监理单位在建筑活动中，必须执行相关标准。尽管《标准化法》中明确将标准划分为强制性标准和推荐性标准，并对两者的执行提出了不同的要求，但在《中华人民共和国标准化法》出台后 9 年才出台的《中华人民共和国建筑法》并未响应这种划分，而是在条文中笼统地表述为"标准"。这种法律之间的不协调配套，使法律规范对技术标准的引用没有落实，更有将技术标准强制实施范围和内容扩大化的风险。

2000 年国务院发布的《建设工程质量管理条例》（国务院令第 279 号）规定，建设单位、勘察单位、设计单位、施工单位、工程监理单位依法对建设工程质量负责，而且要求建设工程质量的责任主体必须严格执行工程建设强制性标准，并对有关责任主体违反工程建设强制性标准，降低建设工程质量提出了具体处罚规定。《建设工程质量管理条例》首次在法规层面提出工程建设强制性标准，并将其作为保障建设工程质量的重要措施和各方责任主体执行技术标准的标志。

2000 年 8 月，原建设部（现为住房和城乡建设部）发布与《建设工程质量管理条例》配套的《实施工程建设强制性标准监督规定》（建设部令第 81 号），规定从事新建、扩建、改建等工程建设活动，必须执行工程建设强制性标准，且明确"本规定所称工程建设强制性标准是指直接涉及工程质量、安全、卫生及环境保护等方面的工程建设标准强制性条文"，从而确立了强制性条文的法律地位，并对加强建设工程质量的管理和加强强制性标准（强制性条文）实施的监督作出了具体规定，明确了各方责任主体的职责。《实施工程建设强制性标准监督规定》首次明确界定"工程建设强制性标准"即指"工程建设标准强制性条文"，响应了《建设工程质量管理条例》中对执行工程建设强制性标准的规定。

《建设工程质量管理条例》对执行工程建设强制性标准作出了明确的、严格的规定，这对工程建设强制性标准的定义、范围、数量等，都提出了新的要求。当时，我国在施的各类工程建设强制性标准（按《中华人民共和国标准化法》划分的强制性标准）多达 2700 余项，需要执行的标准条文超过 15 万条。在这些强制性标准的条文中，既有应强制的技术要求，也有在正常情况下可以选择执行的技术要求。如果不加区分地都予以严格执行，必然影响工程技术人员的积极性和创造性，阻碍新技术、新工艺、新材料的推广应用；如果不突出确实需要强制执行的技术要求，政府管理部门也将难以开展监督工作，必然影响标准作用的充分发挥。《实施工程建设强制性标准监督规定》明确"工程建设强制性标准"即指"工程建设标准强制性条文"，实际上是进一步限定了工程建设强制性标准的范围，并为实施《建设工程质量管理条例》开辟了道路。

原建设部（现为住房和城乡建设部）于 2000 年组织专家从已经批准的工程建设国家标准、行业标准中挑选带有"必须"和"应"规定的条文，对其中直接涉及工程质量、安全、卫生及环境保护和其他公众利益的条文进行摘录，形成了《工程建设标准强制性条文》2000 年版。《工程建设标准强制性条文》2000 年版共十五部分，包括城乡规划、城市建设、房屋建筑、工业建筑、水利工程、电力工程、信息工程、水运工程、公路工程、铁道工程、石油和化工建设工程、矿山工程、人防工程、广播电影电视工程和民航机场工程，覆盖了工程建设的各主要领域。

从 2000 年以来，在制修订工程建设标准时，对直接涉及工程质量安全、人民生命财产安全、人身健康、环境保护和其他公众利益，以及提高经济效益和社会效益等方面的条文经审查后作为强制性条文，并在标准发布公告中明确条文编号，在标准前言中加以说明，在标准正文中用黑体字标志。工程建设标准强制性条文（房屋建筑部分）咨询委员会（现为住房和城乡建设部强制性条文协调委员会）是房屋建筑（现扩展为房屋建筑、城乡规划、城镇建设）标准强制性条文的审查和管理机构。这种审查制度延续至今。

1.2　强制性条文的现状

随着强制性条文制度的确立及实施，工程建设强制性标准得以相对有序地发展。起初，强制性条文均来源于工程建设国家标准、行业标准，后来编制的地方标准中也开始出现强制性条文。相关标准制修订后还会出现新制订或修订的强制性条文，强制性条文不断推出和更新。

其后,对《工程建设标准强制性条文》各部分也陆续开展了修订工作。《工程建设标准强制性条文》(房屋建筑部分)先后出版了 2002 年版、2009 年版和 2013 年版。其他部分还有《工程建设标准强制性条文》(城乡规划部分)2013 年版,《工程建设标准强制性条文》(城镇建设部分)2013 年版,《工程建设标准强制性条文》(电力工程部分)2006 年版,《工程建设标准强制性条文》(水利部分)2010 年版,《工程建设标准强制性条文》(工业建筑部分)2012 年版。

截至 2013 年 6 月 30 日,房屋建筑、城乡规划、城镇建设领域现行工程建设标准、强制性标准和强制性条文情况如表 1-1 所示。

表 1-1　我国房屋建筑、城乡规划、城镇建设领域现行标准和强制性标准情况

	所属领域		
	房屋建筑	城乡规划	城镇建设
现行标准总数	482	27	251
其中,国标数量	227	22	97
行标数量	255	5	154
现行强制性标准总数	325	17	138
其中,国标数量	169	14	52
行标数量	156	3	86
强制性条文总数	3103	193	2180

2003 年,原建设部(现为住房和城乡建设部)组织开展了房屋建筑、城镇燃气、城市轨道交通技术法规的试点编制工作,继续推进工程建设标准体制改革。2005 年以来,原建设部(现为住房和城乡建设部)组织制订了一批全文强制标准,如《住宅建筑规范》GB 50368-2005、《城市轨道交通技术规范》GB 50490-2009、《城镇燃气技术规范》GB 50494-2009、《城镇给水排水技术规范》GB 50778-2012 等。

全文强制标准是主要依据现行相关标准,参照发达国家和地区技术法规制定原则,结合我国实际情况制定的全部条文为强制性条文的工程建设强制性标准。全文强制标准具有与国外技术法规相近的属性和特点。

截至目前,工程建设强制性标准具有两种表现形式:一是工程建设标准中以黑体字标志的必须严格执行的强制性条文,以及摘录现行标准中强制性条文形成的《工程建设标准强制性条文》汇编;二是以功能和性能要求为基础的全文强制标准,如《住宅建筑规范》GB 50368-2005。强制性条文和全文强制标准构成了我国目前的工程建设强制性标准体系。

1.3　强制性条文的不足

在工程建设强制性标准发展过程中,无论是强制性条文(含全文强制标准)编制、审查、发布,还是其实施及实施监督,一些不适应和不完善的地方逐渐暴露出来。主要有以

下几个方面：

（1）强制性条文散布于各本技术标准中，系统性不够，且可能存在重复、交叉甚至矛盾。目前，强制性条文由标准编制组提出，经标准审查会审查通过后，再由住房和城乡建设部强制性条文协调委员会审查。审查会专家多从技术层面把关，可较好地把握技术的成熟性和可操作性。但编制组和审查会专家可能对强制性条文的确定原则理解不深，或对相关标准的规定（特别是强制性条文）不熟悉，造成提交的强制性条文与相关标准强制性条文重复、交叉甚至矛盾。强制性条文之间内容交叉甚至矛盾则势必会造成实施者无所适从，不利于发挥标准的作用，更不利于保证质量和责任划分。

（2）强制性条文形成机制不能完全适应发展需要。强制性条文在不断充实的过程中，也存在强制性条文确定原则和方式、审查规则等方面不够完善的问题。由于强制性条文与非强制性条文界限不清，致使强制性条文的确定并不能完全遵循统一的、明确的、一贯的规则，也会造成强制性条文之间重复、交叉甚至矛盾。同时，由于标准制修订不同步和审查时限要求等因素，住房和城乡建设部强制性条文协调委员会有时也无法从总体上平衡，只能"被动"接受。这些都不能完全适应当前工程建设标准和经济社会发展的需求。

（3）以功能和性能要求为基础的全文强制标准的有效有序实施存在困难。住房和城乡建设部已陆续编制、发布一些以功能和性能要求为基础的全文强制标准，这为构建工程建设技术法规体系奠定了良好的基础。但由于未能在制度层面界定全文强制标准、强制性条文和非强制性条文的地位和关联关系，致使全文强制标准的实施和监督可能缺乏明确的技术依据和方法手段。这个问题在部分强制性条文中也同样存在。

总体来说，强制性条文的这些不足是由其形成机制造成的，是"与生俱来"的。这些问题的解决，有待于在标准化实践中进一步反映需求，有待于社会各界进一步凝聚共识，有待于工程建设标准体制进一步改革。

2 强制性条文的属性和作用

2.1 强制性条文的属性

强制性条文和全文强制标准一样，具有标准的一般属性和构成要素，同时具有现实的强制性。强制性是强制性条文最重要的属性。

《中华人民共和国标准化法》和《中华人民共和国标准化法实施条例》规定了强制性标准必须执行，《中华人民共和国建筑法》规定了建筑活动应遵守有关标准规定，《建设工程质量管理条例》规定了必须严格执行工程建设强制性标准，《实施工程建设强制性标准监督规定》进一步明确"工程建设强制性标准"即指"工程建设标准强制性条文"。

由于法律、行政法规和部门规章的引用和对强制性标准的逐次界定，使强制性条文具有了强制执行的属性。换句话说，强制性条文的强制性是由法律、行政法规、部门规章联合赋予的。法律、行政法规规定应执行强制性标准，部门规章进一步明确强制性标准即强制性条文。

2.2 强制性条文的作用

（1）强制性条文是贯彻《建设工程质量管理条例》的重大制度安排

2000年，国务院发布《建设工程质量管理条例》（以下简称《条例》）。这是国家在市场经济条件下，为建立新的建设工程质量管理制度和运行机制而制定的行政法规。《条例》对执行工程建设强制性标准作出了全面、严格的规定。这是迄今为止，国家对不执行强制性标准作出的最为严厉的行政管理规定，不执行强制性标准就是违法，就要受到相应的处罚。《条例》对强制性标准实施监督的严格规定，打破了主要依靠行政管理保证建设工程质量的传统习惯，赋予了强制性标准明确的法律地位，开始走上了行政管理和强制性标准并重的保证建设工程质量的道路。

《条例》为强制性标准的全面贯彻实施创造了极为有利的条件。《实施工程建设强制性标准监督规定》进一步明确强制性标准即强制性条文。由此，强制性条文制度正式建立和实施，为贯彻《条例》提供了有效的手段和措施，是一项意义重大、影响深远的制度安排。

（2）强制性条文对保证工程质量安全、规范建设市场具有重要作用

强制性条文是工程建设活动应遵守的基本技术要求，同时也是工程质量安全和建设市场监管的技术依据。强制性条文是直接涉及工程质量、安全、卫生及环境保护等方面的工程建设标准条文，对保证工程质量、安全至关重要。我国中央政府和地方政府开展的各次工程质量安全和建设市场监督执法检查，均将是否执行强制性标准作为一项重要内容。在

事故调查中，不论对人为原因造成的，还是对在自然灾害中垮塌的建设工程，都要重点审查有关单位贯彻执行强制性条文的情况，对违规者要追究法律责任。

据 2011 年全国建设工程质量安全执法监督检查情况的通报，住房和城乡建设部组织对全国 30 个省、自治区、直辖市（西藏自治区除外）进行了以保障性安居工程为主的建设工程质量安全监督执法检查，共抽查 233 项在建房屋建筑工程（包括保障性安居工程214 项、商品住宅 11 项、公共建筑工程 8 项，总建筑面积约 366.3 万 m^2）。从检查情况看，这次抽查的工程总体上能按照国家有关工程建设法律法规和强制性标准进行建设，大多数项目的参建各方质量行为比较规范，勘察设计和施工质量处于受控状态。但是，建设、勘察、设计、施工、监理等各方责任主体均不同程度存在质量安全问题，个别工程执行工程建设强制性技术标准的情况不容乐观。

另据来自于《中国建设报》的消息，2012 年全国施工图审查共查出违反强制性条款数量 290688 条次，施工图审查一次审查合格率仅为 44.9%。这不仅反映出勘察设计质量仍有待提高，还反映出施工图审查在保障工程质量方面成效显著，发挥了事前审查，及时发现、排除质量安全隐患，减少事故损失的作用。

与建设工程相关的质量事故和安全事故，虽然其表现形式和后果多种多样，但其中的一个重要原因都是违反标准的规定，特别是违反强制性条文的规定。只有严格贯彻执行工程建设标准，特别是强制性条文，才能保证建设工程的使用寿命，才能确保人民的生命财产安全，才能使工程建设投资发挥最好的效益。

（3）强制性条文是推进工程建设标准体制改革的关键步骤

工程建设标准是中央政府和地方政府从技术标准化的角度，为工程建设活动提供的技术规则，对引导和规范建设市场行为、保证工程质量安全具有重要的作用。我国现行的工程建设标准体制是强制性和推荐性相结合的体制，这一体制是《中华人民共和国标准化法》所规定的。在建立和完善社会主义市场经济体制和应对加入 WTO 的新形势下，需要进行改革和完善，需要与时俱进。

世界上大多数国家对工程建设活动的技术控制，采取的是技术法规与技术标准相结合的管理体制。技术法规是强制性的，是把工程建设活动中的技术要求法制化，在工程建设活动中严格贯彻，不执行技术法规就是违法，就要受到相应的处罚。技术法规中引用的技术标准也应严格执行，而没有被技术法规引用的技术标准可自愿采用。这种技术法规与技术标准相结合的管理体制，由于技术法规的数量少、重点突出，因而执行起来也就明确、方便，不仅能够满足工程建设活动的技术需求，而且也不会给工程建设市场发展以及工程技术进步造成障碍。应当说，这对我国工程建设标准体制的改革具有现实的借鉴作用。

我国的法律规范体系中并没有"技术法规"这种法律文件。在我国工程建设技术领域直接形成技术法规、按照技术法规与技术标准相结合的体制运作，并不具备立法上的基础条件，尚需要不断研究、探索和实践，并在某些重要环节取得突破。强制性条文是工程建设标准体制改革的关键步骤，为探索建立适应中国国情的工程建设技术法规体系奠定了基础、积累了经验。可以预计，强制性条文内容的不断改造和完善，将会逐步成为我国工程建设技术法规的重要内容。

3 强制性条文制定

3.1 强制性条文管理部门和管理机构

目前，我国工程建设标准化管理部门和机构包括两部分：一是政府管理部门，包括负责全国工程建设标准化归口管理工作的国务院住房和城乡建设主管部门，负责本部门或本行业工程建设标准化工作的国务院有关主管部门，负责本行政区域工程建设标准化工作的省、市、县人民政府住房和城乡建设主管部门；二是非政府管理机构，即政府主管部门委托的负责工程建设标准化管理工作的机构。

由于强制性条文来源于各本工程建设标准，上述工程建设标准化管理部门和机构也同时承担着强制性条文的管理责任和具体工作。以下以房屋建筑标准强制性条文的管理为例，介绍其管理部门和管理机构。

2001年7月，原建设部（现为住房和城乡建设部）发文《关于组建〈工程建设标准强制性条文〉（房屋建筑部分）咨询委员会的通知》（建办标〔2001〕33号），批准成立了由中国建筑科学研究院牵头联合有关单位组建的《工程建设标准强制性条文》（房屋建筑部分）咨询委员会（以下简称咨询委员会），明确了咨询委员会负责协助建设部标准定额司管理房屋建筑强制性标准（强制性条文）。

2011年，为适应住房城乡建设标准化管理需求，进一步增强标准化技术管理力度，保障标准的编制质量和水平，更好地发挥标准对住房城乡建设事业的支撑保障作用，住房和城乡建设部发文《关于调整住房和城乡建设部标准化技术支撑机构的通知》（建标〔2011〕98号），批准成立了住房和城乡建设部强制性条文协调委员会（在原咨询委员会基础上重新组建，以下简称强条委），明确强条委是开展城乡规划、城乡建设和房屋建筑领域工程建设标准强制性条文管理工作的标准化技术支撑机构，负责对城乡规划、工程勘察与测量、建筑设计等二十个专业标准化技术委员会（以下简称专业标委会）提交的工程建设国家标准、行业标准，以及各地方建设行政主管部门或其委托机构报请备案的地方标准中的强制性条文进行审查，协助住房和城乡建设部对强制性条文进行日常管理和对强制性条文技术内容进行解释。

总体来说，住房和城乡建设部（标准定额司）是房屋建筑标准强制性条文的管理部门，强条委是房屋建筑等标准强制性条文的管理机构。在具体管理工作中，受住房和城乡建设部（标准定额司）委托，住房和城乡建设部标准定额研究所、各专业标委会在标准编制管理的有关环节中对强制性条文的确定发挥作用。

3.2 强制性条文制定程序

由于强制性条文来源于各本工程建设标准，是随着工程建设标准制修订过程确定的，其制定程序与工程建设标准基本相同。

根据住房和城乡建设部于 2011 年 12 月发布的《住房和城乡建设部标准编制工作流程（试行）》（建标标函 [2011] 151 号）和住房和城乡建设部强制性条文协调委员会于 2012 年 4 月发布的《强制性条文审查工作办法》（强条委 [2012] 3 号）的有关规定，城乡规划、城乡建设和房屋建筑领域工程建设标准中的强制性条文制定程序可总结如下：

（1）在标准征求意见阶段，标准主编单位（编制组）将标准（含拟定强制性条文）征求意见文件报送强条委秘书处，强条委秘书处组织反馈意见。

（2）在标准送审阶段，标准主编单位（编制组）向标准审查会议提交的标准送审文件中应明确提出拟定的强制性条文；标准审查会议上，标准审查专家委员会对标准主编单位（编制组）提出的拟定强制性条文进行专项审查，且审查会议纪要应包含强制性条文专项审查意见和具体建议。

（3）在标准报批阶段，标准主编单位（编制组）应按标准审查会议意见，对建议作为强制性条文的条文进行修改、完善，并报专业标委会进行初审；经专业标委会初审后，由专业标委会秘书处书面报请强条委审查；强条委秘书处进行形式审查，组织有关专家对强制性条文进行技术审查，并向专业标委会及主编单位出具强制性条文审查意见函；标准主编单位（编制组）应按照强条委的审查意见，对标准报批稿进行相应的修改、完善，在向住房和城乡建设部行文报送标准报批文件时，应随附强条委出具的强制性条文审查意见函。

3.3 强制性条文编写规定

根据住房和城乡建设部于 2008 年 10 月发布的《工程建设标准编写规定》（建标 [2008] 182 号）和住房和城乡建设部强制性条文协调委员会于 2012 年 4 月发布的《工程建设标准强制性条文编写规定》（强条委 [2012] 2 号），城乡规划、城乡建设和房屋建筑领域工程建设标准中的强制性条文编写规定可总结如下：

（1）工程建设国家标准和行业标准中直接涉及人民生命财产安全、人身健康、节能、节地、节水、节材、环境保护和其他公众利益，且必须严格执行的条文，应列为强制性条文，且采用黑体字标志。

（2）地方标准可按照强制性条文的确定原则，根据当地的气候、地理、资源、经济、文化特点等，制定有针对性的强制性条文。

（3）强制性条文应是完整的条。

（4）强制性条文中不应引用非强制性条文的内容。

（5）强制性条文必须编写条文说明，且必须表述作为强制性条文的理由。

（6）强制性条文的内容表达应完整准确，文字表达应逻辑严谨、简练明确，不得模棱两可。

（7）强制性条文应具有相对稳定性。相应标准修订时，标准中强制性条文的调整应经论证。

（8）强制性条文之间应协调一致，不得相互抵触。

（9）强制性条文应具有可操作性。强制性条文可以是定量的要求，也可以是定性的规定。定量或定性应准确，并应有充分的依据。

（10）对争议较大且未取得一致意见的标准条文，不应列为强制性条文。

（11）行业标准中的强制性条文不得与国家标准中的强制性条文相抵触。

（12）地方标准中的强制性条文不得与国家标准、行业标准中的强制性条文相抵触。

4　强制性条文实施与监督

　　标准化工作的任务是制定标准、组织实施标准和对标准的实施进行监督。制定标准是标准化工作的前提，实施标准是标准化工作的目的，对标准的实施进行监督是标准化工作的手段。加强工程建设标准（尤其是强制性条文）的实施与监督，使工程建设各阶段各环节正确理解、准确执行工程建设标准（尤其是强制性条文），是工程建设标准化工作的重要任务。

　　《中华人民共和国标准化法》规定，强制性标准，必须执行。《建设工程质量管理条例》、《实施工程建设强制性标准监督规定》等行政法规、部门规章从不同角度对实施工程建设标准和对标准实施进行监督作了或原则或具体的规定。

　　由于强制性条文依附于各本工程建设标准，强制性条文不是工程建设活动的唯一技术依据，实施强制性条文也不是保证工程质量安全的充分条件。现行强制性标准中没有列为强制性条文的内容，是非强制监督执行的内容，但是，如果因为没有执行这些技术规定而造成了工程质量安全方面的隐患或事故，同样应追究责任。也就是说，只要违反强制性条文就要追究责任并实施处罚；违反强制性标准中非强制性条文的规定，如果造成工程质量安全方面的隐患或事故才会追究责任。

4.1　相关法律、法规及规章的规定

（一）《中华人民共和国标准化法》、《中华人民共和国标准化法实施条例》

　　《中华人民共和国标准化法》、《中华人民共和国标准化法实施条例》对标准的实施与监督都作出了明确规定：

　　（1）强制性标准实施

　　强制性标准，必须执行。不符合强制性标准的产品，禁止生产、销售和进口。

　　（2）实施监督部门及职责

　　国务院标准化行政主管部门统一负责全国标准实施的监督。国务院有关行政主管部门分工负责本部门、本行业的标准实施的监督。省、自治区、直辖市标准化行政主管部门统一负责本行政区域内的标准实施的监督。省、自治区、直辖市人民政府有关行政主管部门分工负责本行政区域内本部门、本行业的标准实施的监督。市、县标准化行政主管部门和有关行政主管部门，按照省、自治区、直辖市人民政府规定的各自的职责，负责本行政区域内的标准实施的监督。

（二）《中华人民共和国建筑法》

　　《中华人民共和国建筑法》第三条规定：建筑活动应当确保建筑工程质量和安全，符

合国家的建设工程安全标准。该法分别对建设单位、勘察单位、设计单位、施工企业和工程监理单位实施标准的责任，以及对主管部门的监管责任作了具体规定。

（1）建设单位

建设单位不得以任何理由，要求建筑设计单位或者建筑施工企业在工程设计或者施工作业中，违反法律、行政法规和建筑工程质量、安全标准，降低工程质量。建筑设计单位和建筑施工企业对建设单位违反前款规定提出的降低工程质量的要求，应当予以拒绝。

建设单位违反本法规定，要求建筑设计单位或者建筑施工企业违反建筑工程质量、安全标准，降低工程质量的，责令改正，可以处以罚款；构成犯罪的，依法追究刑事责任。

（2）勘察、设计单位

建筑工程设计应当符合按照国家规定制定的建筑安全规程和技术规范，保证工程的安全性能。

建筑工程的勘察、设计单位必须对其勘察、设计的质量负责。勘察、设计文件应当符合有关法律、行政法规的规定和建筑工程质量、安全标准、建筑工程勘察、设计技术规范以及合同的约定。设计文件选用的建筑材料、建筑构配件和设备，应当注明其规格、型号、性能等技术指标，其质量要求必须符合国家规定的标准。

建筑设计单位不按照建筑工程质量、安全标准进行设计的，责令改正，处以罚款；造成工程质量事故的，责令停业整顿，降低资质等级或者吊销资质证书，没收违法所得，并处罚款；造成损失的，承担赔偿责任；构成犯罪的，依法追究刑事责任。

（3）施工单位

建筑施工企业和作业人员在施工过程中，应当遵守有关安全生产的法律、法规和建筑行业安全规章、规程，不得违章指挥或者违章作业。

建筑施工企业对工程的施工质量负责。建筑施工企业必须按照工程设计图纸和施工技术标准施工，不得偷工减料。

交付竣工验收的建筑工程，必须符合规定的建筑工程质量标准，有完整的工程技术经济资料和经签署的工程保修书，并具备国家规定的其他竣工条件。

建筑施工企业在施工中偷工减料的，使用不合格的建筑材料、建筑构配件和设备的，或者有其他不按照工程设计图纸或者施工技术标准施工的行为的，责令改正，处以罚款；情节严重的，责令停业整顿，降低资质等级或者吊销资质证书；造成建筑工程质量不符合规定的质量标准的，负责返工、修理，并赔偿因此造成的损失；构成犯罪的，依法追究刑事责任。

（4）监理单位

建筑工程监理应当依照法律、行政法规及有关的技术标准、设计文件和建筑工程承包合同，对承包单位在施工质量、建设工期和建设资金使用等方面，代表建设单位实施监督。工程监理人员认为工程施工不符合工程设计要求、施工技术标准和合同约定的，有权要求建筑施工企业改正。工程监理人员发现工程设计不符合建筑工程质量标准或者合同约定的质量要求的，应当报告建设单位要求设计单位改正。

（5）主管部门

国务院建设行政主管部门对全国的建筑活动实施统一监督管理。

（三）《建设工程质量管理条例》

《建设工程质量管理条例》第三条规定，建设单位、勘察单位、设计单位、施工单位、工程监理单位依法对建设工程质量负责。《建设工程质量管理条例》对标准实施与监督的规定，是按照不同的责任主体作出的。

（1）建设单位

建设单位不得明示或者暗示设计单位或者施工单位违反工程建设强制性标准，降低建设工程质量。

违反本条例规定，建设单位有下列行为之一的，责令改正，处 20 万元以上 50 万元以下的罚款：……（三）明示或者暗示设计单位或者施工单位违反工程建设强制性标准，降低工程质量的。

（2）勘察、设计单位

勘察、设计单位必须按照工程建设强制性标准进行勘察、设计，并对其勘察、设计的质量负责。

设计单位在设计文件中选用的建筑材料、建筑构配件和设备，应当注明规格、型号、性能等技术指标，其质量要求必须符合国家规定的标准。

违反本条例规定，有下列行为之一的，责令改正，处 10 万元以上 30 万元以下的罚款：（一）勘察单位未按照工程建设强制性标准进行勘察的；……（四）设计单位未按照工程建设强制性标准进行设计的。有前款所列行为，造成重大工程质量事故的，责令停业整顿，降低资质等级；情节严重的，吊销资质证书；造成损失的，依法承担赔偿责任。

（3）施工单位

施工单位必须按照工程设计图纸和施工技术标准施工，不得擅自修改工程设计，不得偷工减料。

施工单位必须按照工程设计要求、施工技术标准和合同约定，对建筑材料、建筑构配件、设备和商品混凝土进行检验，检验应当有书面记录和专人签字；未经检验或者检验不合格的，不得使用。

违反本条例规定，施工单位在施工中偷工减料的，使用不合格的建筑材料、建筑构配件和设备的，或者有不按照工程设计图纸或者施工技术标准施工的其他行为的，责令改正，处工程合同价款 2％以上 4％以下的罚款；造成建设工程质量不符合规定的质量标准的，负责返工、修理，并赔偿因此造成的损失；情节严重的，责令停业整顿，降低资质等级或者吊销资质证书。

（4）工程监理单位

工程监理单位应当依照法律、法规以及有关技术标准、设计文件和建设工程承包合同，代表建设单位对施工质量实施监理，并对施工质量承担监理责任。

监理工程师应当按照工程监理规范的要求，采取旁站、巡视和平行检验等形式，对建设工程实施监理。

（5）主管部门

国务院建设行政主管部门和国务院铁路、交通、水利等有关部门应当加强对有关建设工程质量的法律、法规和强制性标准执行情况的监督检查。

县级以上地方人民政府建设行政主管部门和其他有关部门应当加强对有关建设工程质量的法律、法规和强制性标准执行情况的监督检查。

（四）《实施工程建设强制性标准监督规定》

《实施工程建设强制性标准监督规定》进一步完善了工程建设标准化法律规范体系，并奠定了强制性条文的法律基础。《实施工程建设强制性标准监督规定》规定，在中华人民共和国境内从事新建、扩建、改建等工程建设活动，必须执行工程建设强制性标准；本规定所称工程建设强制性标准是指直接涉及工程质量、安全、卫生及环境保护等方面的工程建设标准强制性条文。

《实施工程建设强制性标准监督规定》对工程建设强制性标准的实施监督作了全面的规定，其主要内容包括：

（1）监管部门及职责

国务院建设行政主管部门负责全国实施工程建设强制性标准的监督管理工作。国务院有关行政主管部门按照国务院的职能分工负责实施工程建设强制性标准的监督管理工作。县级以上地方人民政府建设行政主管部门负责本行政区域内实施工程建设强制性标准的监督管理工作。

（2）监督机构及职责

建设项目规划审查机关应当对工程建设规划阶段执行强制性标准的情况实施监督。施工图设计文件审查单位应当对工程建设勘察、设计阶段执行强制性标准的情况实施监督。建筑安全监督管理机构应当对工程建设施工阶段执行施工安全强制性标准的情况实施监督。工程质量监督机构应当对工程建设施工、监理、验收等阶段执行强制性标准的情况实施监督。

工程建设标准批准部门应当定期对建设项目规划审查机关、施工图设计文件审查单位、建筑安全监督管理机构、工程质量监督机构实施强制性标准的监督进行检查，对监督不力的单位和个人，给予通报批评，建议有关部门处理。工程建设标准批准部门应当对工程项目执行强制性标准情况进行监督检查。

（3）监督检查方式

工程建设强制性标准实施监督检查可以采取重点检查、抽查和专项检查的方式。

（4）监督检查内容

强制性标准监督检查的内容包括：

1）有关工程技术人员是否熟悉、掌握强制性标准；

2）工程项目的规划、勘察、设计、施工、验收等是否符合强制性标准的规定；

3）工程项目采用的材料、设备是否符合强制性标准的规定；

4）工程项目的安全、质量是否符合强制性标准的规定；

5）工程中采用的导则、指南、手册、计算机软件的内容是否符合强制性标准的规定。

4.2 强制性条文的实施

实施工程建设标准，是将工程建设标准的规定，借助宣贯培训、解释等措施，在工程建设活动全过程中贯彻执行的行为。标准实施是标准化工作的重要任务。没有标准实施这一环节，就不可能发挥标准的作用。强制性条文是随着所依附的工程建设标准的实施而得以贯彻执行的。

（一）强制性条文宣贯培训

开展标准宣贯培训工作是确保工程建设标准得到贯彻执行的重要步骤，是促进正确理解、全面贯彻、有效执行工程建设标准的重要手段。工程建设标准作为我国建设工程规划、勘察、设计、施工及质量验收的重要依据，具有很强的政策性、技术性和经济性，尤其是强制性标准（强制性条文）还在落实国家方针政策、保证工程质量安全、维护人民群众利益等方面具有引导约束作用。《实施工程建设强制性标准监督规定》规定，工程技术人员应当参加有关工程建设强制性标准的培训，并可以计入继续教育学时。只有做好工程建设标准，特别是强制性标准（强制性条文）的宣贯培训，才能使社会周知、使用者掌握、工程建设中贯彻，从而最终发挥工程建设标准，尤其是强制性标准（强制性条文）的作用。

（二）强制性条文解释

开展标准解释工作是有效实施工程建设标准的重要措施，也是组织实施标准的重要内容之一。工程建设标准解释是指具有标准解释权的部门（单位）按照解释权限和工作程序，对标准规定的依据、涵义以及适用条件等所作的书面说明。

2014年5月，住房和城乡建设部发布《工程建设标准解释管理办法》（建标〔2014〕65号）。该办法规定，标准解释应按照"谁批准、谁解释"的原则，做到科学、准确、公正、规范；标准解释由标准批准部门负责；对涉及强制性条文的，标准批准部门可指定有关单位出具意见，并作出标准解释。

为协助主管部门做好强制性条文的解释工作，强条委制定了《强制性条文解释工作办法》（强条委〔2012〕4号），其主要内容包括：

（1）强条委秘书处负责组织执行主管部门下达的强制性条文解释任务。

（2）强条委秘书处负责组织相关人员或成立专题工作组开展相关强制性条文具体技术内容的解释。

（3）对强制性条文的解释，应出具强制性条文解释函。起草强制性条文解释函时，应当深入调查研究，对主要技术内容做出具体解释，并进行论证。

（4）强制性条文解释函的解释内容应以条文规定为依据，不得扩展或延伸条文规定，并应做到措辞准确、逻辑严密，与相关强制性条文协调统一。

（5）强条委委员和秘书处成员不得以强条委或个人名义对强制性条文进行解释。

（三）强制性条文贯彻执行

强制性条文必须执行。所有工程建设活动的参与者都应当熟悉、掌握和遵守强制性条文。

强制性条文得到贯彻执行，取决于三个要素：强制性条文的权威性、公众的强制性条文意识、对执行强制性条文的监督。这三个要素相互支撑，缺一不可。强制性条文的权威性在于其制定程序符合公开透明、协商一致的基本原则，以保障国家安全、防止欺诈、保护人体健康和人身财产安全、保护动植物的生命和健康、保护环境为确定原则，由政府部门颁布，由国家强制力保证实施。使用者执行强制性条文以后，将会有明显的效果或效益，也会使得大家自觉遵守执行。公众的强制性条文意识，主要靠自觉学习，深刻理解强制性条文的目的、作用和意义，并通过宣贯培训和解释等手段，真正掌握并贯彻执行强制性条文。对执行强制性条文的监督，是指强制性条文实施监管部门和监督机构，按照有关法律、法规和规章的规定，对强制性条文执行情况进行的监督管理工作。

4.3 强制性条文实施的监督

对强制性条文的实施进行监督，是保证强制性条文得到实施或准确实施的重要手段。有效的监督可以保证强制性条文的实施，从而确保实现强制性条文的作用和效益。

随着《中华人民共和国标准化法》、《中华人民共和国标准化法实施条例》、《中华人民共和国建筑法》、《建设工程质量管理条例》和《实施工程建设强制性标准监督规定》等相关法律规范陆续出台，施工图设计文件审查制度、建设工程质量安全监督检查制度和竣工验收备案制度建立，工程建设强制性标准（强制性条文）的实施监管逐步走上法制化轨道。工程建设强制性标准（强制性条文）实施监管制度的建立和运行，为我国经济社会发展起到促安全、保质量、促环保、保节能、增效益的重要作用。

（一）施工图设计文件审查制度

施工图设计文件审查（以下简称施工图审查）是指由建设主管部门或其认定的审查机构，对勘察设计施工图是否符合国家有关法律、法规和工程建设强制性标准等内容进行的审查，要求强制执行。

《建设工程质量管理条例》和《建设工程勘察设计管理条例》规定，施工图设计文件未经审查批准的，不得使用。为配合两个《条例》的贯彻实施，2004年，原建设部（现为住房和城乡建设部）制定并发布《房屋建筑和市政基础设施工程施工图设计文件审查管理办法》（建设部令第134号）。该办法对施工图审查提出了明确要求和具体规定，施工图设计文件审查制度由此建立。2013年4月，新修订的《房屋建筑和市政基础设施工程施工图设计文件审查管理办法》（住房和城乡建设部令第134号）发布，自2013年8月1日起施行。

严把施工图审查关，是保证工程建设标准特别是强制性条文贯彻执行的重要手段。设立施工图审查制度，其目的是运用行政和技术并重手段，加强建设工程质量安全事前监督管理，力求使建设工程勘察设计中存在的质量安全问题在进入工程施工之前得以发现并及时纠正，从而排除各种隐患，避免建设工程质量安全事故的发生。

（二）建设工程质量安全监督检查制度

《建设工程质量管理条例》规定：国家实行建设工程质量监督管理制度。国务院建设行政主管部门对全国的建设工程质量实施统一监督管理。国务院铁路、交通、水利等有关部门按照国务院规定的职责分工，负责对全国的有关专业建设工程质量的监督管理。国务院建设行政主管部门和国务院铁路、交通、水利等有关部门应当加强对有关建设工程质量的法律、法规和强制性标准执行情况的监督检查。

《建设工程安全生产管理条例》规定：国务院建设行政主管部门对全国的建设工程安全生产实施监督管理。国务院铁路、交通、水利等有关部门按照国务院规定的职责分工，负责有关专业建设工程安全生产的监督管理。

上述两个条例规定了建设工程质量安全监督检查的部门职责、机构设置、监督检查重点、监督检查措施，建立了我国建设工程质量安全监督检查制度，为我国建设工程质量安全监督检查实现制度化、常态化奠定了基础。

近年来，住房和城乡建设部每两年开展一次"全国建设工程质量监督执法检查"，每年开展一次"全国住房城乡建设领域节能减排专项监督检查建筑节能检查"，工程建设强制性标准（强制性条文）一直是监督检查的重点内容。此外，各地方也按照国家的相关要求，建立了施工质量安全监督检查制度。各级建设行政主管部门均设立了质量安全监督机构，重点针对施工过程中是否违反工程建设强制性标准（强制性条文）情况进行监督检查，有效地促进了工程建设强制性标准（强制性条文）的实施。

（三）竣工验收备案制度

《建设工程质量管理条例》规定：建设单位应当自建设工程竣工验收合格之日起15日内，将建设工程竣工验收报告和规划、公安消防、环保等部门出具的认可文件或者准许使用文件报建设行政主管部门或者其他有关部门备案。建设行政主管部门或者其他有关部门发现建设单位在竣工验收过程中有违反国家有关建设工程质量管理规定行为的，责令停止使用，重新组织竣工验收。

为了加强房屋建筑和市政基础设施工程质量的管理，根据《建设工程质量管理条例》规定，住房和城乡建设部修改并于2009年10月发布《房屋建筑工程和市政基础设施工程竣工验收备案管理办法》（住房和城乡建设部令第2号），对工程建设竣工验收备案工作提出了明确要求，建立了房屋建筑工程和市政基础设施工程竣工验收备案管理制度。各地根据地方特点，也相继建立了较完善的工程建设竣工备案制度，并明确要求各级工程建设管理部门（机构）认真核查工程建设竣工备案资料，特别是施工图设计文件审查意见、设计变更、隐蔽工程检查记录（资料）等，对没有按规定进行审查或审查合格后又进行重大设计变更的不予备案，责令其进行整改，将工程中存在的安全隐患消灭在投入使用之前。

建设工程竣工验收制度的形成，使得项目报建—施工图审查—核发施工许可证—工程质量安全监督检查—竣工验收与备案形成闭合的工程建设（项目）管理链。以上任一环节有问题，均不能进入下一环节。在这个闭合的管理链的各个环节中，工程建设建筑强制性标准（强制性条文）的实施监督均是重点内容。

4.4 违反强制性条文的处罚

《实施工程建设强制性标准监督规定》对参与工程建设活动各方责任主体违反强制性条文的处罚，以及对建设行政主管部门和有关人员玩忽职守等行为的处罚，作了具体的规定。这些规定与《建设工程质量管理条例》是一致的。

（1）检举、控告和投诉

任何单位和个人对违反工程建设强制性标准的行为有权向建设行政主管部门或者有关部门检举、控告、投诉。

（2）建设单位

建设单位有下列行为之一的，责令改正，并处以 20 万元以上 50 万元以下的罚款：

明示或者暗示施工单位使用不合格的建筑材料、建筑构配件和设备；

明示或暗示设计单位或施工单位违反建设工程强制性标准，降低工程质量的。

（3）勘察、设计单位

勘察、设计单位违反工程建设强制性标准进行勘察、设计的，责令改正，并处以 10 万元以上 30 万元以下的罚款。

有前款行为，造成工程质量事故的，责令停业整顿，降低资质等级；情节严重的，吊销资质证书；造成损失的，依法承担赔偿责任。

（4）施工单位

施工单位违反工程建设强制性标准的，责令改正，处工程合同价款 2% 以上 4% 以下的罚款；造成建设工程质量不符合规定的质量标准的，负责返工、返修，并赔偿因此造成的损失；情节严重的，责令停业整顿，降低资质等级或者吊销资质证书。

（5）工程监理单位

工程监理单位违反工程建设强制性标准规定，将不合格的建设工程以及建筑材料、建筑构配件和设备按照合格签字的，责令改正，处 50 万元以上 100 万元以下的罚款，降低资质等级或者吊销资质证书；有违法所得的，予以没收；造成损失的，承担连带赔偿责任。

（6）事故责任单位和责任人

违反工程建设强制性标准造成工程质量、安全隐患或者工程事故的，按照《建设工程质量管理条例》有关规定，对事故责任单位和责任人进行处罚。

（7）建设行政主管部门和有关人员

建设行政主管部门和有关行政主管部门工作人员，玩忽职守、滥用职权、徇私舞弊的，给予行政处分；构成犯罪的，依法追究刑事责任。

第 二 篇

基 本 规 定

5　概　述

5.1　总　体　情　况

基本规定篇分为概述、一般规定、施工质量验收合格标准、施工质量验收程序和组织及建筑工程质量检测与变形测量共五章，共涉及 3 项标准、11 条强制性条文（表 5-1）。

表 5-1　基本规定篇涉及的标准及强条数汇总表

序号	标准名称	标准编号	强制性条文数量
1	《建筑工程施工质量验收统一标准》	GB 50300 - 2013	2
2	《房屋建筑和市政基础设施工程质量检测技术管理规范》	GB 50618 - 2011	8
3	《建筑变形测量规范》	JGJ 8 - 2007	2

另外，国家标准《建筑工程施工质量验收统一标准》GB 50300 - 2013 规定了建筑工程各专业工程施工质量标准编制的统一准则，对检验批、分项工程、分部工程、单位工程的划分、质量指标的设置和要求、验收的程序与组织都提出了原则的要求。建筑工程各专业工程施工质量验收规范必须与本标准配合使用。为了更好帮助执行者能够正确理解和掌握建筑工程施工质量验收标准中的强制性规定与要求，提高强制性条文的执行力度，促进工程质量管理水平稳步提高，本书纳入了该标准第 3.0.1、3.0.3、3.0.6、3.0.7、5.0.1、5.0.2、5.0.3、5.0.4、5.0.6、5.0.7、6.0.1、6.0.2、6.0.3、6.0.4、6.0.5 条等 15 条非强制性条文。

5.2　主　要　内　容

本篇内容分为以下四个方面：

一、一般规定

通过执行施工质量检查验收管理制度，加强工程全过程的质量管理，是保证工程质量始终处于受控状态的重要措施。一般规定具体包括施工现场质量管理要求、施工质量控制、施工质量验收基本要求等相关内容。例如，《建筑工程施工质量验收统一标准》GB 50300 - 2013 第 3.0.1、3.0.3、3.0.6、3.0.7 条等非强制性条文。

二、施工质量验收合格标准

工程施工质量验收涉及工程施工过程质量检验和竣工质量验收，是工程施工质量控制的重要环节。因此，对施工质量验收层次进行合理划分非常必要，这有利于工程施工质量的过程控制和最终把关,确保工程质量符合有关标准。具体内容包括检验批、分项工程、分部工程和单位工程质量验收合格标准、施工质量不符合要求的处理方案及质量控制资料管理等相关内容。例如,《建筑工程施工质量验收统一标准》GB 50300-2013第5.0.8条强制性条文及第5.0.1、5.0.2、5.0.3、5.0.4、5.0.6、5.0.7条等非强制性条文。

三、施工质量验收程序和组织

施工质量验收程序和组织是落实住房城乡建设部《房屋建筑和市政基础设施工程竣工验收规定》的要求,具体包括检验批、分项工程、分部工程、单位工程质量验收程序和组织。例如,《建筑工程施工质量验收统一标准》GB 50300-2013第6.0.6条强制性条文及第6.0.1、6.0.2、6.0.3、6.0.4、6.0.5条等非强制性条文。

四、建筑工程质量检测与变形测量

建筑工程质量检测与变形测量是建筑工程质量管理中重要的一环,具体包括建筑工程质量检测资质、检测人员和设备、业务范围、检测报告真实性,以及建筑工程变形测量的必要场合等要求。例如,《房屋建筑和市政基础设施工程质量检测技术管理规范》GB 50618-2011第3.0.3、3.0.4、3.0.10、4.1.1、4.2.1、3.0.13、4.0.10、5.4.1条强制性条文,及《建筑变形测量规范》JGJ 8-2007第3.0.1、3.0.11条强制性条文。

6 一般规定

《建筑工程施工质量验收统一标准》GB 50300‐2013

3.0.1 施工现场应具有健全的质量管理体系、相应的施工技术标准、施工质量检验制度和综合施工质量水平评定考核制度。施工现场质量管理可按本标准附录 A 的要求进行检查记录。

【技术要点说明】

　　本条是从施工质量管理的角度提出的对施工现场开展质量管理工作应具备的最基本的条件。建筑工程施工单位应建立必要的质量责任制度，应推行生产控制和合格控制的全过程质量控制，应有健全的质量管理体系。

　　质量管理体系不仅包括原材料控制、工艺流程控制、施工操作控制、每道工序的质量检查、相关工序间的交接检验以及专业工种之间等中间交接环节的质量管理和控制要求，还应包括满足施工图设计和功能要求的抽样检验制度等。施工单位还应通过内部的审核与管理者的评审，找出质量管理体系中存在的问题和薄弱环节，并制定改进的措施和跟踪检查落实等措施，使质量管理体系不断健全和完善，这也是施工单位不断提高建筑工程施工质量的基本保证。同时施工单位应重视综合质量控制水平，从施工技术、管理制度、工程质量控制等方面制定综合质量控制水平指标，以提高企业整体管理、技术水平和经济效益。其中，施工现场质量管理可表 6-1（即《建筑工程施工质量验收统一标准》GB 50300‐2013附表 A）进行检查记录。

表 6-1　施工现场质量管理检查记录

开工日期：

工程名称			施工许可证号		
建设单位			项目负责人		
设计单位			项目负责人		
监理单位			总监理工程师		
施工单位		项目负责人		项目技术负责人	
序号	项目		主要内容		
1	项目部质量管理体系				
2	现场质量责任制				
3	主要专业工种操作岗位证书				
4	分包单位管理制度				
5	图纸会审记录				
6	地质勘察资料				
7	施工技术标准				

续表

序号	项目	主要内容
8	施工组织设计、施工方案编制及审批	
9	物资采购管理制度	
10	施工设施和机械设备管理制度	
11	计量设备配备	
12	检测试验管理制度	
13	工程质量检查验收制度	
14		
自检结果：		检查结论：
施工单位项目负责人： 年 月 日		总监理工程师： 年 月 日

3.0.3 建筑工程的施工质量控制应符合下列规定：

1 建筑工程采用的主要材料、半成品、成品、建筑构配件、器具和设备应进行进场检验。凡涉及安全、节能、环境保护和主要使用功能的重要材料、产品，应按各专业工程施工规范、验收规范和设计文件等规定进行复验，并应经监理工程师检查认可；

2 各施工工序应按施工技术标准进行质量控制，每道施工工序完成后，经施工单位自检符合规定后，才能进行下道工序施工。各专业工种之间的相关工序应进行交接检验，并应记录；

3 对于监理单位提出检查要求的重要工序，应经监理工程师检查认可，才能进行下道工序施工。

【技术要点说明】

本条规定的建筑工程施工质量控制要求，其包括如下三方面内容：

1 用于建筑工程的主要材料、半成品、成品、建筑构配件、器具和设备的进场检验和重要建筑材料、产品的复验，为把握重点环节，要求对涉及安全、节能、环境保护和主要使用功能的重要材料、产品进行复检，体现了以人为本、节能、环保的理念和原则；

2 为保障工程整体质量，应控制每道工序的质量。目前各专业的施工技术规范已制定或正在编制，施工单位可按照执行。考虑到企业标准的控制指标应严格于国家和行业标准指标，鼓励有能力的施工单位编制企业标准，并按照企业标准的要求控制每道工序的施工质量。施工单位完成每道工序后，除了自检、专业质量检查员检查外，还应进行工序交接检查，且上道工序应满足下道工序的施工条件和要求；同样相关专业工序之间也应进行交接检验，使各工序之间和各相关专业工程之间形成有机的整体；

3 工序是建筑工程施工的基本组成部分，一个检验批可能由一道或多道工序组成。根据目前的验收要求，监理单位对工程质量控制到检验批，对工序的质量一般由施工单位通过自检予以控制，但为保证工程质量，对监理单位有要求的重要工序，应经监理工程师检查认可，才能进行下道工序施工。

3.0.6 建筑工程施工质量应按下列要求进行验收：

1 工程质量验收均应在施工单位自检合格的基础上进行；

2 参加工程施工质量验收的各方人员应具备相应的资格；

3 检验批的质量应按主控项目和一般项目验收；

4 对涉及结构安全、节能、环境保护和主要使用功能的试件、试件及材料，应在进场时或施工中按规定进行见证检验；

5 隐蔽工程在隐蔽前应由施工单位通知监理单位进行验收，并应形成验收文件，验收合格后方可继续施工；

6 对涉及结构安全、节能、环境保护和使用功能的重要分部工程应在验收前按规定进行抽样检验；

7 工程的观感质量应由验收人员现场检查，并应共同确认。

【技术要点说明】

本条规定了建筑工程施工质量验收的基本要求：

第一款是验收的基本条件，有三层含义。一是分清责任，施工单位应对检验批、分项、分部（子分部）、单位（子单位）工程按操作依据的标准等进行自行检查评定，待检验批、分项、分部（子分部）、单位（子单位）工程符合要求后，再交给监理工程师、总监理工程师进行验收，以突出施工单位对施工工程的质量负责；二是施工单位必须制订自己的操作规范，来培训、规范工人，体现企业的技术、质量水平，应按不低于国家验收规范质量指标的企业标准来操作和自行检查评定，监理或总监理工程师应按国家验收规范验收，监理人员要对验收的工程质量负责；三是验收应形成资料，资料由施工单位先进行检查和填写合格后由质量检查人员签字，然后由监理单位的监理工程师和总监理工程师复查验收并签字认可。

第二款规定验收人员应具备相应的资格。检验批、分项工程质量的验收应为监理单位的专业监理工程师，施工单位的则为专业质量检查员、项目技术负责人；分部（子分部）工程质量的验收应为监理单位的总监理工程师，勘察、设计单位的项目负责人，分包单位、总包单位的项目经理；单位（子单位）工程质量的验收应为建设单位的项目负责人、监理单位的总监理工程师、施工单位的项目负责人、设计单位的项目负责人。单位（子单位）工程质量控制资料核查与单位（子单位）工程安全和功能检验资料核查和主要功能抽查，应为监理单位的总监理工程师组织；单位（子单位）工程观感质量检查应由总监理工程师组织相关专业监理工程师和施工单位（含分包单位）项目经理等参加。施工单位自行检查评定人员的资格，以及按规定由建设单位自行管理的工程项目，其验收人员的资格，由当地建设行政主管部门规定，并按其执行。

由于各地的情况不同，及工程的内容、复杂程度不同，这里只对专业质量检查员、项目技术负责人、项目经理人员等人员资格提一个原则要求，具体由各地建设行政主管部门去规定。但有一点一定要引起重视，施工单位的质量检查员是掌握国家现行标准和企业标准的具体人员，是施工单位的质量把关人员，要给他充分的权力，给他充分的独立执法的职能。各施工单位以及各地都应重视质量检查员的培训和选用，持证上岗。

第三款是检验批验收的分类，包括两个方面的含义。一是验收规范的内容不全是检验批验收的内容，除了检验批的主控项目、一般项目外，还有总则、术语及符号、基本规定、一般规定等，对其施工工艺、过程控制、验收组织、程序、要求等的辅助规定。二是检验批的验收内容，只按列为主控项目、一般项目的条款来验收，只要这些条款达到规定后，检验批就应通过验收，不能随意扩大内容范围和提高质量标准。如需要扩大内容范围和提高质量标准时，则应该在承包合同中约定，并明确增加费用及扩大部分的验收标准和验收的人员等事项。

这些要求既是对执行验收的人员做出的规定，也是对各专业验收规范编写的要求。

第四款是对见证检验的要求，即见证检验的项目、内容、程序、抽样数量等应符合国家、行业或者地方有关规定的要求。见证取样和送检是指在建设单位或工程监理单位人员的见证下，由施工单位的现场试验人员对工程中涉及结构安全的试块、试件和材料在现场取样，并送至经过省级以上建设行政主管部门对其资质认可和质量技术监督部门对其计量认证的质量检测单位进行检测。为规范房屋建筑工程和市政基础设施工程中涉及结构安全的试块、试件和材料的见证取样和送检工作，保证工程质量，住房城乡和建设部发布了《房屋建筑工程和市政基础设施工程实行见证取样和送检的规定》（建建〔2000〕211号），该规定对其检测范围、数量、程序等都作了具体规定。在建筑工程质量验收中，应按其规定执行。鉴于检测会增加工程造价，如果超出这个范围，其他项目进行见证取样检测的，应在承包合同中作出规定，并明确费用承担方。施工单位应在施工组织设计中具体落实。

其中，《房屋建筑工程和市政基础设施工程实行见证取样和送检的规定》规定的见证取样和送检范围、数量、见证人员要求、见证工作程序等要求如下：

1. 范围

下列试件、试件和材料必须实施见证取样和送检：

（1）用于承重结构的混凝土试件；

（2）用于承重墙体的砌筑砂浆试件；

（3）用于承重结构的钢筋及连接接头试件；

（4）用于承重墙的砖和混凝土小型砌块；

（5）用于拌制混凝土和砌筑砂浆的水泥；

（6）用于承重结构的混凝土中使用的外加剂；

（7）地下、屋面、厕浴间使用的防水材料；

（8）国家规定必须实行见证取样和送检的其他试件、试件和材料。

2. 数量

见证取样和送检的比例不得低于有关技术标准中规定应取样数量的30%。

3. 见证人员

见证人员应由建设单位或该工程的监理单位具备建筑施工试验知识的专业技术人员担任，并应由建设单位或该工程的监理单位书面通知施工单位、检测单位和负责该项工程的质量监督机构。

4. 见证工作程序和要求

在施工过程中，见证人员应按照见证取样和送检计划，对施工现场的取样和送检进行见证，取样人员应在试样或其包装上作出标识、封志。标识和封志应标明工程名称、取样部位、取样日期、样品名称和样品数量，并由见证人员和取样人员签字。见证人员应制作见证记录，并将见证记录归入施工技术档案。见证人员和取样人员应对试样的代表性和真实性负责。

见证取样的试块、试件和材料送检时，应由送检单位填写委托单，委托单应有见证人员和送检人员签字。检测单位应检查委托单及试样上的标识和封志，确认无误后方可进行检测。

检测单位应严格按照有关管理规定和技术标准进行检测，出具公正、真实、准确的检测报告。见证取样和送检的检测报告必须加盖见证取样检测的专用章。

第五款是对隐蔽工程验收的要求。考虑到隐蔽工程在隐蔽后难以检验，因此隐蔽工程在隐蔽前应进行验收，验收合格后方可继续施工。施工单位应对隐蔽工程先进行检查，符合要求后通知监理单位参加验收，地基基础工程还应通知勘察单位参加验收。对质量控制有把握时，也可按工程进度先通知，然后进行检查，或与有关人员一起检查认可。施工单位先填好验收表格，并填上自检的数据、质量情况等，然后再由监理工程师验收并签字认可，形成文件。监理可以旁站检查，也可抽查检验，这些应在监理方案中明确（图6-1）。

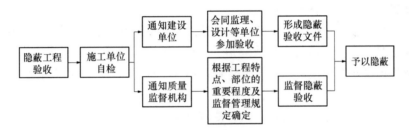

图6-1　隐蔽工程验收流程

第六款是对分部工程验收前对涉及结构安全、节能、环境保护和使用功能重要的项目进行检测、试验的要求。有些项目可由施工单位自行完成，填写检查记录。对相关验收规范有要求的项目，应由监理单位组织施工单位实施，见证实施过程。有些项目专业性较强，需要由专业检测机构完成，出具检测报告。检测记录和检测报告应整理齐全，供验收时核查，具体要求由各专业验收规范规定。验收时还应对部分位置进行抽查。

第七款是对观感质量的检查要求。完工后观感质量的检查，可以对工程的整体效果有一个核实。其内容不仅局限于外观方面，如对缺损的局部，提出进一步完善修改，对一些可操作的部件，进行试用，能开启的进行开启检查，以及对总体的效果进行评价等。但由于这项工作与验收人的主观意识有关，对不影响安全、功能的装饰等外观质量，只评出"好"、"一般"、"差"。评为"好"、"一般"都可通过验收；但对评价为"差"的部位，原则上应予以返修，直至达到"好"或"一般"的质量水平。评为"好"、"一般"、"差"的标准原则就是各分项工程一般项目中的有关标准，由验收人员综合考虑，故提出"通过现场检查，并应共同确认"。现场检查，房屋四周尽量走到，室内重要部位及有代表性房间尽量看到，有关设备尽可能完成试运行。验收人员以监理单位为主，由总监理工程师组织，不少于3个有关专业的监理工程师参加，并有施工单位的项目经理，技术、质量部门的人员及分包单位项目经理及有关技术、质量人员参加，经过现场检查，在听取各方面的意见后，由总监理工程师为主导和监理工程师共同确定观感质量的好、一般、差。

3.0.7 建筑工程施工质量验收合格应符合下列规定：

　　1 符合工程勘察、设计文件的要求；

　　2 符合本标准和相关专业验收规范的规定。

【技术要点说明】

本条明确提出了建筑工程施工质量验收合格的条件：

第一款是建筑工程施工质量验收合格的基本要求之一，包括两个方面的含义：一是施工必须依据设计文件进行，按图施工是建筑法明确规定的。勘察为设计及施工需要的工程地质提供地质资料及现场资料情况勘查文件，是设计的主要基础资料之一。设计文件是将工程项目的要求，形成经济合理的专用文件，设计符合有关法律法规和技术标准的要求，经过施工图审查。施工符合设计文件的要求是确保建设项目质量的基本要求，是施工必须遵守的。二是工程勘察还应为工程场地及施工现场场地条件提供地质资料，在进行施工总平面规划时，应充分考虑工程环境及施工现场环境。对地基基础施工方案的制订以及判定桩基施工过程的控制效果等是否合理，工程勘察报告将起到重要作用。所以，施工应充分研究工程勘察文件，并符合相应的要求。

工程地质勘查报告一般包括：（1）勘察目的、要求和任务；（2）拟建工程概述；（3）勘察方法和勘察任务布置；（4）场地地形、地貌、地层、地质构造、岩土性质、地下水、不良地质现象的描述与评价；（5）场地稳定性和适宜性的评价；（6）岩土参数的分析与选用；（7）土和水对建筑材料的腐蚀性；（8）工程施工和使用期间可能发生的岩土工程问题的预测、监控和预防措施的建议；（9）必要的图件。

工程设计文件包括设计任务书、各专业施工图、设计变更和施工图审查批准文件。

第二款强调应符合国家标准《建筑工程施工质量验收统一标准》和相关专业验收规范的规定，可以分三个层次来理解。一是施工质量验收规范体系是一个整体。一个建筑工程施工质量验收应由《建筑工程施工质量验收统一标准》和相关专业的质量验收规范共同来完成，《建筑工程施工质量验收统一标准》规定了各专业标准的统一要求，同时，规定了单位工程的验收内容，就是说单位（子单位）工程质量综合验收的要求由《建筑工程施工质量验收统一标准》规定。检验批、分项、分部（子分部）工程质量的验收要求由各专业质量验收规范分别规定。二是建筑工程施工质量验收质量指标是一个对象，只有一个标准。施工单位应采取必要的措施，保证施工的工程质量达到这个标准。监理单位应按这个标准来验收工程，不应降低标准。三是这个规范体系只是质量验收的合格标准，不规定完成任务的施工方法，这些方法要依据相关的施工规范，或由施工单位自行研究和制定，尽管质量合格指标是一个，但完成这个指标的方法、工艺可能是多种多样的，施工单位可结合实际情况自行研究确定。

同时，需要指出的是，本标准及各专业验收规范提出的合格要求是对施工质量的最低要求，允许建设、设计等单位提出高于本标准及相关专业验收规范的验收要求。

7 施工质量验收合格标准

《建筑工程施工质量验收统一标准》GB 50300－2013

5.0.1 检验批质量验收合格应符合下列规定：

1 主控项目的质量经抽样检验均应合格；

2 一般项目的质量经抽样检验合格。当采用计数抽样时，合格点率应符合有关专业验收规范的规定，且不得存在严重缺陷。对于计数抽样的一般项目，正常检验一次、二次抽样可按本标准附录D判定；

3 具有完整的施工操作依据、质量验收记录。

【技术要点说明】

检验批是施工过程中条件相同并有一定数量的材料、构配件或安装项目，由于其质量水平基本均匀一致，因此可以作为检验的基本单元，并按批验收。检验批也是工程验收的最小单位，是分项工程、分部工程、单位工程质量验收的基础。检验批验收包括资料检查、主控项目和一般项目检验，见图7-1。

质量控制资料反映了检验批从原材料到最终验收的各施工工序的操作依据、检查情况以及保证质量所必需的管理制度等。对其完整性的检查，实际是对过程控制的确认，是检验批合格的前提。

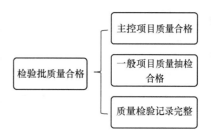

图7-1 检验批验收的主要内容示意图

检验批的合格与否主要取决于对主控项目和一般项目的检验结果。主控项目是对检验批的基本质量起决定性影响的检验项目，须从严要求，因此要求主控项目必须全部符合有关专业验收规范的规定，这意味着主控项目不允许有不符合要求的检验结果。对于一般项目，虽然允许存在一定数量的不合格点，但某些不合格点的指标与合格要求偏差较大或存在严重缺陷时，仍将影响使用功能或观感质量，对这些位置应进行处理。

为了使检验批的质量满足安全和功能的基本要求，保证建筑工程质量，各专业验收规范应对各检验批的主控项目、一般项目的合格质量均给予明确的规定。

检验批质量验收记录应符合《建筑工程施工质量验收统一标准》GB 50300－2013的规定（表7-1），并符合下列要求：

1 检验批容量应按照检验批的划分，填写数量、重量、面积、构件个数、流水段或区域部位等；

2 检验批验收记录中的"最小抽样数量"仅适用于计数检验，非计数检验项不填写；

3 检验批验收记录中的"实际抽样数量"，按照专业验收规范中验收项目所对应的"检查数量"填写；

4 检验批验收记录中"施工依据"栏应填写国家、地方有关施工、工艺标准的名称及编号，也可填写企业标准、工法等，需要时也可填写施工方案、技术交底的名称与编号；

表 7-1 _____检验批质量验收记录

编号：

单位（子单位）工程名称			分部（子分部）工程名称			分项工程名称		
施工单位			项目负责人			检验批容量		
分包单位			分包单位项目负责人			检验批部位		
施工依据				验收依据				
验收项目		设计要求及规范规定	最小/实际抽样数量		检查记录			检查结果
主控项目	1							
	2							
	3							
	4							
	5							
一般项目	1							
	2							
	3							
	4							
	5							
施工单位检查结果			专业工长： 项目专业质量检查员：　　年 月 日					
监理单位验收结论			专业监理工程师：　　年 月 日					

5 检验批验收记录中"验收依据"栏应填写国家、地方验收规范；当无相关规范时，可填写由建设、施工、监理、设计等各方认可的验收文件。

根据《建筑工程施工质量验收统一标准》GB 50300－2013 要求，检验批验收时尚应填写"现场验收检查原始记录"，其格式见表 7-2。

现场检查原始记录应由检验批验收人员填写并签字，并在单位工程竣工验收前存档备查，以便于建设、施工、监理等单位及监督部门对验收结果进行追溯、复核，单位工程竣工验收后可以继续保留或销毁。现场验收检查原始记录的格式可在本表基础上深化设计，由施工、监理单位自行确定，但必须包括本表包含的检查项目、检查位置、检查结果等内容。

检验批验收应由监理单位组织，施工单位派人员参加。"现场检查原始记录"可由施工单位检查、记录，监理单位校核。

表 7-2 检验批现场验收检查原始记录

共 页第 页

单位（子单位）工程名称			验收日期	
检验批名称			对应检验批编号	
编号	验收项目	验收部位	验收情况记录	备注
签字栏	专业监理工程师		专业质量检查员	专业工长

5.0.2 分项工程质量验收合格应符合下列规定：

1 所含检验批的质量均应验收合格；

2 所含检验批的质量验收记录应完整。

【技术要点说明】

分项工程的验收是以检验批为基础进行的。一般情况下，检验批和分项工程两者具有相同或相近的性质，只是批量的大小不同而已。分项工程质量合格的条件是构成分项工程的各检验批验收资料齐全完整，且各检验批均已验收合格。

分项工程质量验收记录表内容与格式如表 7-3 所示，并应满足以下要求：

表 7-3 _____分项工程质量验收记录

编号：

单位（子单位） 工程名称			分部（子分部） 工程名称			
分项工程数量			检验批数量			
施工单位			项目负责人		项目技术 负责人	
分包单位			分包单位项目 负责人		分包内容	—
序号	检验批名称	检验批容量	部位/区段	施工单位检查结果	监理单位验收结论	
说明：						
施工单位 检查结果		项目专业技术负责人： 年　月　日				
监理单位 验收结论		专业监理工程师： 年　月　日				

1　表格名称及编号

1)表格名称:按验收规范给定的分项工程名称,填写在表格名称下划线空格处;

2)分项工程质量验收记录编号:编号按"建筑工程的分部工程、分项工程划分"(《统一标准》GB 50300－2013附录B)规定的分部工程、子分部工程、分项工程的代码编写,写在表的右上角。

对于一个工程而言,一个分项只有一个分项工程质量验收记录,所以不编写顺序号。其编号规则具体说明如下:

① 第1、2位数字是分部工程的代码;

② 第3、4位数字是子分部工程的代码;

③ 第5、6位数字是分项工程的代码;

2　表头

1)单位(子单位)工程名称填写全称,如为群体工程,则按群体工程名称—单位工程名称形式填写,子单位工程标出该部分的位置;

2)分部(子分部)工程名称:按本规范范围填写"混凝土结构"即可;

3)分项工程数量:应填写分项工程所包含的总工程量,当分项工程内检验批种类不同无法计算总工程量时,该栏不填写;

4)检验批数量:应填写分项工程所包含的各类检验批的总数量指本分项工程包含的实际发生的所有检验批的数量;

5)施工单位及项目负责人、项目技术负责人:"施工单位"栏应填写总包单位名称,或与建设单位签订合同专业承包单位名称,宜写全称,并与合同上公章名称一致,并应注意各表格填写的名称应相互一致;"项目负责人"栏填写合同中指定的项目负责人名称;"项目技术负责人"栏填写本工程项目的技术负责人姓名;表头中人名由填表人填写即可,只是标明具体的负责人,不用签字;

6)分包单位及分包单位项目负责人、分包单位项目技术负责人:"分包单位"栏应填写分包单位名称,即与施工单位签订合同的专业分包单位名称,宜写全称,并与合同上公章名称一致,并应注意各表格填写的名称应相互一致;"分包单位项目负责人"栏填写合同中指定的分包单位项目负责人名称;表头中人名由填表人填写即可,只是标明具体的负责人,不用签字;

7)分包内容:指分包单位承包的本分项工程的范围。

3　"序号"栏

按检验批的排列顺序依次填写,检验批项目多于一页的,增加表格,顺序排号。

4　"检验批名称、检验批容量、部位/区段、施工单位检查结果、监理单位验收结论"栏

1)填写本分项工程汇总的所有检验批依次排序,并填写其名称、检验批容量及部位/区段,注意要填写齐全;"检验批容量"应按检验批质量验收记录表中的"检验批容量"逐一填写;

2)"部位/区段"应填写每个检验批所在的部位或流水段;

3)"施工单位检查结果"栏,由填表人依据检验批验收记录填写,填写"符合要求"

或"验收合格";

4)"监理单位验收结论"栏，由填表人依据检验批验收记录填写，同意项填写"合格"或"符合要求"，如有不同意项应做标记但暂不填写。

5　"说明"栏

1)如有不同意项应做标记但暂不填写，待处理后再验收；对不同意项，监理工程师应指出问题，明确处理意见和完成时间；

2)应说明所含检验批的质量验收记录是否完整。

6　表下部"施工单位检查结果"栏

1)由施工单位项目技术负责人填写，填写"符合要求"或"验收合格"，并填写日期；

2)分包单位施工的分项工程验收时，分包单位人员不签字，但应将分包单位名称及分包单位项目负责人、分包单位项目技术负责人姓名输（填）到对应单元格内。

7　表下部"监理单位验收结论"栏

专业工程监理工程师在确认各项验收合格后，填入"验收合格"，并填写日期。如有不同意项应做标记但暂不填写，待处理后再验收；对不同意项，监理工程师应指出问题，明确处理意见和完成时间。

8　注意事项

1)核对检验批的部位、区段是否全部覆盖分项工程的范围，有无遗漏的部位；

2)一些在检验批中无法检验的项目，在分项工程中直接验收，如有混凝土、砂浆强度要求的检验批，到龄期后试压结果能否达到设计要求；

3)检查各检验批的验收资料是否完整并作统一整理，依次登记保管，为下一步验收打下基础。

5.0.3　分部工程质量验收合格应符合下列规定：

1　所含分项工程的质量均应验收合格；

2　质量控制资料应完整；

3　有关安全、节能、环境保护和主要使用功能的抽样检验结果应符合相应规定；

4　观感质量应符合要求。

【技术要点说明】

分部工程的验收是以所含各分项工程验收为基础进行的。首先，组成分部工程的各分项工程已验收合格且相应的质量控制资料齐全、完整。此外，由于各分项工程的性质不尽相同，因此作为分部工程不能简单地组合而加以验收，尚须进行以下两类检查项目：

1　涉及安全、节能、环境保护和主要使用功能的地基与基础、主体结构和设备安装等分部工程应进行有关的见证检验或抽样检验；

2　以观察、触摸或简单量测的方式进行观感质量验收，并结合验收人的主观判断，检查结果并不给出"合格"或"不合格"的结论，而是综合给出"好"、"一般"、"差"的质量评价结果。对于"差"的检查点应进行返修处理。

5.0.4　单位工程质量验收合格应符合下列规定：

1　所含分部工程的质量均应验收合格；

2　质量控制资料应完整；

3 所含分部工程中有关安全、节能、环境保护和主要使用功能的检验资料应完整；

4 主要使用功能的抽查结果应符合相关专业验收规范的规定；

5 观感质量应符合要求。

【技术要点说明】

单位工程质量验收也称质量竣工验收，是建筑工程投入使用前的最后一次验收，也是最重要的一次验收。验收合格的条件有以下五个方面：

1 构成单位工程的各分部工程验收合格；

2 有关的质量控制资料完整；

3 涉及安全、节能、环境保护和主要使用功能的分部工程检验资料复查合格。这些检验资料与质量控制资料同等重要，资料复查要全面检查其完整性，不得有漏检缺项，其次复核分部工程验收时补充进行的见证抽样检验报告，这体现了对安全和主要使用功能等的重视；

4 对主要使用功能进行抽查。这是对建筑工程和设备安装工程质量的综合检验，也是用户最为关心的内容，体现完善手段、过程控制的原则，也将减少工程投入使用后的质量投诉和纠纷。因此，在分项、分部工程验收合格的基础上，竣工验收时再作全面检查。抽查项目是在检查资料文件的基础上由参加验收的各方人员商定，并用计量、计数的方法抽样检验，检验结果应符合有关专业验收规范的规定；

5 观感质量通过验收。观感质量检查须由参加验收的各方人员共同进行，最后共同协商确定是否通过验收。

5.0.6 当建筑工程施工质量不符合要求时，应按下列规定进行处理：

1 经返工或返修的检验批，应重新进行验收；

2 经有资质的检测机构检测鉴定能够达到设计要求的检验批，应予以验收；

3 经有资质的检测机构检测鉴定达不到设计要求、但经原设计单位核算认可能够满足安全和使用功能的检验批，可予以验收；

4 经返修或加固处理的分项、分部工程，满足安全及使用功能要求时，可按技术处理方案和协商文件的要求予以验收。

【技术要点说明】

本条各款现分别简要阐述如下：

一般情况下，不合格现象在施工单位自检时就应发现并及时处理，但实际工程中不能完全避免验收时的不合格情况，本条给出了当质量不符合要求时的处理办法：

1 检验批验收时，对于主控项目不能满足验收规范规定或一般项目超过偏差限值的样本数量不符合验收规定时，应及时进行处理。其中，对于严重的缺陷应重新施工，一般的缺陷可通过返修、更换予以解决，允许施工单位在采取相应的措施后重新验收。如能够符合相应的专业验收规范要求，应认为该检验批合格。

2 当个别检验批发现问题，难以确定能否通过验收时，应委托具有资质的检测机构进行检测鉴定。当鉴定结果认为能够达到设计要求时，该检验批可以通过验收，例如某检验批的材料试件强度不满足设计要求，经过检测机构的现场实体检验，判定该检验批的材料强度达到设计要求时，该检验批可验收合格。

3 经检测鉴定达不到设计要求，但经原设计单位核算、鉴定，仍可满足相关设计规范和使用功能要求时，该检验批可予以验收。这主要是因为一般情况下，标准、规范的规定是满足安全和功能的最低要求，而设计往往在此基础上留有一些余量。在一定范围内，会出现不满足设计要求而符合相应规范要求的情况，两者并不矛盾。

4 经检测机构检测鉴定认为达不到规范的相应要求，即不能满足最基本的安全和使用功能要求时，则必须进行加固或处理，使之能满足安全使用的基本要求。这样可能会给建筑物造成一些永久性的影响，如增大结构外形尺寸，影响一些次要的使用功能等。但为了避免建筑物的整体或局部拆除，避免社会财富更大的损失，在不影响安全和主要使用功能条件下，可按技术处理方案和协商文件进行验收，责任方应按法律法规承担相应的经济责任和接受处罚。需要特别注意的是，这种方法不能作为降低质量要求、变相通过验收的一种出路。

5.0.7 工程质量控制资料应齐全完整，当部分资料缺失时，应委托有资质的检测机构按有关标准进行相应的实体检验或抽样试验。

【技术要点说明】

工程施工时应保证质量控制资料齐全完整，但实际工程中偶尔会遇到因遗漏检验或资料丢失而导致部分施工验收资料不全的情况，使工程无法正常验收。此时，可以有针对性地进行工程质量检验，按照国家有关标准的规定采取实体检测或抽样试验的方法确定工程质量状况。上述工作应由有资质的检测机构完成，出具的检验报告可用于施工质量验收。

5.0.8 经返修或加固处理仍不能满足安全或重要使用功能的分部工程及单位工程，严禁验收。

【技术要点说明】

本条规定是确保使用安全的基本要求。在实际中，难免有极少数、个别的工程，质量达不到验收规范的规定，甚至通过返工或加固补强也难达到保证安全的要求，或是加固等处理代价太大等等。这样的工程严禁验收。为了保证人民群众的生命财产安全、社会安定，政府工程建设主管部门必须严把这个关，这样的工程不能允许流向社会。同时，对造成这些劣质工程的责任主体，要给予严格的处罚。

这种情况在对工程质量进行鉴定之后，进行加固补强技术方案技术论证和造价估算就可以做出判断。对于质量问题严重，使用加固补强效果不好，或是费用太大不值得加固处理，以及加固处理后仍不能达到保证安全、功能的情况，应坚决拆掉。

【实施与检查】

这种情况必须用检测手段取得有关数据，特别要处理好检测手段的科学性、可靠性，且检测机构要有相应的资质，人员要有相应的资格，持证上岗。必要时可召开专家论证会，来确定是否有加固补强的意义，如能采取措施使工程发挥作用的，尽可能挽救。否则，必须坚决拆除。

工程经过有针对性的检测、召开专家会进行论证，形成有必要的权威性，有论证的结论，并应按专家论证会的结论进行处理。

8 施工质量验收程序和组织

《建筑工程施工质量验收统一标准》GB 50300－2013

6.0.1 检验批应由专业监理工程师组织施工单位项目专业质量检查员、专业工长等进行验收。

6.0.2 分项工程应由专业监理工程师组织施工单位项目专业技术负责人等进行验收。

6.0.3 分部工程应由总监理工程师组织施工单位项目负责人和项目技术负责人等进行验收。

勘察、设计单位项目负责人和施工单位技术、质量部门负责人应参加地基与基础分部工程的验收。

设计单位项目负责人和施工单位技术、质量部门负责人应参加主体结构、节能分部工程的验收。

【技术要点说明】

第 6.0.1～6.0.3 条简要阐述如下：

检验批、分项工程、子分部工程等不同阶段的施工质量验收的组织与参加人员有所差异。不同验收阶段的组织人和参加人具体情况如表 8-1 所示。

表 8-1 不同验收阶段的组织和参加人员表

验收阶段	组织人	参加人
检验批	专业监理工程师	施工单位项目专业质量检查员 施工单位项目专业工长
分项工程	专业监理工程师	施工单位专业技术负责人
地基基础 分部工程	总监理工程师	勘察单位项目负责人 设计单位项目负责人 施工单位技术、质量负责人 施工单位项目负责人 施工单位项目技术负责人
主体结构、节能 分部工程	总监理工程师	设计单位项目负责人 施工单位技术、质量负责人 施工单位项目负责人 施工单位项目技术负责人
其他分部工程	总监理工程师	施工单位项目负责人 施工单位项目技术负责人

在工程验收时，应检查与核对相关方案及验收记录，确人各验收阶段的验收组织和参

加人员符合规范要求，保证验收程序合格。

6.0.4　单位工程中的分包工程完工后，分包单位应对所承包的工程项目进行自检，并应按本标准规定的程序进行验收。验收时，总包单位应派人参加。分包单位应将所分包工程的质量控制资料整理完整，并移交给总包单位。

【技术要点说明】

《建设工程承包合同》的双方主体是建设单位和总承包单位，总承包单位应按照承包合同的权利义务对建设单位负责。总承包单位可以根据需要将建设工程的一部分依法分包给其他具有相应资质的单位，分包单位对总承包单位负责，亦应对建设单位负责。总承包单位就分包单位完成的项目向建设单位承担连带责任。因此，分包单位对承建的项目进行验收时，总承包单位应参加，检验合格后，分包单位应将工程的有关资料整理完整后移交给总承包单位，建设单位组织单位工程质量验收时，分包单位负责人应参加验收。

6.0.5　单位工程完工后，施工单位应组织有关人员进行自检。总监理工程师应组织各专业监理工程师对工程质量进行竣工预验收。存在施工质量问题时，应由施工单位整改。整改完毕后，由施工单位向建设单位提交工程竣工报告，申请工程竣工验收。

【技术要点说明】

本条规定了工程竣工预验收的程序和要求。单位工程完成后，施工单位应首先依据验收规范、设计图纸等组织有关人员进行自检，对检查发现的问题进行必要的整改。监理单位应根据本标准和《建设工程监理规范》的要求对工程进行竣工预验收。符合规定后由施工单位向建设单位提交工程竣工报告和完整的质量控制资料，申请建设单位组织竣工验收。

工程竣工预验收由总监理工程师组织，各专业监理工程师参加，施工单位由项目经理、项目技术负责人等参加，其他各单位人员可不参加。工程预验收除参加人员与竣工验收不同外，其方法、程序、要求等均应与工程竣工验收相同。竣工预验收的表格格式可参照工程竣工验收的表格格式。

6.0.6　建设单位收到工程竣工报告后，应由建设单位项目负责人组织监理、施工、设计、勘察等单位项目负责人进行单位工程验收。

【技术要点说明】

单位工程竣工验收是依据国家有关法律、法规、规章及标准的规定，全面考核建设工作成果，检查工程质量是否符合设计文件和合同约定的各项要求。通过竣工验收后，建筑工程将投入使用，发挥其经济效应，也将与使用者的人身健康或财产安全密切相关，因此要求项目建设的参与者给予足够的重视。

单位工程质量验收应由建设单位项目负责人组织，勘察、设计、施工、监理单位都是责任主体，各单位项目负责人对工程的相关质量有全面的了解，因此要求各单位项目负责人都应参加验收。施工单位项目技术、质量负责人和监理单位的总监理工程师也应参加验收。

在一个单位工程中，对满足生产要求或具备使用条件，施工单位已自行检验，监理单位已预验收的子单位工程，建设单位可组织进行验收。由几个施工单位负责施工的单位工程，当其中的子单位工程已按设计要求完成，并经自行检验，也可按规定的程序组织正式验收，办理交工手续。在整个单位工程验收时，已验收的子单位工程验收资料应作为单位工程验收的附件。

1 建设工程竣工验收的条件

《中华人民共和国建筑法》第61条规定："交付竣工验收的建筑工程，必须符合规定的建筑工程质量标准，有完整的工程技术经济资料和经签署的工程保修书，并具备国家规定的其他竣工条件。建筑工程竣工经验收合格后，方可交付使用；未经验收或者验收不合格的，不得交付使用。"根据《建设工程质量管理条例》、《房屋建筑和市政基础设施工程竣工验收规定》等相关法规，具体条件包括：

（1）完成工程设计和合同约定的各项内容。

（2）施工单位在工程完工后对工程质量进行了检查，确认工程质量符合有关法律、法规和工程建设强制性标准，符合设计文件及合同要求，并提出工程竣工报告。工程竣工报告应经项目经理和施工单位有关负责人审核签字。

（3）对于委托监理的工程项目，监理单位对工程进行了质量评估，具有完整的监理资料，并提出工程质量评估报告。工程质量评估报告应经总监理工程师和监理单位有关负责人审核签字。

（4）勘察、设计单位对勘察、设计文件及施工过程中由设计单位签署的设计变更通知书进行了检查，并提出质量检查报告。质量检查报告应经该项目勘察、设计负责人和勘察、设计单位有关负责人审核签字。

（5）有完整的技术档案和施工管理资料。

（6）有工程使用的主要建筑材料、建筑构配件和设备的进场试验报告，以及工程质量检测和功能性试验资料。

（7）建设单位已按合同约定支付工程款。

（8）有施工单位签署的工程质量保修书。

（9）对于住宅工程，进行分户验收并验收合格，建设单位按户出具《住宅工程质量分户验收表》。

（10）建设主管部门及工程质量监督机构责令整改的问题全部整改完毕。

（11）法律、法规规定的其他条件。

2 建设工程竣工验收的程序

按照住房和城乡建设部《房屋建筑和市政基础设施工程竣工验收规定》的有关内容，工程竣工验收应当按以下程序进行：

（1）工程完工后，施工单位向建设单位提交工程竣工报告，申请工程竣工验收。实行监理的工程，工程竣工报告须经总监理工程师签署意见。

（2）建设单位收到工程竣工报告后，对符合竣工验收要求的工程，组织勘察、设计、施工、监理等单位组成验收组，制定验收方案。对于重大工程和技术复杂工程，根据需要可邀请有关专家参加验收组。

（3）建设单位应当在工程竣工验收7个工作日前将验收的时间、地点及验收组名单书面通知负责监督该工程的工程质量监督机构。

（4）建设单位组织工程竣工验收。

a）建设、勘察、设计、施工、监理单位分别汇报工程合同履约情况和在工程建设各个环节执行法律、法规和工程建设强制性标准的情况；

b）审阅建设、勘察、设计、施工、监理单位的工程档案资料；

c）实地查验工程质量；

d）对工程勘察、设计、施工、设备安装质量和各管理环节等方面作出全面评价，形成经验收组人员签署的工程竣工验收意见。

参与工程竣工验收的建设、勘察、设计、施工、监理等各方不能形成一致意见时，应当协商提出解决的方法，待意见一致后，重新组织工程竣工验收。

以上是建设主管部门对建设工程竣工验收的有关规定，除此之外，建设单位还应就工程项目取得规划部门、公安消防部门以及环保单位出具的认可文件或准许使用文件，并在建设工程竣工验收合格之日起 15 日内按建设工程项目分级管理权限向建设行政主管部门办理备案手续。

3　建设工程竣工验收报告

工程竣工验收合格后，建设单位应当及时提出工程竣工验收报告。工程竣工验收报告主要包括工程概况，建设单位执行基本建设程序情况，对工程勘察、设计、施工、监理等方面的评价，工程竣工验收时间、程序、内容和组织形式，工程竣工验收意见等内容。

工程竣工验收报告还应附有下列文件：

（1）施工许可证。

（2）施工图设计文件审查意见。

（3）本规定第五条（二）、（三）、（四）、（八）项规定的文件。

（4）验收组人员签署的工程竣工验收意见。

（5）法规、规章规定的其他有关文件。

竣工验收过程中，负责监督该工程的工程质量监督机构应当对工程竣工验收的组织形式、验收程序、执行验收标准等情况进行现场监督，发现有违反建设工程质量管理规定行为的，责令改正，并将对工程竣工验收的监督情况作为工程质量监督报告的重要内容。

【实施与检查】

建设单位应制定工程竣工验收管理制度。监理单位协助做好有关验收工作和具体事项。负责监督该工程的工程质量监督机构应当对工程竣工验收的组织形式、验收程序、执行验收标准等情况进行现场监督，发现有违反建设工程质量管理规定行为的，责令改正，并将对工程竣工验收的监督情况作为工程质量监督报告的重要内容。

验收时，应检查参加竣工验收人员的资格，检查验收的组织形式、验收程序、执行标准等情况。

9　建筑工程质量检测与变形测量

《房屋建筑和市政基础设施工程质量检测技术管理规范》GB 50618－2011

3.0.3　检测机构必须在技术能力和资质规定范围内开展检测工作。

【技术要点说明】

　　工程质量检测是建设工程质量管理和验收的主要手段，通过采用检测设备、仪器仪表，按国家现行有关标准规定的方法和检测方案、程序得到的检测数据，客观反映工程质量性能，是判定工程质量水平是否达到标准的手段，是工程质量验收的重要依据。所以，为保证检测数据和检测结论真实、准确、规范，加强工程检测机构和检测过程各环节的管理，包括技术管理和行政管理，都是十分重要和必要的。

　　检测的技术管理是控制检测机构的技术能力的必要措施。技术能力按检测项目或检测参数分别提出要求；应配备的检测人员包括检测管理技术人员、检测操作人员。应按检测项目规定检测管理人员的资历、技术职称、工作经验等要求；对检测操作人员要按规定培训取得上岗操作证的要求；检测设备的要求及保持设备要处于良好的精度状态；并要对管理制度、工作场所及环境、检测程序等做出规定。总之，要按检测项目（参数）具备相应的技术能力。

　　检测机构的资质是检测机构能力的一种客观认定。尽管市场经济在逐步完善，但由于市场规则的不完善，以及社会上的人们质量意识的不高，所以要求应按技术能力水平给予检测机构一定的资质证书，并规定其开展检测工作的范围。

　　综上，为保证工程安全和人民生命安全，及检测工作的公平、公正性和质量，规定检测机构应在其认定的技术能力和资质规定的工作范围内开展检测工作。

【实施与检查】

　　（1）实施

　　建设行政主管部门首先对检测机构的技术能力进行检查或评价，确定其开展检测项目的技术能力；然后发给资质证书和规定开展检测的工作范围，并具体列出能开展的检测项目和参数，进行管理。未取得证书和工作范围的不得开展相应的检测工作。

　　（2）检查

　　检测机构应取得资质证书，并在资质规定范围内开展检测工作。工作中，要对检测的数据和结果负责，通过严格管理，保证检测结果的真实性，及检测数据的准确性和规范性。首先，检测机构要建立自行检查制度，及时发现问题，及时改正；其次，当地建设行政主管部门的具体管理部门要经常抽查其检测工作的规范性，定期审查其检测报告，并不定期在同地区进行比对试验，了解各检测机构的差误，提高检测工作的规范性；第三是在资质证书有效期到期时进行重新考核认可和换发新证书。

3.0.4　检测机构应对出具的检测报告的真实性、准确性负责。

【技术要点说明】

　　检测机构的检测报告是检测机构的产品。对出具的检测报告负责，是对检测机构的基本要求，也是正当要求。因为检测结果是工程质量管理的重要环节和工程质量验收的重要依据，检测结果的真实性、准确性，不仅是检测本身的工作问题，还影响到工程质量管理。工程质量是百年大计，工程质量是关系到社会安定和人民生命财产安全的大事情，所以检测机构应对出具的检测报告的真实性、准确性负责。

【实施和检查】

　　（1）实施

　　要保证检测报告的真实性和准确性，必须加强检测机构的内部管理，建立健全质量保证体系，落实责任制，保证人员的技术素质和执行标准的素质，设备、仪器的精度要达到有关标准规范的要求，检测试件的取样要真实、规范，谁取样谁对试件的真实性、规范性负责，且检测机构必须审查。同时，要严格检测程序，检测报告的管理制度，特别是检测报告的形成、审查、修改、签发制度，来保证检测报告的质量。最后，要建立检测报告的编号制度、台账、已试试件的留置制度，以保证其可追塑性。

　　（2）检查

　　检测机构要有可操作性好的质量保证体系，要将责任分解到各工作岗位。控制好各个环节，哪个环节出了问题，都能及时发现，及时改正，哪个岗位出了问题都可以查得到。各环节的每个检测人员要有责任意识，明确检测的重要性和各自的职责。检测人员要自觉做到遵守有关规定，经常检查自己的工作环节是否符合规范规定。

　　当地建设行政主管部门应定期、不定期进行抽查有关管理制度的执行情况，并对检测机构的硬件条件、软件条件进行检查。重点是人员素质、设备精度及管理制度的有效性、岗位责任制等管理制度的执行情况，坚决杜绝虚假检测报告的发生。检测机构应有专人负责检查各环节遵守制度，规范操作的情况，发现不足及时纠正。

3.0.10　检测应按有关标准的规定留置已检试件。有关标准留置时间无明确要求的，留置时间不应少于 72h。

【技术要点说明】

　　这条是为制止检测机构检测过程中一些不规范以及弄虚作假，保障检测结果的真实性和准确性，是保证检测有效的重要措施。工程质量检测在近几年来，有些地区出现了一些不好的现象，如虚假检测报告，只对来样负责的检测报告，以及少数检测机构出现了不检测就出检测报告，少数检测机构私下承诺委托单位不出不合格的检测报告等不正常的做法。如有的检测机构一年两年都没有不合格检测报告的现象。

　　对已检试件采取留置追查的做法就是在对试件试验之后，要求对其留置。其他标准有要求的，按其要求留置，但留置时间不少于 72h，以备查对。这样做是便于做到检测数据有可追溯性，即在对检测报告的数据有怀疑时，可以在规定时间内核对检查，当然也可以是当地或上级管理部门对检测报告与已试试件对应检查。

【实施与检查】

　　（1）实施

　　试验之后，不论试件是否破坏，都应将已试试件摆放在计划放置的地方，保持其试验后的基本面貌，并标出试件标志牌，内容包括原试件的全部内容，试验时间，并要求操作人员签名。72h 时间的计算，应以检测报告交至委托检测人签收时间为准。72h 过后，已试试件则可处理。并将处理时间记录在台账中。

（2）检查

检查已检试件留置管理制度、检测报告登记台账或留置试件登记台账，并现场检查留置场地、试件留置情况、已试试件标志内容起止时间。此外，还可与检测报告对照进行检查其管理情况。

4.1.1 检测机构应配备能满足所开展检测项目要求的检测人员。

4.2.1 检测机构应配备能满足所开展检测项目要求的检测设备。

【技术要点说明】

第 4.1.1 条和第 4.1.2 条简要阐述如下：

工程质量检测重要的基本条件就是检测人员和检测设备满足检测项目要求。检测机构开展检测项目必须具备与该项目相应的检测人员和设备。

检测人员包括检测技术管理人员和检测操作人员，缺一不可。检测技术管理人员必须是符合本检测项目专业和技术职称要求，并具备规定的相应的工作经验，管理同专业的检测项目。操作人员必须经培训（包括理论知识和实际操作能力），考核合格，取得上岗证。每个检测项目有证操作人员不得少于 2 人。管理人员是保证技术管理能符合相关产品和工程质量规范的要求，检测的项目结果判定正确，并配备该专业的检测标准，选择和制订操作工艺，指导和保证检测的规范。操作人员要按试验（检测）程序规范操作，保证检测数据的规范性和可比性。

检测设备包括主要设备及配套设备，其规格、型号、量程、精度等都必须满足检测项目的要求。凡参与使用的设备都必须经过有资格部门的校准或检测认可，在其有效期内才能使用。

设备的操作要求，检测程序等应制度化，并有文字说明，放置在设备旁边，方便查阅和查对操作的执行情况。

【实施与检查】

（1）实施

按检测项目落实检测人员、检测设备，按检测项目形成表格，来展示配套的检测技术能力。并按检测项目落实在各检测岗位上。管理人员及操作人员要佩带上岗证上岗。检测设备凡是在检测场所安装和摆放的，都必须标明精度状态，标牌要贴在设备的明显处，以方便查对。

（2）检查

要对照各检测项目表配套的人员、设备与现实的人员和设备的配备核对情况。检测单位应定期检查人员上岗证的正确使用，按期考核更换证件，上班佩戴有效证件；检测设备经常维护，保持其精度状态，并按校准或检测周期及时校准或检测。

平时，使用要填写使用记录，发现不正常状态，要及时停止使用，请检定部门进行校准或检测。并将标牌更换，保证其正常精度状态。

4.4.10 检测机构严禁出具虚假检测报告。凡出现下列情况之一的应判定为虚假检测

报告：

    1   不按规定的检测程序及方法进行检测出具的检测报告；

    2   检测报告中数据、结论等实质性内容被更改的检测报告；

    3   未经检测就出具的检测报告；

    4   超出技术能力和资质规定范围出具的检测报告。

【技术要点说明】

    本条规定检测机构出具的检验报告要科学、规范、真实，严禁出具虚假报告，这是保证检测报告有效的重要措施。本条明确规定了目前常见的四种虚假检测类型，但要认识到，凡不能反映检测项目（参数）实际质量情况的检测而出具的报告都是虚假报告。工程质量检测要科学、规范、真实，否则检测结果就不能正确反映工程质量的真实情况。而虚假报告不仅是检测不科学、不规范造成的，有时检测机构或有些人有意做的，是检测机构弄虚作假的问题，有的是检测机构和委托检测单位共同弄虚作假的问题，是检测机构的管理问题，诚信、道德的问题。对出现虚假检测报告的检测机构，建设行政主管部门应该按规定给予处罚。

【实施与检查】

    （1）实施

    建设行政主管部门要建立严格的查处办法，日常对检测机构的管理中，应宣传虚假检测报告的危害性；检测机构自身要建立有效的管理制度，领导要端正服务思想，遵守国家法令和法规，执行相关技术标准，保证本单位不出现虚假检测报告。

    （2）检查

    检测机构应有自我检查制度，检测人员自我规范制度，并开展职业道德教育，控制好有关环节，并将检测不规范的现象消灭在萌芽状态，保证不出现虚假检测报告。

    各级建设行政主管部门要定期或不定期开展对检测机构的业务检查；并应听取各方反映，社会投诉，防止虚假检测报告，发现后要坚决严惩，并将记入不良行为记录，在社会上公布，严重的取消其检测资格。

5.4.1   检测应严格按照经确认的检测方法标准和现场工程实体检测方案进行。

【技术要点说明】

    检测方法标准、检测方案是确保工程检测规范性的重要措施，也是保证检测可比性和检测结果正确性的重要措施。一般情况，在检测委托合同中，双方会共同明确采用的委托检测项目使用的检测方法标准，特别是当有几个检测方法标准可供选择时，应共同确定其中一个；而对没有针对性的检测方法标准的项目和工程实体质量检测没有针对性检测方法标准时，可由检测机构编制检测方案，经双方或多方认可后使用。对一些重要检测项目或有争议的检测项目的检测方案还需要经专家论证，必要的还要报当地建设行政主管部门审查批准。检测方法标准或检测方案一经确定，检测机构不得随意更改，必须严格执行。否则检测结果不应予以认可。

【实施与检查】

    （1）实施

    应在检测委托合同中明确一个检测方法标准，没有针对性检测方法标准或没有检测方法标准的检测项目可在合同中明确由检测机构编制检测方案，经各方同意后使用。

检测机构必须严格执行经确认的检测方法或现场工程实体检测方案，否则不符合委托合同要求。

（2）检查

首先检查在检测委托合同中，在没有明确检测方法标准；检测前要检查，所使用检测方法标准与合同中明确的是否一致；所使用的检测方案是否经双方认可的检测方案。

《建筑变形测量规范》JGJ 8-2007

3.0.1 下列建筑在施工和使用期间应进行变形测量：

1 地基基础设计等级为甲级的建筑；

2 复合地基或软弱地基上的设计等级为乙级的建筑；

3 加层、扩建建筑；

4 受邻近深基坑开挖施工影响或受场地地下水等环境因素变化影响的建筑；

5 需要积累经验或进行设计反分析的建筑。

【技术要点说明】

变形测量的目的是获取建（构）筑物场地、地基、基础、上部结构及周边环境在建筑施工和使用期间的变形信息，为保障建筑质量安全提供信息支持与服务，并为工程设计、管理及科研提供技术资料。本条在参考现行国家标准《建筑地基基础设计规范》GB 50007 和《岩土工程勘察规范》GB 50021 相关规定的基础上，列出了 5 类在施工和使用期间应进行变形测量的建筑。建筑变形测量的具体内容和要求应按照地基基础设计和本规范的相应要求确定。本条中涉及的地基基础设计等级见国家标准《建筑地基基础设计规范》GB 50007-2011 表 3.0.1 的规定，具体情况见表 9-1。

表 9-1　地基基础设计等级表

设计等级	建筑和地基类型
甲级	重要的工业与民用建筑物 30 层以上的高层建筑 体型复杂，层数相差超过 10 层的高低层连成一体建筑物 大面积的多层地下建筑物（如地下车库、商场、运动场等） 对地基变形有特殊要求的建筑物 复杂地质条件下的坡上建筑物（包括高边坡） 对原有工程影响较大的新建建筑物 场地和地基条件复杂的一般建筑物 位于复杂地质条件及软土地区的二层及二层以上地下室的基坑工程 开挖深度大于 15m 的基坑工程 周边环境条件复杂、环境保护要求高的基坑工程
乙级	除甲级、丙级以外的工业与民用建筑物 除甲级、丙级以外的基坑工程
丙级	场地和地基条件简单、荷载分布均匀的七层及七层以下民用建筑及一般工业建筑；次要的轻型建筑物 非软土地区且场地地质条件简单、基坑周边环境条件简单、环境保护要求不高且开挖深度小于 5.0m 的基坑工程

【实施与检查控制】

（1）实施

对于地基基础设计等级为甲级的建筑，复合地基或软弱地基上的设计等级为乙级的建筑，加层、扩建建筑，受邻近深基坑开挖施工影响或受场地地下水等环境因素变化影响的建筑，需要积累经验或进行设计反分析的建筑，工程业主方（委托方）根据有关规范、工程勘察报告建议和设计要求，委托拥有相应测绘资质或工程勘察资质（工程测量专业）的测量单位承担变形测量工作。

（2）检查

在本条规定的5类建筑工程主体结构验收和竣工验收时，应提交符合要求的建筑变形测量成果资料。具体资料内容和要求在本规范第9章有明确规定，主要有：

1）执行技术设计书或施测方案及技术标准、政策法规情况；

2）使用仪器设备及其检定情况；

3）记录和计算所用软件系统情况；

4）基准点和变形观测点的布设及标石、标志情况；

5）实际观测情况，包括观测周期、观测方法和操作程序的正确性等；

6）基准点稳定性检测与分析情况；

7）观测限差和精度统计情况；

8）记录的完整准确性及记录项目的齐全性；

9）观测数据的各项改正情况；

10）计算过程的正确性、资料整理的完整性、精度统计和质量评定的合理性；

11）变形测量成果分析的合理性；

12）提交成果的正确性、可靠性、完整性及数据的符合性情况；

13）技术报告书内容的完整性、统计数据的准确性、结论的可靠性及体例的规范性；

14）成果签署的完整性和符合性情况等。

本条规定的5类建筑，在其施工过程中，项目业主方（委托方）应与专业测量单位签订建筑变形测量合同。

3.0.11 建筑变形测量过程中发生下列情况之一时，必须立即报告项目委托方，同时应及时增加观测次数或调整变形测量方案：

1 变形量或变形速率出现异常变化；

2 变形量达到或超出预警值；

3 周边或开挖面出现塌陷、滑坡；

4 建筑本身、周边建筑及地表出现异常；

5 由于地震、暴雨、冻融等自然灾害引起的其他变形异常情况。

【技术要点说明】

为保障建筑及周边环境在施工或使用期间的安全，当变形测量过程中出现异常或异常趋势时，必须立即报告变形测量项目委托方以便采取必要的安全措施。同时，应及时增加变形观测次数或调整作业方案，以获取更准确全面的变形信息。本条列出的5种情形均为需要立即报告的异常情形。本条第2款中的预警值通常取变形允许值的60%或者在建筑设计时直接给定，其中涉及的变形允许值按现行国家标准《建筑地基基础设计规范》GB 50007-2011 表 5.3.4 的规定执行，即建筑物的地基变形允许值应按表 5.3.4 规定采用。对表中未包括的建筑物，其地基变形允许值应根据上部结构对地基变形的适应能力和使用上的要求确定，具体见表 9-2。

表 9-2　建筑物的地基变形允许值

变　形　特　征		地基土类别	
		中、低压缩性土	高压缩性土
砌体承重结构基础的局部倾斜		0.002	0.003
工业与民用建筑相邻柱基的沉降差	框架结构	$0.002l$	$0.003l$
	砌体墙填充的边排柱	$0.0007l$	$0.001l$
	当基础不均匀沉降时不产生附加应力的结构	$0.005l$	$0.005l$
单层排架结构（柱距为 6m）柱基的沉降量（mm）		(120)	200
桥式吊车轨面的倾斜（按不调整轨道考虑）	纵向	0.004	
	横向	0.003	
多层和高层建筑的整体倾斜	$H_g \leqslant 24$	0.004	
	$24 < H_g \leqslant 60$	0.003	
	$60 < H_g \leqslant 100$	0.0025	
	$H_g > 100$	0.002	
体型简单的高层建筑基础的平均沉降量（mm）		200	
高耸结构基础的倾斜	$H_g \leqslant 20$	0.008	
	$20 < H_g \leqslant 50$	0.006	
	$50 < H_g \leqslant 100$	0.005	
	$100 < H_g \leqslant 150$	0.004	
	$150 < H_g \leqslant 200$	0.003	
	$200 < H_g \leqslant 250$	0.002	
高耸结构基础的沉降量（mm）	$H_g \leqslant 100$	400	
	$100 < H_g \leqslant 200$	300	
	$200 < H_g \leqslant 250$	200	

注：1　本表数值为建筑物地基实际最终变形允许值；

　　2　有括号者仅适用于中压缩性土；

　　3　l 为相邻柱基的中心距离（mm）；H_g 为自室外地面起算的建筑物高度（m）；

　　4　倾斜指基础倾斜方向两端点的沉降差与其距离的比值；

　　5　局部倾斜指砌体承重结构沿纵向 6m～10m 内基础两点的沉降差与其距离的比值。

【实施与检查】

（1）实施

建筑变形测量应根据本规范及项目技术方案确定的变形测量周期和技术要求进行实施。每周期观测时，与前一周期测量结果比较可以获得两周期间各监测点的变形量。应对变形量及多期变形趋势进行细致的分析。同时，在建筑变形测量过程中，特别是当发生暴雨、冻融和地震等自然灾害时，应对建筑及其周边环境状况经常进行巡视。当出现本条规定的情形之一时，首先必须立即报告项目委托方，同时应及时增加观测次数或调整作业方案。并应按照质量管理体系的基本要求，成相应的书面记录。

（2）检查

可通过检查建筑变形测量项目承担方的作业记录或技术总结、项目委托方的相关记录以及他们之间的信息往来记录，核查该条规定实施情况。

第 三 篇

地基基础工程施工

10 概　述

　　建（构）筑物通过基础，将其荷载传至地基上。作为地基的岩土是自然形成的，其性状能否满足建（构）筑物的长期使用要求，需要通过岩土工程勘察确定；天然形成的地基岩土性状需要满足建（构）筑物的稳定性、基础沉降或基础结构设计要求；基础施工、基坑开挖以及对于周边环境的保护，基坑支护、边坡支挡和地基处理的设计与施工需要清楚了解地基岩土的情况。在建筑工程施工中，地基基础属于隐蔽工程，出现问题后不易修复或修复难度较大，因而，地基基础施工质量直接关系（或影响）到整个建筑工程质量。

　　在地基基础施工过程中，直接面对的对象为地基土，施工过程揭示的地基岩土性状与勘察报告的符合程度，不仅对桩基础、地基处理、基坑支护结构、边坡支挡结构等设计结果的安全产生直接影响，而且对地基基础施工技术的安全性也会产生重要影响。同时，某些地基土具有特殊性质，例如湿陷性黄土具有遇水湿陷的性质；膨胀土具有遇水膨胀、失水体积缩小的特性。因此，地基基础施工应防止施工用水和场地雨水流入建（构）筑物地基、基坑或基础周围，雨季施工应采取防水措施。严格执行相关标准强制性条文，是保证建筑工程质量，减少工作失误的最基本要求。

10.1 总 体 情 况

　　地基基础工程施工分为地基施工验收，特殊性土施工与验收，桩基础施工与验收，边坡和基坑支护施工与验收，地基处理施工与验收等5章，共涉及12项标准，52条强制性条文，详见下表。

地基基础工程涉及标准及强制性条文汇总表

序号	标 准 名 称	标准编号	强制性条文数量
1	《湿陷性黄土地区建筑规范》	GB 50025－2004	8
2	《建筑地基基础工程施工质量验收规范》	GB 50202－2002	7
3	《建筑边坡工程技术规范》	GB 50330－2013	2
4	《建筑基坑工程监测技术规范》	GB 50497－2009	4
5	《复合土钉墙基坑支护技术规范》	GB 50739－2011	1
6	《建筑地基基础工程施工规范》	GB 51004－2015	4
7	《建筑地基处理技术规范》	JGJ 79－2012	10
8	《建筑桩基技术规范》	JGJ 94－2008	3
9	《建筑基桩检测技术规范》	JGJ 106－2014	4
10	《建筑基坑支护技术规程》	JGJ 120－2012	4
11	《地下建筑工程逆作法技术规程》	JGJ 165－2010	4
12	《湿陷性黄土地区建筑基坑工程安全技术规程》	JGJ 167－2009	1

10.2　主　要　内　容

本篇强制性条文按地基施工验收，特殊性土施工与验收，桩基础施工与验收，边坡和基坑支护施工与验收，地基处理施工与验收等五个方面进行分类，其主要内容包括：

1　地基施工验收的强制性条文

《建筑地基基础工程施工质量验收规范》GB 50202-2002：第4.1.5条（处理地基承载力的检验要求）、第4.1.6条（复合地基竣工验收的要求）。

2　特殊性土施工与验收的强制性条文

《湿陷性黄土地区建筑规范》GB 50025-2004：第8.1.1条、第8.1.5条（建设场地施工的排水要求）、第8.2.1条（建设场地的防洪要求）、第8.3.1条（地基施工的验槽要求）、第8.3.2条（基坑施工前的勘察要求）、第8.4.5条（地基施工异常情况处理的要求）、第8.5.5条（管道和水池施工的要求）、第9.1.1条（建筑物和管道日常维护的要求）。

3　桩基础施工与验收的强制性条文

《建筑地基基础工程施工质量验收规范》GB 50202-2002：第5.1.3条（打入或压入桩施工验收的要求）、第5.1.4条（灌注桩施工验收的要求）、第5.1.5条（工程桩承载力检验的要求）。

《建筑地基基础工程施工规范》GB 51004-2015：第5.5.8条（桩的运输和吊装要求）、第5.11.4条（静压桩施工的要求）。

《建筑桩基技术规范》JGJ 94-2008：第8.1.5条（桩基工程土方开挖的要求）、第8.1.9条（桩基工程土方回填的要求）、第9.4.2条（工程桩检验的要求）。

《建筑基桩检测技术规范》JGJ 106-2014：第4.3.4条（单桩载荷试验的要求）、第9.2.3条、第9.2.5条、第9.4.5条（桩基检测的要求）。

4　边坡和基坑支护施工与验收的强制性条文

《建筑地基基础工程施工质量验收规范》GB 50202-2002：第7.1.3条（土方开挖的要求）、第7.1.7条（基坑工程施工变形监测的要求）。

《建筑地基基础工程施工规范》GB 51004-2015：第6.1.3条（支护结构的施工要求）、第6.9.8条（支护结构的拆除要求）。

《建筑边坡工程技术规范》GB 50330-2013：第18.4.1条（岩石边坡爆破施工的要求）、第19.1.1条（边坡工程施工变形监测的要求）。

《复合土钉墙基坑支护技术规范》GB 50739-2011：第6.1.3条（复合土钉墙的施工要求）。

《建筑基坑支护技术规程》JGJ 120-2012：第8.1.3条（土方开挖的要求）、第8.1.4条（支护结构拆除的要求）、第8.1.5条（基坑施工周边堆载的要求）、第8.2.2条（基坑工程施工变形监测的要求）。

《湿陷性黄土地区建筑基坑工程安全技术规程》JGJ 167-2009：第13.2.4条（基坑工程施工排水系统设置的要求）。

《建筑基坑工程监测技术规范》GB 50497－2009：第 3.0.1 条、第 7.0.4 条、第 8.0.1 条、第 8.0.7 条（基坑工程施工变形监测的要求）。

《地下建筑工程逆作法技术规程》JGJ 165－2010：地 3.0.4 条（逆作法施工的要求）、第 3.0.5 条（逆作法施工的监测要求）、第 5.1.3 条（逆作法施工的设计要求）、第 6.6.3 条（逆作法施工水平传力构件设置的要求）。

5　地基处理施工与验收的强制性条文

《建筑地基处理技术规范》JGJ 79－2012：第 4.4.2 条（换填垫层施工质量检验的要求）、第 5.4.2 条（预压地基施工质量检验的要求）、第 6.2.5 条（压实地基施工质量检验的要求）、第 6.3.10 条（强夯施工监测及隔振的要求）、第 6.3.13 条（强夯施工竣工验收的要求）、第 7.1.2 条、第 7.1.3 条（复合地基承载力检验的要求）、第 7.3.6 条（水泥土搅拌桩施工机械设备的要求）、第 8.4.4 条（注浆加固地基承载力检验的要求）、第 10.2.7 条（处理地基变形监测的要求）。

10.3　其 他 说 明

每本规范的强制性条文是从该规范的完整体系中摘录而得，规范的相关条款是执行该强制性条文内容的必要充分条件，所以在有关强制性条文的技术要点说明中列出了执行该强制性条文的相关条款，但这些条款并未列入强制性执行内容。如果错误使用了该相关条款，以致达不到强制性条文执行要求，应视为不满足该强制性条款要求。

11　地基施工验收

《建筑地基基础工程施工质量验收规范》GB 50202－2002

4.1.5　对灰土地基、砂和砂石地基、土工合成材料地基、粉煤灰地基、强夯地基、注浆地基、预压地基，其竣工后的结果（地基强度或承载力）必须达到设计要求的标准。检验数量，每单位工程不应少于 3 点，1000m² 以上工程，每 100m² 应至少有 1 点，3000m² 以上工程，每 300m² 至少有 1 点。每一独立基础下至少应有 1 点，基槽每 20 延米应有 1 点。

【技术要点说明】

本条是对单一地基的地基强度或地基承载力的检验要求，由于各地设计单位自身的习惯、经验等不尽相同，因而，对处理地基的质量检验指标要求可能不一样，如用标准贯入度、静力触探、十字板剪切强度，或用承载力检验，甚至要求提供多项检验指标。鉴此，本条未对地基强度或承载力检验指标做出硬性规定，符合照设计要求即可，但检验数量均须满足本条的规定。

【实施与检查】

（1）实施

施工单位应根据设计单位提出检验要求，聘请具有建设工程质量检测资质的相关检测单位对地基强度或承载力进行检验。

（2）检查

工程质量监督机构、建设单位、监理单位会同勘察设计单位检查检测单位提供的检测记录、检测报告和施工单位提供的施工记录。监理单位应监督检测单位是否按照设计要求和本条规定执行。

4.1.6　对水泥土搅拌桩复合地基、高压喷射注浆桩复合地基、砂桩地基、振冲桩复合地基、土和灰土挤密桩复合地基、水泥粉煤灰碎石桩复合地基及夯实水泥土桩复合地基，其承载力检验，数量为总数的 0.5%～1%，但不应少于 3 处。有单桩强度检验要求时，数量为总数的 0.5%～1%，但不应少于 3 根。

【技术要点说明】

本条是对复合地基施工竣工验收提出的质量检验要求。同样，鉴于各地设计单位自身的习惯、经验等不尽相同，对作为复合地基的主体——基桩强度或承载力检验方法要求也可能不同，如钻孔取样、静力触探、堆载试验等。故本条未对复合地基基桩强度或承载力检验方法做出硬性规定，符合照设计要求即可，但检验数量均须满足本条的规定。

【实施与检查】

（1）实施

施工单位应根据设计单位提出检验要求，聘请具有建设工程质量检测资质的相关检测单位对复合地基基桩强度或承载力进行检验。

（2）检查

工程质量监督机构、建设单位、监理单位会同勘察设计单位检查检测单位提供的检测记录、检测报告和施工单位提供的施工记录。监理单位应监督检测单位是否按照设计要求和本条规定执行。

12 特殊性土施工与验收

《湿陷性黄土地区建筑规范》GB 50025 - 2004

8.1.1 在湿陷性黄土场地，对建筑物及其附属工程进行施工，应根据湿陷性黄土的特点和设计要求采取措施防止施工用水和场地雨水流入建筑物地基（或基坑内）引起湿陷。

【技术要点说明】

　　湿陷性黄土发生湿陷的两个必要条件是"力、水"，没有水的侵入湿陷就不可能发生。在建筑物施工阶段，设计的防水措施没有完全施工完成，整体防水功能相对较弱，此时如果有水流入容易渗入地基，产生危害的可能性较高。因此要求针对施工阶段的特点采取防排水措施，重点是防止施工用水和雨水流入建筑物防护距离内或基坑范围，更不能聚集。这些措施大多是临时性的，如能与后期建筑物永久性防水措施结合更好。

【实施与检查】

　　（1）实施

　　在布置施工总平面图时，应充分考虑场地的整体排水。设计排水管道或渠道，排水能力应根据本地区平均降雨水平、场地汇水条件等进行设计计算。排水管道应与建筑物地基、基坑边沿留足够距离。施工中的用水设施或用水管道，应尽量布置在距离建筑物较远的位置。

　　制订合理施工顺序，如施工前，应修通道路、建好排水设施。同时，应分别针对基坑开挖、地基处理施工、上部结构施工等各施工阶段制定相应的防、排水方案和出现积水后的排出预案。应防止后期施工有可能破坏前期的防、排水设施。

　　同时，应制定场地防、排水设施的巡查制度，确保防、排水设施有效运行。

　　（2）检查

　　工程质量安全监督机构、建设单位、监理单位检查施工单位提供的施工方案或施工组织设计等施工文件，是否有场地防排水的方案，以及方案是否有明显不合理内容。监理单位应监督施工单位是否按照设计要求和本条规定执行。

8.1.5 在建筑物邻近修建地下工程时，应采取有效措施，保证原有建筑物和管道系统的安全使用，并应保持场地排水畅通。

【技术要点说明】

　　随着城市建设的快速发展，地下建筑和地下管网的建设数量增多、规模增大，施工过程中对临近既有建筑物产生危害的可能性随之提高。通常，其危害主要来源于以下三个方面：一是基坑（槽）的开挖，引起临近既有建筑物的不均匀变形；二是施工降水，引起临近既有建筑物不均匀沉降；三是土方开挖，造成临近既有建筑物管道或市政管道变形过大而漏水；或因对开挖范围内已有管道处置不当，引起渗漏，渗水直接渗入临近既有建筑地基后引起湿陷变形。在湿陷性黄土地区，这第三种情况较易发生，应予以足够重视。因此，首先应保证建筑场地排水应通畅，其次，并避免建筑场地积水渗入或排向临近既有建筑物附近。

【实施与检查】

（1）实施

在地下工程施工前，应对施工区域外一定范围内的市政管线、建筑物给排水管网的走向、管径、埋深、用途、地基处理方式等展开调查，查清临近既有建筑物的基本情况（如建筑层数、基础埋深、基础形式、地基处理方式和外放尺寸等），同时，制定地下工程施工的防护方案和措施，确保基坑（槽）支护结构的变形不能超过临近既有建筑物或管线的允许变形值。

此外，应制订临近既有建筑物和地下管线的变形观测方案并付诸实施。一旦发现临近既有建筑物和地下管线变形达到监测报警值时，应立即检查是否引起管线渗漏，并采取应急处理措施。

当施工开挖范围内需要对老旧管线进行处置时，应防止因处置措施不当，造成管线上游积水和排水不畅的情况发生（如将排水管道在场地一侧简单封堵，时间长了管道内积水排不出去，造成上游管道积水渗漏，引起事故）。

（2）检查

工程安全监督机构、建设单位、监理单位检查施工单位提供的施工组织设计（或施工方案）和施工记录，监理单位应监督施工单位是否按照设计要求和本条规定执行。

8.2.1　建筑场地的防洪工程应提前施工，并应在汛期前完成。

【技术要点说明】

通常，建筑场地被洪水侵袭有两种可能：一是场地所处位置为洪水通道，二是大规模挖、填土方改变了场地周围地形，破坏了原场地多年形成的排水通道，使场地有可能遭遇洪水。如果存在这两种情况时，需要在建筑场地修筑防洪设施。为避免在建筑施工期间遭遇洪水，其防洪设施应在施工前修建，并在汛期来临前完成。

【实施与检查】

（1）实施

合理选择施工顺序，先进行防洪工程施工，同时进行场地平整、通路、通电等施工前期准备工作。安排好防洪工程开工时间，控制好工期，在汛期来临前，务必完成防洪工程施工。

（2）检查

工程安全监督机构、建设单位、监理单位检查施工单位提供的施工组织设计的工序安排和施工记录，实地检查防洪设施是否在施工前进行，汛期来临前完成。监理单位应监督施工单位是否按照设计要求和本条规定执行。

8.3.1　浅基坑或基槽的开挖与回填，应符合下列规定

1　当基坑或基槽挖至设计深度或标高时，应进行验槽；

【技术要点说明】

基槽（坑）检验工作应包括下列内容：

1　应做好验槽（坑）准备工作，熟悉勘察报告，了解拟建建筑物的类型和特点，研究基础设计图纸及环境监测资料。当遇有下列情况时，应列为验槽（坑）的重点：

(1) 当持力土层的顶板标高有较大的起伏变化时；

(2) 基础范围内存在两种以上不同成因类型的地层时；

(3) 基础范围内存在局部异常土质或坑穴、古井、老地基或古迹遗址时；

(4) 基础范围内遇有断层破碎带、软弱岩脉以及古河道、湖、沟、坑等不良地质条件时；

(5) 在雨季或冬季等不良气候条件下施工、基底土质可能受到影响时。

2 验槽(坑)应首先核对基槽(坑)的施工位置。平面尺寸和槽(坑)底标高的容许误差，可视具体的工程情况和基础类型确定。一般情况下，槽(坑)底标高的偏差应控制在0～50mm范围内；平面尺寸，由设计中心线向两边量测，长、宽尺寸不应小于设计要求。

验槽(坑)方法可采用轻型动力触探或袖珍贯入仪等简便易行的方法，当持力层下埋藏有下卧砂层而承压水头高于基底时，则不应进行钎探，以免造成涌砂。当施工揭露的岩土条件与勘察报告有较大差别或者验槽(坑)人员认为必要时，可有针对性地进行补充勘察工作。

基槽（坑）检验是每个工程都必须进行的常规工作，必须坚持贯彻。各地应建立基槽（坑）检验的制度，由主管部门监督执行。

基槽（坑）检验报告是岩土工程的重要技术档案，应做到资料齐全，及时归档。

【实施与检查】

(1) 实施

由建设单位、勘察单位、设计单位、施工单位和监理单位等共同参与，主要通过目测，并辅以轻型动力触探或袖珍贯入仪等简便易行的方法进行。核对地层、地基强度等内容是否与勘察文件一致，能否满足设计要求。必要时，可有针对性地进行补充勘察工作。

做好验槽记录，及时归档。

(2) 检查

工程质量监督机构会同建设单位、勘察设计单位、监理单位和施工单位一同进行现场检查，或通过审查实施单位提交的验槽记录、检验报告等进行检查。

8.3.2 深基坑的开挖与支护，应符合下列要求：

1 深基坑的开挖与支护，必须进行勘察与设计；

【技术要点说明】

深基坑开挖涉及的问题较多，如基坑变形和基坑安全、对基坑周边建（构）筑物、地下设施、道路管网的影响等。不论从安全性还是经济性出发，都需要对深基坑开挖与支护进行专门的设计，以确保基坑安全和支护方案经济合理。

基坑支护设计前，需要了解并确定基坑开挖与支护范围内的土层结构、岩土参数和水文地质参数；在湿陷性黄土场地，基坑周边土体存在的垂直节理和裂缝等对基坑安全会产生重大影响，应予查明；当基坑侧壁土体有浸水可能时，应提供饱和状态下的岩土参数；这些都需要通过岩土工程勘察，提供必要的设计依据。此外，如已有岩土工程勘察成果不能满足基坑设计要求，如基坑设计需查明基坑周边一定范围内的土层和其他情况时，尚应开展专项基坑勘察。

【实施与检查】

（1）实施

当基坑开挖深度较深时，勘察阶段的勘察成果中需提供基坑支护所需岩土参数等。

基坑支护设计应委托有具有相应设计资质的设计单位进行设计。如已有岩土工程勘察报告不能满足设计要求时，应提出补充勘察要求。

（2）检查

工程质量监督机构、建设单位、监理单位检查是否有经施工图审计文件审查单位审查合格的岩土工程勘察报告、基坑支护设计文件等。

8.4.5 当发现地基浸水湿陷和建筑物产生裂缝时，应暂时停止施工，切断有关水源，查明浸水的原因和范围，对建筑物的沉降和裂缝加强观测，并绘图记录，经处理后方可继续施工。

【技术要点说明】

施工中发现地基浸水产生湿陷时，首先应控制湿陷的进一步扩大，减小湿陷造成建筑物的损害程度；其二，采取措施消除或控制湿陷产生的二个必要条件"力"和"水"，暂停施工不进一步增加地基上荷载；切断渗入水源，降低土层浸水程度和范围。同时，加强建筑物沉降观测和裂缝观测，随时掌握湿陷发展动态，为采取应对措施提供依据。

【实施与检查】

（1）实施

地基浸水湿陷产生后，应立即停止施工，切断所有水源。同时，立即开展下列工作：调查渗漏位置和渗漏源，如属场地外水源渗入，应立即采取措施切断或封堵；查清渗漏影响范围和程度；对建筑裂缝进行测绘、记录和发展情况观测；加密沉降观测等；组织有关单位制定处理方案并组织实施。经评估处理达到设计要求后，方可开展后续施工。

（2）检查

工程质量安全监督机构、建设单位和监理单位会同勘察设计单位检查施工单位提供的湿陷性地基处理方案、设计文件、施工记录、验收记录等文件是否符合本条规定。监理单位应监督施工单位是否按照设计要求和本条规定执行。

8.5.5 管道和水池等施工完毕，必须进行水压试验。不合格的应返修或加固，重做试验，直至合格为止。

清洗管道用水、水池用水和试验用水，应将其引至排水系统，不得任意排放。

【技术要点说明】

管道和水池等荷载较小，一般情况下地基只作简单处理或不处理，地基防水功能差，而其本身又是输存水设施，地基受水浸湿概率较大。一旦地基湿陷引起管道和水池变形，会进一步加快渗漏，形成恶性循环。因此，应同时阻断管道自身渗漏和人为排放渗入两个源头。

【实施与检查】

（1）实施

通过进行水压试验，确保管道和水池不发生渗漏。水压试验如不合格，必须返修或加固，直至合格为止。

清洗管道用水、水池用水和试验用水，不得排放在管道和水池附近，确保其不得渗入地基。

（2）检查

工程质量监督机构、建设单位、监理单位会同设计单位检查施工单位提供的施工记录、水压试验报告、验收记录等文件。监理单位应监督施工单位是否按照设计要求和本条规定执行。

9.1.1　在使用期间，对建筑物和管道应经常进行维护和检修，并应确保所有防水措施发挥有效作用，防止建筑物和管道的地基浸水湿陷。

【技术要点说明】

建筑物设计使用年限一般为50年，但建筑物内各种管道由于材质、使用环境、地基沉降、本身堵塞和各种偶发因素，很难保证在建筑物设计使用年限内一直工作良好，渗漏发生很难避免，维护和检修是解决问题的有效手段。对管道维护检修的目的有两个：一是延长管道的使用年限；二是如有渗漏可及时发现、及时处理，从而控制损害范围和程度，确保建筑物安全。

【实施与检查】

（1）实施

由建筑物物业单位制定管道、集水井和防水设施定期巡查、报告、异常情况处理等制度并实施，巡查时间间隔应适中。

如发现诸如建筑用水量异常增大、地面下沉、建筑物出现裂缝或原有裂缝突然发展等异常情况时，应加强巡查和采取必要的处理措施。

（2）检查

工程安全监督机构、建筑物产权单位检查物业单位巡查管理制度、巡查记录、异常情况处理记录等文件。

13　桩基础施工与验收

《建筑地基基础工程施工质量验收规范》GB 50202－2002

5.1.3　打（压）入桩（预制混凝土方桩、先张法预应力管桩、钢桩）的桩位偏差，必须符合表 5.1.3 的规定。斜桩倾斜度的偏差不得大于倾斜角正切值的 15%（倾斜角系桩的纵向中心线与铅垂线间夹角）。

表 5.1.3　预制桩（钢桩）桩位的允许偏差（mm）

项	项　　　目	允许偏差
1	盖有基础梁的桩： （1）垂直基础梁的中心线 （2）沿基础梁的中心线	$100+0.01H$ $150+0.01H$
2	桩数为 1～3 根桩基中的桩	100
3	桩数为 4～16 根桩基中的桩	1/2 桩径或边长
4	桩数大于 16 根桩基中的桩： （1）最外边的桩 （2）中间桩	1/3 桩径或边长 1/2 桩径或边长

注：H 为施工现场地面标高与桩顶设计标高的距离。

【技术要点说明】

　　本规范表中的数值未计及由于降水和基坑开挖等造成的位移，但由于打桩顺序不当，造成挤土而影响已入土桩的位移，是包括在表中数值中。为此，必须在施工中考虑合适的打桩顺序及打桩速率。布桩密集的基础工程，应采取必要措施减少沉桩的挤土影响。

【实施与检查】

　　（1）实施

　　在打（压）桩施工过程中，应严格按照本条规定执行，确保预制桩的桩位偏差控制在允许范围内。

　　（2）检查

　　工程质量监督机构、建设单位、监理单位会同设计单位检查施工单位是否按照本条规定，严格控制每一根施工桩的桩位偏差，满足要求后方可进行后续施工，桩位不满足要求时，应采取相应的补救措施。

5.1.4　灌注桩的桩位偏差必须符合表 5.1.4 的规定，桩顶标高至少要比设计标高高出 **0.5m**，桩底清孔质量按不同的成桩工艺有不同的要求，应按本章的各节要求执行。每浇注 **50m³** 必须有 **1** 组试件，小于 **50m³** 的桩，每根桩必须有 **1** 组试件。

表 5.1.4　灌注桩的平面位置和垂直度的允许偏差

序号	成孔方法		桩径允许偏差（mm）	垂直度允许偏差（%）	桩位允许偏差（mm）	
					1～3根、单排桩基垂直于中心线方向和群桩基础的边桩	条形桩基沿中心线方向和群桩基础的中间桩
1	泥浆护壁钻孔桩	$D \leqslant 1000mm$	±50	<1	$D/6$，且不大于100	$D/4$，且不大于150
		$D > 1000mm$	±50		$100+0.01H$	$150+0.01H$
2	套管成孔灌注桩	$D \leqslant 500mm$	-20	<1	70	150
		$D > 500mm$			100	150
3	干成孔灌注桩		-20	<1	70	150
4	人工挖孔桩	混凝土护壁	+50	<0.5	50	150
		钢套管护壁	+50	<1	100	200

注：1　桩径允许偏差的负值是指个别断面。

　　2　采用复打、反插法施工的桩，其桩径允许偏差不受上表限制。

　　3　H为施工现场地面标高与桩顶设计标高的距离，D为设计桩径。

【技术要点说明】

本条是对混凝土灌注桩施工验收规定。其桩位与桩顶标高验收，要考虑泥浆护壁的灌注桩顶部混凝土需要凿除，因此至少应有500mm的超高。

对于桩底沉渣清孔，应根据摩擦桩、端承桩等不同桩型，分别提出桩底清孔质量要求。由于各地对于桩底沉渣厚度的测定方法不一样，可根据当地的经验，选择合适的仪器进行测量。

本条对灌注桩做试件的数量进行了规定，必须严格执行。对混凝土试件的制作必须有见证，且混凝土试件制作完成后，应在同等条件下进行养护。

【实施与检查】

（1）实施

施工单位应该严格按照本条规定执行，保证实际施工的桩顶标高高出设计标高，每次桩底清孔完成后，应由检测单位对孔底沉渣进行检测，并做好记录。每次浇筑混凝土时，应有现场见证，试件的数量应满足本条规定。

（2）检查

工程质量监督机构、建设单位、监理单位会同设计单位检查施工单位或检测单位对桩顶标高、桩底沉渣厚度以及混凝土试件的检测报告和施工记录。监理单位应监督施工单位（或检测单位）是否按照设计要求和本条规定执行。

5.1.5　工程桩应进行承载力检验。

【技术要点说明】

本条为工程桩验收检验要求。工程桩验收检验应在工程桩的桩身质量检验后进行。施工完成后，工程桩应进行桩身完整性和竖向承载力检验，承受水平力较大的桩应进行水平承载力检验，抗拔桩应进行抗拔承载力检验。工程桩承载力检验符合设计要求，是保证工程质量的基本要求。

【实施与检查】

（1）实施

建设单位应委托具有资质的检测单位对工程桩单桩竖向承载力进行检验，并根据建筑物的重要程度确定抽检数量及检验方法。

（2）检查

工程质量监督机构、建设单位、监理单位会同设计单位检查检测单位提供的检测报告，监理单位应监督检查检测单位是否按照设计要求和本条规定执行。

《建筑地基基础工程施工规范》GB 51004 - 2015

5.5.8　预制桩在施工现场运输、吊装过程中，严禁采用拖拉取桩方法。

【技术要点说明】

由于拖拉取桩的便捷性，有些施工人员在实际操作时有拖拉取桩的现象发生。这样不仅会造成桩体质量的损坏，同时可能会引起桩架的倾覆，势必带来工程安全隐患，因此，施工中必须严禁采用拖拉取桩的方法。

【实施与检查】

（1）实施

施工现场应采用吊机和专用吊具进行取桩，不得采用拖拉取桩，施工现场应有监理人员进行监督管理。

（2）检查

工程质量监督机构、建设单位、监理单位现场检查施工单位使用的吊机性能和专用吊具是否满足吊装要求。监理单位严格监督检查施工单位取桩是否执行本条规定。

5.11.4　锚杆静压桩利用锚固在基础底板或承台上的锚杆提供压桩力时，施工期间最大压桩力不应大于基础底板或承台设计允许拉力的80%。

【技术要点说明】

锚杆静压桩是锚杆和静力压桩结合形成的一种桩基施工工艺，它通过在基础上埋设锚杆固定压桩架，以建筑物所能发挥的自重荷载为压桩反力，用千斤顶将桩段从基础中预留或开凿的压桩孔内逐段压入土中，然后将桩与基础连结在一起，从而达到提高地基承载力和控制沉降的目的。

锚杆可采用垂直土锚或临时锚在混凝土底板、承台中的地锚。在施工中，如压桩力超过建（构）筑物的抵抗能力，将对建（构）筑物结构产生不利影响，因此，压桩力控制必须符合本条规定。

【实施与检查】

（1）实施

施工前，应复核承台基础的承载能力，确定建（构）筑物的抵抗能力。施工中，应通过压力表并按照建（构）筑物的抵抗能力的80%控制压桩力，同时应对建（构）筑物进行监测，并做好施工记录。

（2）检查

工程质量监督机构、建设单位、监理单位检查施工单位提供的施工记录表，监理单位应监督施工单位是否按照设计要求和本条规定执行。

《建筑桩基技术规范》JGJ 94－2008

8.1.5 挖土应均衡分层进行，对流塑状软土的基坑开挖，高差不应超过 1m。

【技术要点说明】

软土地区基坑开挖顺序、一次开挖深度、挖土的堆放等，对基坑内既有桩基的质量有重要影响，处理不好会使桩体发生较大水平位移，造成桩的倾斜，从而使桩的受力模式发生改变，降低桩身承载力，有些桩甚至由于位移过大而断裂，成为废桩。类似由于基坑开挖失当而造成工程事故在软土地区屡见不鲜，一些工程实例显示，软土地区挖土顺序不当、一次开挖过深，不仅对直径较小的预制桩有影响，对直径相对较大的灌注桩也可能产生较大的水平位移。因此，应高度重视基坑土方开挖对坑内既有桩基的影响。

【实施与检查】

（1）实施

挖土顺序应结合地区经验，合理均衡开挖，确保既有桩基的正常使用。对于流塑状软土的基坑开挖，高差不应超过 1m；不得在坑边弃土；对既有桩基须妥善保护，不得让挖土设备撞击；对支护结构和既有桩基应进行严密监测。

（2）检查

工程质量安全监督机构、建设单位、监理单位检查施工单位提供的施工记录，监理单位应监督检查施工单位是否按照设计要求和本条规定执行。

8.1.9 在承台和地下室外墙与基坑侧壁间隙回填土前，应排除积水，清除虚土和建筑垃圾，填土应按设计要求选料，分层夯实，对称进行。

【技术要点说明】

承台和地下室外墙与基坑侧壁间隙回填土的质量对工程安全及承台和地下室正常使用有很大影响。在地震荷载、风荷载等水平荷载作用下，基坑侧壁间隙回填土承受较大的水平荷载，从而减小桩顶剪力分担。如回填土质量不好，可能给桩基结构在遭遇地震工况下留下安全隐患。使用过程中，回填土出现过大沉降，会造成室外地面和设备管线开裂。

【实施与检查】

（1）实施

根据现场条件综合确定回填所选用的材料，采用灰土、级配砂石和压实性较好的素土分层夯实，压实系数应符合设计要求。当施工中分层夯实存在困难时，可采用素混凝土或搅拌流动性水泥土。

回填前，应排除积水，清除虚土和建筑垃圾。回填施工过程应对称进行。

（2）检查

工程质量监督机构、建设单位、监理单位会同设计单位检查施工单位提供的施工记录，监理单位应监督检查施工单位是否按照设计要求和本条规定执行。

9.4.2 工程桩应进行承载力和桩身质量检验。

【技术要点说明】

工程桩必须通过承载力检验，才能证明其承载力是否满足设计要求。桩身质量与基桩承载力密切相关，桩身质量有时会严重影响基桩承载力，如混凝土强度达不到设计要求、灌注桩存在明显的缩颈甚至断桩，都可能导致桩身结构承载力降低或破坏，通过桩身质量检验可避免或降低桩基安全隐患。

【实施与检查】

(1) 实施

根据检测目的、内容和要求，结合各检测方法的适用范围和检测能力，考虑工程的重要性、设计要求、地质条件、施工因素等情况，选择检测方法和检测数量。抽检方式必须是随机、有代表性的。

检验的顺序一般在工程桩的桩身质量检验合格后进行静载检验。

有下列情况之一的桩基工程，应采用静载荷试验对工程桩单桩竖向承载力进行检测：工程施工前已进行单桩静载试验，但施工过程变更了工艺参数或施工质量出现异常；施工前工程未按本规范第5.3.1条的规定进行单桩静载荷试验的工程；地质条件复杂、桩的施工质量可靠性低；采用新桩型或新工艺。

高应变动测法对工程桩单桩竖向承载力的检测，应按本规范第9.4.4条的规定执行。

桩身质量的检验包括桩身混凝土强度、桩身完整性。除对预留混凝土试件进行强度等级检验外，检测方法还有钻芯法、声波透射法、高应变法、低应变法等。其中低应变法方便灵活，检测速度快，适用于预制桩、小直径灌注桩的检测。钻芯法通过钻取混凝土芯样和桩底持力层岩芯，了解相应混凝土和岩样的强度，是大直径桩的重要检测方法。声波透射法通过预埋管逐个剖面检测桩身质量，既能发现桩身缺陷，又能评定缺陷的位置、大小和形态，不足之处是需要预埋管，检测时缺乏随机性，且只能检测桩身质量。实际工程中，将声波透射法与钻芯法有机结合进行大直径桩的质量检验是科学合理、切实有效的检测方法。

(2) 检查

工程质量监督机构、建设单位、监理单位会同设计单位审查检测单位提交的检验报告。监理单位应对检测单位开展工程桩承载力和桩身质量检验进行过程监督，同时，要求工程桩的检验应是随机的和有代表性的；所采用的检验方法能实现桩承载力和桩身质量检验的目的；检验数量应符合相关规范的要求。

《建筑基桩检测技术规范》JGJ 106－2014

4.3.4 为设计提供依据的单桩竖向抗压静载试验应采用慢速维持荷载法。

【技术要点说明】

单桩竖向抗压承载力检测的方法有多种，其中单桩竖向抗压静载试验是这些方法中最可靠的方法，而作为一种标准试验方法——采用慢速维持荷载法方式进行的单桩竖向抗压静载试验，已在我国沿用了半个世纪，积累了大量试验数据和宝贵的实践经验。它不仅是前期桩基承载力设计参数获得的最可信试验方法，也是比较和检验其他单桩竖向抗压承载力检测方法的可靠性，为国家现行标准或地方标准有关桩基承载力设计参数确定提供依据的唯一方法。

【实施与检查】

（1）实施

试验前，应编写有针对性的单桩承载力试验方案，对慢速维持荷载法分级加载所需的最少时间间隔和桩顶沉降相对稳定标准进行技术交底。

（2）检查

工程质量监督机构审查检测单位提供的现场试验原始记录、分级荷载施加的时间以及整个试验的累计时间等是否符合设计要求和本条规定。

9.2.3 高应变检测专用锤击设备应具有稳固的导向装置。重锤应形状对称，高径（宽）比不得小于1。

【技术要点说明】

本条是从保障试验安全和测试信号质量两个方面对锤击设备进行了规定。没有导向装置的落锤方式对试验操作人员和起重机械设备存在安全隐患，锤脱钩下落时容易出现锤的明显摇摆，产生偏心锤击，击碎桩头和影响测试信号质量；规定锤的高径（宽）比不得小于1是为了避免使用扁平形状的锤，因为扁平锤下落时不易导向且平稳性差，容易造成锤击偏心并影响测试信号质量。

【实施与检查】

（1）实施

试验前，检测机构应对所用锤击设备情况作出具体说明。当采用分片组装式锤时，应注意构成锤体的单体（或部分单体的组合）形状应符合本条规定。

（2）检查

工程安全监督机构、监理单位应检查检测单位的试验设备是否符合本条规定。

9.2.5 采用高应变法进行承载力检测时，锤的重量与单桩竖向抗压承载力特征值的比值不得小于0.02。

【技术要点说明】

我国每年采用高应变法进行桩基承载力检测的桩数约15万根，超过了单桩静载试验验收检测的总桩数，但高应变法在国内发展明显不均衡，主要是在沿海地区使用。高应变法检测的主要目的是在保证安全储备不低于2的条件下，推算桩的竖向抗压承载能力，而锤击是否能充分调动桩侧阻力和桩端阻力（即锤击所能发挥的桩承载能力），是决定高应变法承载力检测有效性的关键。相关理论证明，为使桩获得充足的锤击能量又不至于引起桩身过高的锤击应力而破损，只能采用重锤低击。美国材料与试验协会ASTM在2008年对《桩的高应变动力检测标准试验方法》D4945进行修订时，对灌注桩增加了"落锤锤重至少为极限承载力期望值的1‰～2‰"的要求，相当于本强制性条文规定的锤重与单桩竖向抗压承载力特征值的比值为0.02～0.04。显然比值0.02是锤重选择的最低要求。

在锤重不变条件下，随着桩横截面尺寸、桩的质量或单桩承载力的增加，锤与桩的匹配能力下降，试验时的直观表象就是锤的强烈反弹，锤落距提高引起的桩顶动位移或贯入度增加不明显，而桩身锤击应力增加更为显著，因此轻锤高落距锤击是错误的做法。有个别检测机构，为了降低运输、吊装成本和试验难度，一味采用轻锤进行试验，由于土阻力（承载力）发挥信息严重不足，遂随意放大调整实测信号，编造出的承载力虚高；有时轻锤高击还会引起桩身破损。

【实施与检查】

（1）实施

检测前，检测机构应根据设计文件规定的单桩竖向抗压承载力特征值，按本条规定选择试验用锤重。

（2）检查

工程安全监督机构、监理单位检查检测单位的试验设备是否符合本条规定。

9.4.5　高应变实测的力和速度信号第一峰起始段不成比例时，不得对实测力或速度信号进行调整。

【技术要点说明】

本条是为杜绝人为不正当进行数据修改、歪曲高应变信号真实性而作出的规定。不正当修改数据的后果，在绝大多数情况下将造成桩的承载力的放大，导致不安全的结果。高应变测试信号中速度和力信号在第一峰处不成比例的情况受多种因素影响，如桩浅部桩身阻抗变化、浅层强土阻力影响等，而只有一般正常施打的预制桩，速度和力信号在第一峰处基本成比例，即第一峰处的速度乘以阻抗值与力值基本相等。随意对速度和力信号进行比例调整或信号幅值的放大标定，实际就是对原始信号的篡改，依据这样的信号计算分析，得到的承载力结果必然是虚假的、甚至是不安全的。

【实施与检查】

（1）实施

检测机构应对记录（原始测试信号）的管理有明确的规定，应有熟悉高应变检测方法的技术人员对原始测试信号的真实性进行审核、把关，应按检测机构管理的有关要求对负责和主要参加高应变检测的技术人员进行技术培训以及职业操守教育。本条实施控制要点为：检查检测机构所提供的高应变检测报告，必要时可调取原始信号。当高应变信号被不正当调整后，实测的速度和力信号在第一峰前的起始段会出现较明显的时间差。

（2）检查

工程质量安全监督机构、监理单位会同有关专家检查检测单位现场原始测试是否符合本条规定。

14 边坡和基坑支护施工与验收

《建筑地基基础工程施工质量验收规范》GB 50202－2002

7.1.3 土方开挖的顺序、方法必须与设计工况相一致，并遵循"开槽支撑，先撑后挖，分层开挖，严禁超挖"的原则。

【技术要点说明】

在基坑工程中，确保支撑安装的及时极为重要。根据工程实践，基坑变形与施工时间有很大关系，因此，施工过程应尽量缩短工期，特别是在支撑体系未形成情况下的基坑暴露时间应予以减少，要重视基坑变形的时空效应。"十六字原则"对确保基坑开挖的安全是非常必要的。如果基坑的暴露时间超过12小时，应有相关的技术措施，保证基坑开挖的安全。

【实施与检查】

（1）实施

基坑土方开挖时，应严格按照本条规定的"十六字原则"执行，并按照设计工况进行施工，做好施工记录，保证基坑开挖完成的24小时内，尽快完成垫层的施工，基坑开挖到底后应有监理旁站，督促施工单位尽快完成混凝土垫层的浇筑施工。

（2）检查

工程质量安全监督机构、建设单位、监理单位检查施工单位提供的施工记录，监理单位实时监督施工单位是否按照设计要求和本条规定执行。

7.1.7 基坑（槽）、管沟土方工程验收必须确保支护结构安全和周围环境安全为前提。当设计有指标时，以设计要求为依据，如无设计指标时应按表7.1.7的规定执行。

表 7.1.7 基坑变形的监控值（cm）

基坑类别	围护结构墙顶位移监控值	围护结构墙体最大位移监控值	地面最大沉降监控值
一级基坑	3	5	3
二级基坑	6	8	6
三级基坑	8	10	10

注：1 符合下列情况之一，为一级基坑：

(1) 重要工程或支护结构做主体结构的一部分；

(2) 开挖深度大于10m；

(3) 与临近建筑物，重要设施的距离在开挖深度以内的基坑；

(4) 基坑范围内有历史文物、近代优秀建筑、重要管线等需严加保护的基坑。

2 三级基坑为开挖深度小于7m，且周围环境无特别要求时的基坑。

3 除一级和三级外的基坑属二级基坑。

4 当周围已有的设施有特殊要求时，尚应符合这些要求。

【技术要点说明】

基坑（槽）、管沟周边的堆载限值和安全堆载范围，应以能满足支护结构的安全和周边环境安全为前提，以确保基坑（槽）、管沟边坡稳定为目的。本条规定的基坑变形监控值，一般适应于软土地区基坑工程，对其他地区的基坑变形监控值应按设计要求执行。

【实施与检查】

（1）实施

在基坑（槽）、管沟土方开挖的过程中，需要对周边环境以及基坑支护结构的安全进行分析，保证在施工过程中，基坑周边的堆载不得超过允许值。同时，按照本条规定的监测数值对围护体的墙顶位移、墙体最大位移、以及地面的沉降进行监测并做好施工记录。

（2）检查

工程质量安全监督机构、建设单位、监理单位检查监测单位提交的监测记录（报告）和施工单位提供的施工记录。监理单位实时监督基坑周边是否存在堆载超限值的情况，并检查施工和监测的记录，确保保证基坑（槽）、管沟的施工安全与正常使用。

《建筑地基基础工程施工规范》GB 51004－2015

6.1.3 在基坑支护结构施工与拆除时，应采取对周边环境的保护措施，不得影响周围建（构）筑物及邻近市政管线与地下设施等的正常使用功能。

【技术要点说明】

基坑工程施工除应确保自身安全外，尚应保证基坑周边环境的安全，因此，应制定对基坑周边保护对象的保护方案，确保基坑工程施工不得对邻近市政管线与地下设施、周围建（构）筑物等保护对象的安全与正常使用。在基坑支护结构施工与拆除时，应根据周边环境条件，在基坑工程与保护对象之间设置隔断屏障，对需要保护的管线采取架空保护，对邻近建（构）筑物预先进行基础加固、托换等，这些保护性措施可有效减少基坑工程施工对周边环境造成的不利影响。

【实施与检查】

（1）实施

在进行支护结构施工与拆除时，施工单位应根据周边环境情况，结合设计文件要求，采取合理的施工与拆除措施，制定相应的施工方案，保证邻近的市政管线与地下设施、周边既有建（构）筑物等正常使用。

（2）检查

工程质量安全监督机构、建设单位、监理单位检查基坑周边的市政管线与地下设施、周边既有建（构）筑物使用（或运行）是否正常，检查施工单位是否按设计要求及施工方案进行支护结构施工与拆除，并对周边环境的保护对象采取了保护措施。

6.9.8 支撑结构爆破拆除前，应对永久结构及周边环境采取隔离防护措施。

【技术要点说明】

爆破是利用炸药在空气、水、岩土介质或物体中爆炸所产生的压缩、松动、破坏、抛掷作用，达到预期目的一门技术。支撑爆破技术能够交叉施工，节约时间，除爆破警戒外建筑施工可不间断，缩短了建筑总工期，工作效率提高。但在爆破过程中，也存在爆破飞石、爆破噪声以及震动等危害。在采用爆破拆除时，应根据支撑结构特点，搭设防护架等设施，以控制飞石和粉尘，降低噪声和震动等危害，保护永久结构和周边环境的安全。

【实施与检查】

（1）实施

施工前，施工单位应编制详尽的爆破拆除专项方案，并经专家论证和有关部门审批。专项方案实施前，编制人员或项目技术负责人应当向现场管理人员和作业人员进行安全技术交底。在专项方案实施中，施工单位应当严格按照专项方案组织施工，不得擅自修改、调整专项方案。

（2）检查

工程安全监督机构、建设单位、监理单位应检查施工单位制定并得到批准的专项方案是否得到落实和严格执行。

《复合土钉墙基坑支护技术规范》GB 50739－2011

6.1.3　土方开挖应与土钉、锚杆及降水施工密切结合，开挖顺序、方法应与设计工况相一致；复合土钉墙施工必须符合"超前支护，分层分段，逐层施作，限时封闭，严禁超挖"的要求。

【技术要点说明】

由于复合土钉墙具有一边进行土方开挖，一边进行土钉和锚杆施工的特点，因此，土方开挖应与土钉、锚杆（及降水）施工协调好，并保证开挖顺序、方法与设计工况相一致。本条提出了复合土钉墙施工必须符合"超前支护，分层分段，逐层施作，限时封闭，严禁超挖"的要求，这是复合土钉墙长期施工经验的总结。

为了控制地下水和限制基坑侧壁位移，保证基坑稳定，截水帷幕、微型桩应提前施工完成，达到规定强度后方可开挖基坑，即所谓"超前支护"。

基坑开挖所产生的地层位移受时空效应的影响，基坑开挖暴露面积越大，地层位移就越大。为了控制地层位移，施工应按照设计工况分段、分层开挖，基坑开挖分层厚度应与土钉竖向间距一致。下层土的开挖，应待上层土钉注浆体强度达到设计强度的70％后方可进行。

每层开挖后，应及时施作该层土钉并喷护面层，封闭临空面，减少基坑侧壁无土钉的暴露时间，即所谓"逐层施作，限时封闭"。一般情况下，每段应在1d内完成土钉安设和喷射混凝土面层；在淤泥质地层和松散地层中开挖基坑时，应在12h内完成土钉安设和喷射混凝土面层。

"超挖"是基坑工程的一个禁忌。这些年来，基坑工程中因超挖而造成的基坑坍塌事故屡有发生。即使未造成基坑坍塌事故，基坑开挖期位移过大，也会使基坑使用期的安全度下降。因此，分层开挖时，应严格控制每层开挖深度，协调好土方开挖与土钉施工的进度，严禁土方开挖出现多层一起开挖或一挖到底的情况发生。

【实施与检查】

（1）实施

在施工组织设计中，应按照复合土钉墙施工的"二十字"方针，制定详尽的土方开挖方案、支护施工方案，明确规定截水帷幕、微型桩应提前施工完成，达到规定强度后方可开挖基坑；明确规定土方施工应按照设计工况分层、分段开挖，分层厚度、分段长度应以设计工况相一致，严禁多层一起开挖或一挖到底；明确规定每层开挖后应及时施作该层土钉并喷护面层，封闭临空面。

施工过程中，施工单位应严格按照土方开挖方案、支护施工方案组织施工。

（2）检查

工程质量安全监督机构、建设单位、监理单位检查施工单位的施工记录。监理单位应监督施工单位是否按照设计要求和本条规定执行。

《建筑基坑支护技术规程》JGJ 120-2012

8.1.3　当基坑开挖面上方的锚杆、土钉、支撑未达到设计要求时，严禁向下超挖土方。

【技术要点说明】

基坑支护工程属住房和城乡建设部《危险性较大的分部分项工程安全管理办法》建质 [2009] 87号文中规定的危险性较大的分部分项工程。在已发生的对基坑周边环境和人身安全酿成严重后果的事故中，因基坑开挖面上方的锚杆、土钉、支撑未达设计要求就向下开挖基坑，致使支护结构受力超过设计受力状态从而造成基坑坍塌或过大变形是其主要原因之一。锚杆、土钉、支撑未达到设计要求的具体错误行为包括以下几种：1）基坑开挖面上方的锚杆、土钉、支撑尚未施工完成；2）锚杆和土钉注浆体、混凝土支撑、混凝土腰梁或其之间的连接养护时间不足，尚未达到开挖时的设计强度；3）预应力锚杆尚未张拉锁定；4）需预加轴力的支撑尚未施加轴力使支撑紧固。控制向下超挖土方的目的是防止开挖不当造成支护结构受力状态超过设计状态，进而造成基坑失稳、支护结构构件破坏或变形过大。

基坑的每层开挖面标高应与设计规定的锚杆、支撑、土钉施工面标高相符。采用锚杆时，应在锚杆张拉锁定后且锚杆注浆体强度达到15MPa或设计强度的75%后才能向下开挖基坑。采用土钉墙时，应在土钉注浆体、喷射混凝土面层养护时间达到2天以后才能向下开挖土方。采用内支撑结构时，应在混凝土支撑构件的强度达到设计要求或钢支撑安装完毕，且能形成整体受力结构时才能向下开挖土方。

【实施与检查】

（1）实施

支护结构采用锚杆、支撑或土钉墙时，在设计文件中应以图示或文字说明的形式，明确规定支护结构各层锚杆、支撑、土钉与相应的基坑分层开挖土方标高的要求，应对基坑的每层土方开挖最大厚度提出限制要求。施工组织设计中的土方开挖方案应按设计提出的挖土深度限制要求制定与支护结构施工相配合的各阶段开挖深度，并在施工时严格执行。除设计另有要求外，各层施工面以上的锚杆、支撑、土钉未施工完毕并达到设计强度之前不得向下开挖土方。

（2）检查

工程质量安全监督机构、建设单位、监理单位检查施工单位提供的施工组织设计、施工记录等。监理单位应监督施工单位是否按照设计要求和本条规定执行。

8.1.4 采用锚杆或支撑的支护结构，在未达到设计规定的拆除条件时，严禁拆除锚杆或支撑。

【技术要点说明】

在主体地下结构施工完成且结构外墙与基坑侧壁之间区域回填至地面后，基坑支护结构的使用期才结束。在支护结构使用期结束后，有些类型的支护结构长期保留在地下，而有些支护结构部分构件，如侵占主体结构位置的内支撑结构构件、锚杆腰梁、拆卸型锚杆等，是随主体结构施工过程逐步拆除的。在主体地下结构施工过程还在起作用的这些支护结构构件被拆除前，一般需要设计替代锚杆、支撑的受力转换构件，受力转换构件可采用某些主体结构构件或临时增加的支撑杆件，受力转换构件未设置前不能拆除锚杆与支撑。受力转换构件替换锚杆和支撑是支护结构设计应考虑的一种设计状况。在未达到设计规定的拆除条件时严禁拆除锚杆或支撑的目的，是防止施工时忽略支撑替换的作用，造成支护结构破坏或变形过大。

【实施与检查】

（1）实施

当采用需要拆除锚杆、支撑的支护结构时，在设计文件中应以图示或文字说明的形式，明确规定拆除锚杆、支撑的施工条件、时间等。施工组织设计中应对锚杆、支撑的拆除方法，拆除时间提出明确的技术要求。施工时，应按设计要求，严格遵守先替换、后拆除的原则。

采用混凝土结构构件作为替换支撑时，锚杆、支撑的拆除应在替换支撑的强度达到换撑要求的承载力后进行，应与设计规定的拆除要求相符。采用钢结构构件作为替换支撑时，除替换支撑应满足承载力要求外，其连接尚应满足传递荷载的承载力要求。当主体结构底板和楼板分块浇筑或设置后浇带时，应在分块部位和后浇带处设置可靠的传力构件。

（2）检查

工程质量安全监督机构、建设单位、监理单位检查施工单位提供的施工组织设计、施工记录等。监理单位应监督检查施工单位是否按照设计要求和本条规定执行。

8.1.5 基坑周边施工材料、设施或车辆荷载严禁超过设计要求的地面荷载限值。

【技术要点说明】

基坑支护的功能之一是保证主体地下结构的施工空间。该施工空间既包括主体地下结构不受支护结构侵占，也应包括主体结构施工需要的基坑周边施工场地，如材料设备运输道路、施工临时建筑等。基坑支护的设计和施工与主体结构施工不由同一单位承担时，双方有时会缺少对主体结构施工场地条件等方面的沟通。控制基坑周边地面荷载的目的是防止主体结构或基坑支护结构施工时，出现基坑周边施工荷载超过其设计荷载限值的情况发生，避免因基坑支护结构超负荷使用产生基坑坍塌、支护结构破坏或变形过大的风险。

【实施与检查】

（1）实施

设计文件应根据场地、施工荷载要求、支护结构形式等实际条件并经支护结构设计计算后，明确规定基坑周边施工荷载的限值。施工组织设计应对材料和施工设备放置地点、荷载大小、距离基坑尺寸作出明确说明,对施工车辆最大荷载、行走道路距离基坑最小尺寸作出明确说明。如塔吊设在基坑边,应进行塔吊基础设计,基坑支护设计应考虑塔吊荷载的影响。施工时应按设计要求,严格控制材料、设备、车辆等地面荷载在限值范围之内。汽车吊、混凝土罐车行走和作业时,与基坑边的距离和车体重量应符合设计限值要求,钢材、砂石、水泥等施工材料的堆放、现场施工设备的临时加工场地应在基坑边缘安全范围以外。

(2)检查

工程质量安全监督机构、建设单位、监理单位检查施工单位提供的施工组织设计、施工记录等。监理单位应监督检查施工单位是否按照设计要求和本条规定执行。

8.2.2 安全等级为一级、二级的支护结构,在基坑开挖过程与支护结构使用期内,必须进行支护结构的水平位移监测和基坑开挖影响范围内建(构)筑物、地面的沉降监测。

【技术要点说明】

由于工程地质条件的离散性很大,基坑支护设计采用的土的物理、力学参数可能与实际情况存在差异,且基坑支护结构在施工期间和使用期间可能出现土层含水量、基坑周边荷载、施工条件等自然因素和人为因素的变化。基坑监测是预防不测,保证支护结构和周边环境安全的重要手段。通过基坑监测可及时掌握支护结构受力和变形状态是否在正常设计状态之内,并及时得到基坑周边建(构)筑物、道路、地面沉降量及其变化趋势。支护结构水平位移和基坑周边建筑物沉降的测量是一种直观、快速的监测手段,目的是及时发现异常,以便采取应急措施,防止发生安全事故。

【实施与检查】

(1)实施

设计文件应根据基坑周边环境要求并经支护结构设计计算后,明确规定支护结构的水平位移限值和周边建筑物、道路、地面的沉降限值。施工前应按设计要求的监测点位制定基坑监测方案,并按监测方案实施基坑监测。基坑监测应覆盖基坑开挖与支护结构使用期限的全过程。基坑监测数据应及时反馈和分析,监测值或其变化速率达到水平位移控制值或沉降控制值时应及时采取相应措施。

设计文件中应对基坑监测内容、方法、频率提出技术要求,基坑监测方案应符合设计对基坑监测的要求。应按要求的监测周期进行监测,监测数据应完整可靠。如出现监测数据超过监测控制值的情况时,应立即报警并采取相应措施。

(2)检查

工程质量安全监督机构、建设单位、监理单位应对照设计文件的要求,检查监测单位提供的基坑监测方案和监测记录。监理单位应监督检查监测单位是否按照设计要求和本条规定执行。

《建筑边坡工程技术规范》GB 50330-2013

18.4.1 岩石边坡开挖爆破施工应采取避免边坡及邻近建(构)筑物震害的工程措施。

【技术要点说明】

在边坡工程施工中,常因岩体需要采用爆破方式才能实现开挖施工,而爆破施工通常会对场地和地基产生一定的震动效应，不仅可能严重破坏岩土体的结构性能并降低其稳定性，而且可能对邻近建（构）筑物的正常使用造成影响，甚至导致邻近建（构）筑物的结构损害、气浪或崩塌物及飞溅物冲击损害或破坏。对拟采用爆破施工的建设工程，必须严格按照有关规定对施工单位提出的爆破施工方案及其爆破施工防护措施是否符合有关法律法规和规范要求进行论证和审批，同时，对可能遭受爆破影响或震害的边坡、邻近建（构）筑物采取减震、隔震等预防工程措施，避免和减少对边坡、邻近建（构）筑物的不利影响。因此，要求岩石边坡开挖爆破施工时，应采取避免边坡及邻近建（构）筑物震害的工程措施，必要时，需要采取预加固措施。

【实施与检查】

（1）实施

爆破方案设计应对岩石边坡爆破开挖明确避免或预防岩石爆破施工对边坡及邻近建（构）筑物产生震害采取的技术措施、监控内容、需要保护的对象和相应的预防措施。爆破施工组织设计应经设计、监理和工程安全监督机构审查同意后执行。在岩石边坡开挖爆破施工过程中，应对岩石边坡爆破施工进行监测，尤其对边坡和需要保护或可能受影响的建（构）筑物的受震动的幅度、坡顶水平位移及垂直位移、地表裂缝和坡顶建（构）筑物变形、震后变形和损害状态进行监测及事后检查，发现安全隐患应及时处理，并适时调整边坡支护设计和建（构）筑物的修复及加固。

（2）检查

工程安全监督机构、建设单位、监理单位对照检查施工单位提供的经审查同意的爆破施工方案、现场施工记录。监理单位应监督检查施工单位是否按照爆破施工方案和本条规定执行。

19.1.1　边坡塌滑区有重要建（构）筑物的一级边坡工程施工时必须对坡顶水平位移、垂直位移、地表裂缝和坡顶建（构）筑物变形进行监测。

【技术要点说明】

坡顶塌滑区有重要建（构）筑物的一级边坡工程风险较高，破坏后果严重，在施工过程进行相应监测，可以随时掌握边坡的稳定状态和变形的发展趋势，掌握边坡对坡顶建（构）筑物的影响程度及其变化趋势。边坡塌滑区的坡顶水平位移、垂直位移、地表裂缝是反映边坡的变形状态及变形幅度、稳定性状态的关键要素，尤其是边坡的水平位移，能够直观地表达出边坡的变形及稳定性，而边坡垂直变形、地表裂缝是边坡变形的重要特征，同时也直接表明对坡顶建（构）筑物变形的影响程度，四者同时监测可以互为验证，并以此作为评估边坡工程安全状态、预防灾害发生、避免产生不良社会经济影响以及为动态设计和信息化施工提供实测数据。但是，同时考虑到对坡顶水平位移及垂直位移、地表裂缝和坡顶建（构）筑物变形进行监测的工作难度、工作量及工程费用较高等实际情况，因此，仅对边坡塌滑区有重要建（构）筑物的一级边坡工程提出了施工时应进行监测和监测的具体内容要求的规定。

【实施与检查】

（1）实施

边坡塌滑区有重要建（构）筑物的一级边坡工程施工前，工程参建方须对边坡工程的安全等级、需保护的重要建（构）筑物进行核实和确认，并对监测单位的资质进行核查。

监测方案必须经专项设计。监测方案应经设计、监理和工程安全监督机构审查同意后执行，项目特别重要、危害性巨大或边坡塌滑区建（构）筑物有特殊保护要求时，须进行专项论证。监测实施过程中，应对边坡施工进度、状态进行及时了解。监测资料应及时进行整理，监测成果、边坡和建（构）筑物的状态分析、预警判定等应及时反馈给工程各参建方，尤其监测设计，应实时掌握边坡和建（构）筑物的动态变化，遇有异常情况或预警时，应及时采取措施或启动应急预案。

（2）检查

工程安全监督机构、建设单位、监理单位对照检查监测单位提供的经审查同意的监测方案和现场监测记录等。监理单位应监督检查监测单位是否按照监测方案和本条规定执行。

《湿陷性黄土地区建筑基坑工程安全技术规程》JGJ 167－2009

13.2.4 基坑的上、下部和四周必须设置排水系统，流水坡向应明显，不得积水。基坑上部排水沟与基坑边缘的距离应大于 **2m**，沟底和两侧必须作防渗处理。基坑底部四周应设置排水沟和集水坑。

【技术要点说明】

基坑工程施工及使用周期相对较长，从开挖到完成地面以下的全部隐蔽工程，经常可能遇到多次降雨，周边堆载、振动、施工失当、监测与维护失控等诸多不利情况发生，其安全度的随机性较大，事故的发生往往具有突发性。任何基坑的土体都存在着受水浸湿后抗剪强度降低、荷载增大的特点，尤其是湿陷性黄土具有在干燥情况下强度很高，遇水后强度迅速降低，甚至丧失的特点。所以，本条对湿陷性黄土地区基坑的坡顶及坡底提出了严格的防水、排水要求。再则，基坑工程施工一般由专业施工单位承担，和主体施工单位可能不是同一家单位。本条要求设计图纸中应明确防水、排水设计，且使用过程中应对防水、排水设施进行维护与管理。本条同时强调了基坑工程验收后在使用过程中的安全管理，便于强化各责任主体的责任感，划分工程责任主体的安全责任，避免了事故发生后多方互相扯皮的现象，并明确了基坑的维护由使用单位承担的原则。

【实施与检查】

（1）实施

施工前，施工单位应核验设计文件中的防水、排水设计措施，排水沟的尺寸及材料；施工中，应严格按照设计要求和本条规定执行；施工完成后，应按现行国家标准《建筑地基基础工程施工质量验收规范》GB 50202、《建筑工程施工质量验收统一标准》GB 50300有关规定和验收程序，进行施工验收及办理交接手续；使用期间，使用单位应对基坑的防水、排水措施进行维护与管理。

（2）检查

工程质量安全监督机构、建设单位、监理单位对照基坑设计文件检查施工单位提供的施工记录、使用单位提供的使用维护管理记录等。监理单位应监督检查施工单位、使用单位是否按照设计要求和本条规定执行。

《建筑基坑工程监测技术规范》GB 50497-2009

3.0.1 开挖深度大于等于 **5m** 或开挖深度小于 **5m** 但现场地质情况和周围环境较复杂的基坑工程以及其他需要监测的基坑工程应实施基坑工程监测。

【技术要点说明】

随着我国城市地下空间的开发利用，地下工程得到了迅猛发展，深基坑工程越来越多。城市中的建（构）筑物、地下管线、道路等布置密度较大，深基坑开挖和降水对周边环境的影响不容忽视。但是在工程实践中基坑实际工作状态与勘察、设计结果往往存在一定差异，设计成果尚不能全面而准确地反映基坑工程的各种变化。为了保证基坑安全以及周边环境中的建（构）筑物、地下管线、道路等的正常使用，有计划地进行现场基坑工程监测就显得十分必要。

基坑支护结构以及周边环境的变形和稳定与基坑的开挖深度有关，相同条件下基坑开挖越深，支护结构变形对周边环境的影响越大；基坑工程的安全还与场地岩土工程条件以及周边环境的复杂性密切相关。原建设部发布的《建筑工程预防坍塌事故若干规定》（建质〔2003〕82号）明确规定："深基坑是指开挖深度超过5m的基坑或深度未超过5m但地质情况和周边环境较复杂的基坑"。许多省、市还根据地区特点，对深基坑工程质量安全管理提出了进一步的要求，其中重要内容之一，就是对深基坑工程应实施监测。

"开挖深度小于5m但现场地质情况和周围环境较复杂的基坑工程"的含义是指基坑开挖深度没有达到5m，但地质条件、周边环境（邻近建筑、道路、管线等）较复杂的基坑工程。现场地质条件较复杂，指如基坑周边存在厚层有机质土、淤泥与淤泥质黏土、暗浜、暗塘、暗井、古河道；临近江、海、河边并有水力联系；存在渗透性较大的含水层并有承压水；基坑潜在滑塌范围内存在土、岩结构面且岩体结构面向坑内倾斜等情况。周围环境较复杂，指基坑开挖和降水影响范围内存在城市轨道交通、输油、输气管道、高压铁塔、历史文物建筑、近代优秀建筑以及其他需要保护的建筑等情况。因岩土工程、周边环境的特殊性和不确定性，不可能将"较复杂"的现场地质情况和周围环境情况一一列出，实际工作中需要具体问题具体分析。

"其他需要监测的基坑工程"的含义是指实际工程中尚有一些特殊情况下需要实施监测的基坑工程，如基坑支护中使用了新材料、新技术、新工艺的基坑；对截水帷幕等设计、施工质量有怀疑的基坑；委托方有特殊监测要求的基坑等情况。这些基坑开挖深度虽然不到5m，但仍需要实施监测。

【实施与检查】

（1）实施

本条适用于土质建筑基坑，明确规定下列情况应实施基坑工程监测：一是开挖深度大于等于5m基坑工程；二是现场地质情况较复杂的基坑工程；三是周围环境较复杂的基坑工程；四是其他需要监测的基坑工程。

（2）检查

工程质量安全监督机构、监理单位应检查基坑工程设计文件、基坑工程监测委托合同、现场监测点布置以及监测报表。符合工程监测范围要求的基坑工程，在设计方提供的基坑工程施工图设计文件（施工图纸、设计总说明）中应明确提出实施基坑工程第三方监测，并提出监测项目。建设方应提供基坑工程监测委托合同，合同中的监测项目应符合基坑工程设计文件要求。监测单位应提供基坑工程监测方案，以及基坑周边环境中的测点布置、监测报表等。

7.0.4 当出现下列情况之一时，应提高监测频率：

1 监测数据达到报警值。

2 监测数据变化较大或者速率加快。

3 存在勘察未发现的不良地质。

4 超深、超长开挖或未及时加撑等违反设计工况施工。

5 基坑及周边大量积水、长时间连续降雨、市政管道出现泄漏。

6 基坑附近地面荷载突然增大或超过设计限值。

7 支护结构出现开裂。

8 周边地面突发较大沉降或出现严重开裂。

9 邻近建筑突发较大沉降、不均匀沉降或出现严重开裂。

10 基坑底部、侧壁出现管涌、渗漏或流沙等现象。

【技术要点说明】

本条所描述这十种情况均属于施工违规操作、外部环境变化趋向恶劣、基坑工程临近或超过报警标准、有可能导致或出现基坑工程安全事故的征兆或现象，应引起工程建设各方的高度重视。当基坑施工一旦出现这些异常或危险情况时，应及时分析原因，并采取有效的应急措施，掌握事态的发展，提高监测频率，加密观测和巡查。

监测点的变形监测累计值或者变形速率达到报警值，或者内力监测值达到报警值，均说明监测对象出现了异常甚至危险状况，应当提高监测频率，跟踪监测，以便分析原因及时采取应急措施。有些时候监测值虽未达到报警值，但是监测值变化较大或者变化速率加快，如，连续三天监测点位移速率分别为 1mm/d、3mm/d、5mm/d，说明出现了异常状况，也应当提高监测频率。

基坑工程设计验算的主要依据是勘察报告，如果基坑开挖后发现存在着勘察未发现的不良地质现象，应加强监测，并应有针对性的调整支护设计。

"施工工况和设计工况相一致"是基坑工程施工的基本原则，如果施工中出现了超深、超长开挖或未及时设置内支撑、锚杆、土钉等违反设计工况的情况，往往会导致基坑支护结构内力和变形增大，造成安全隐患，所以应当提高监测频率，加强监测。

地表水、雨水下渗，地下管道渗漏会导致土体的下滑力增大，土的抗剪强度降低，影响基坑的稳定，因此当出现这些情况后应及时提高监测频率，密切观察基坑变化。地面堆载的位置、范围、数量应当符合基坑设计要求，如果基坑周边堆载超过设计规定的荷载限值，将会增大基坑下滑力和支护结构侧向压力，给基坑安全造成隐患，所以应当提高监测频率，加强监测。

支护结构出现开裂、周边地面、建筑物突发较大沉降或出现严重开裂等，均会影响结构安全和正常使用，是事故发生的征兆，一旦出现这些情况时应及时采取措施，并提高监测频率，密切观察事态发展。

【实施与检查】

（1）实施

其一，监测外业完成后应立即整理、分析监测数据，形成当日报表，当出现监测值达到报警值时，应立即报警，并提高监测频率，加密观测。其二，巡视检查中，如发现存在违规作业、异常或危险情况时，应立即通知工程建设各相关方，并提高监测频率，加强仪器观测和巡视检查。

（2）检查

工程质量安全监督机构、建设单位、监理单位应现场巡视和检查基坑工程监测报表（包括巡视检查情况表）和监测报告。当现场巡视和监测报表、监测报告中存在条文描述的情况时，重点检查是否采取了调整监测频率、加密监测的措施。

8.0.1 基坑工程监测必须确定监测报警值，监测报警值应满足基坑工程设计、地下结构设计以及周边环境中被保护对象的控制要求。监测报警值应由基坑工程设计方确定。

【技术要点说明】

监测报警是建筑基坑工程实施监测的目的之一，是预防基坑工程事故发生、确保基坑及周边环境安全的重要措施。监测报警值是监测工作的实施前提，是监测期间对基坑及周边环境被保护对象正常、异常和危险三种状态进行判断的重要依据，因此基坑工程监测必须确定监测报警值。

确定监测报警值是一项十分重要的工作，应由基坑工程设计方根据基坑工程的设计结果、周边环境中被保护对象的安全控制要求等综合确定。如基坑支护结构作为地下主体结构的一部分，地下结构设计要求也应予以考虑，本条明确监测报警值应由基坑工程设计方确定。

【实施与检查】

（1）实施

基坑工程设计方应将提出监测报警值作为设计的一项重要内容。设计方在确定监测报警值时需要综合考虑各种影响因素，实际工作中主要依据三方面的数据和资料：

a）设计计算结果

工程设计人员对围护墙、支撑或锚杆的受力、变形和稳定性等均应进行设计计算或分析，其计算结果作为确定监测报警值的主要依据之一。对于地下主体结构兼作支护结构的形式，尚应考虑地下主体结构设计计算结果。

b）有关法规规章和相关规范规定

对周边环境被保护对象的监测报警值的确定，应充分考虑政府有关部门对地铁、道路、地下管线等市政设施正常使用做出的规定以及国家现行有关标准的规定。

c）工程经验类比

在基坑工程设计与施工中，工程经验具有十分重要的作用。确定监测报警值时，应充分考虑当地经验，如参考和借鉴类似工程监测数据及分析结果。

（2）检查

工程质量安全监督机构、建设单位、监理单位应检查基坑工程设计方提供的施工图设计文件中，是否明确提出了各监测项目的监测报警值。监理单位应监督检查施工单位、监测单位是否按照设计要求和本条规定执行。

8.0.7 当出现下列情况之一时，必须立即进行危险报警，并应对基坑支护结构和周边环境中的保护对象采取应急措施。

1 监测数据达到监测报警值的累计值。

2 基坑支护结构或周边土体的位移值突然明显增大或基坑出现流沙、管涌、隆起、陷落或较严重的渗漏等。

3 基坑支护结构的支撑或锚杆体系出现过大变形、压屈、断裂、松弛或拔出的迹象。

4 周边建筑的结构部分、周边地面出现较严重的突发裂缝或危害结构的变形裂缝。

5 周边管线变形突然明显增长或出现裂缝、泄漏等。

6 根据当地工程经验判断，出现其他必须进行危险报警的情况。

【技术要点说明】

基坑工程工作状态一般分为正常、异常和危险三种情况。异常是指监测对象受力或变形呈现出不符合一般规律的状态。危险是指监测对象的受力或变形呈现出低于结构安全储备、可能发生破坏的状态。本条列出工程实践中常见的基坑及周边环境危险情况，一旦出现这些情况，将严重威胁基坑以及周边环境中被保护对象的安全，必须立即发出危险报警，通知建设、设计、施工、监理及其他相关单位及时采取措施，保证基坑及周边环境的安全。

监测数据达到监测报警值的累计值，说明监测对象受力或变形低于结构安全储备，可能发生破坏。基坑支护结构或周边土体的位移值突然明显增大或基坑出现流砂、管涌、隆起、陷落或较严重的渗漏等，说明基坑临近或已出现倾覆、整体、抗渗流等稳定性破坏。基坑支护结构的支撑或锚杆体系出现过大变形、压屈、断裂、松弛或拔出的迹象，说明支护结构强度和刚度已不能满足承载力要求。周边建筑物、地面出现较严重的突发裂缝或危害结构的变形裂缝，说明结构变形已超过允许最大变形要求。周边管线变形突然明显增大或出现裂缝、泄漏等，说明管线受力、变形超过了允许承载力和变形要求，已影响了管线的正常使用，甚至可能引发更严重安全事故。

工程实践中，由于疏忽大意未能及时报警或报警后未引起各方足够重视，贻误排险或抢险时机，从而造成工程事故的例子很多，应汲取这些深刻教训。

【实施与检查】

（1）实施

基坑工程设计方应在施工图设计文件中结合工程特点，明确提出需要进行危险报警的情况；施工方应在施工组织设计中有对施工中出现危险情况的辨识；监测方应在监测方案中明确提出何种情况下需要进行危险报警。基坑工程施工过程中，应加强巡视检查和仪器观测，一旦出现本条描述的危险情况时，应立即进行危险报警，相关各方应及时启动应急预案。

（2）检查

工程质量安全监督机构、建设单位、监理单位检查施工图设计文件、施工组织设计以及监测方案中是否提出了基坑工程危险报警值及危险报警情况。监理单位应监督检查施工单位、监测单位是否按照设计要求和本条规定执行。

《地下建筑工程逆作法技术规程》JGJ 165－2010

3.0.4　地下建筑工程逆作法施工必须设围护结构，其主体结构的水平构件应作为围护结构的水平支撑；当围护结构为永久性承重外墙时，应选择与主体结构沉降相适应的岩土层作为排桩或地下连续墙的持力层。

【技术要点说明】

采用逆作法的工程基坑侧壁必须有围护结构，是保证工程及周边环境安全的必要措施。围护结构的设计应在逆作法工程设计时综合考虑，围护结构优先利用地下室的外墙或外墙的一部分再考虑叠合后作为永久结构外墙，与工程施工图一并设计。

地下逆作结构的精髓就是利用主体结构的水平构件及竖向构件作为基坑围护结构的支撑结构，进行从地面向下的逆作法施工，同时地上的上部结构也可以向上同时施工。

当围护结构作为永久性承重外墙时，应选择与主体结构沉降相适应的岩土层作为持力层，为了与主体结构的沉降能够相适应，应避免过大的差异沉降造成质量事故。

【实施与检查】

（1）实施

采用逆作法的工程，必须设计基坑围护结构，围护结构的支承结构必须利用主体结构的水平构件及竖向构件作为基坑围护结构的支撑结构，或是利用主体结构的水平构件的一部分及竖向构件的一部分作为基坑围护结构的支撑结构。

（2）检查

工程质量安全监督机构、建设单位、监理单位检查设计图纸及计算书等设计文件。审查设计文件中是否明确围护结构利用地下室的外墙或外墙的一部分；支承结构是否利用主体结构的水平构件及竖向构件作为基坑围护结构的支撑结构；当围护结构用作永久性承重外墙时，审查设计文件中是否明确选择与主体结构相同的或与之沉降相适应的不同岩土层作为持力层，如果选不同持力层时，计算书是否计算了的各自的沉降，且差异沉降是否满足规范及设计要求。

3.0.5　逆作法施工应全过程监测。

【技术要点说明】

采取逆作法施工的工程多处于繁华闹市区，周边环境复杂，地下管线多，全过程进行监测是对基坑安全、工程结构安全及相邻建（构）筑物、地下管线等安全的保障措施，所提供的数据也是对逆作法设计、施工方案进行必要调整的依据。监测应覆盖支护结构使用周期、基坑开挖、主体工程施工的全过程。由于现场的岩土工程条件可能与设计采用的岩土物理、力学参数不尽相同，且基坑支护结构在施工期间和使用期间可能出现土层含水量、基坑周边荷载，施工条件等自然因素和人为因素的变化，通过监测可以及时掌握支护结构、结构自身的受力和变形状态，基坑周边建（构）筑物、管线的变形状态是否在正常设计状态之内，当出现异常时，以便采取应急措施。全过程监测是预防不测、保证支护结构和周边环境安全的重要手段。因支护结构水平位移和基坑周边建筑物沉降能直观、快速反映支护结构受力、变形状态及对环境的影响程度。

【实施与检查】

（1）实施

地下建筑工程逆作法施工必须设专人负责监控量测。开工前应进行现场踏勘，熟悉工程设计、施工情况，调查了解当地地下建筑工程施工经验，以及周围的建（构）筑物、重要地下设施及道路的布置情况，编制监测方案，施工中按本技术规程第 7 章规定进行现场监测。工程竣工后，应将监测资料整理归档并纳入竣工文件。

（2）检查

工程质量安全监督机构、建设单位、监理单位检查监测记录。监理单位应监督检查监测单位是否按照设计要求和本条规定执行，其重点检查内容包括：

1）采用技术标准、规程及实施方案；

2）使用仪器设备及其检定情况；

3）记录和计算情况；

4）基准点和变形观测点的布设及标识、标志情况；

5）观测周期、观测方法和操作程序等；

6）基准点稳定性检测与分析情况；

7）观测限差和精度统计情况；

8）记录的完整准确性及记录项目的齐全性；

9）观测数据的各项改正情况；

10）计算过程的正确性、资料整理的完整性、精度统计和质量评定的合理性；

11）变形测量成果分析的合理性；

12）提交成果的正确性、可靠性、完整性及数据的符合性情况；

13）技术报告书内容的完整性、统计数据的准确性、结论的可靠性；

14）成果签署的完整性和符合性情况等。

5.1.3 地下建筑工程逆作法结构设计应根据结构破坏可能产生的后果，采用不同的安全等级及结构的重要性系数，并应符合下列规定：

1 施工期间临时结构的安全等级和重要性系数应符合表 5.1.3 的规定。

表 5.1.3　临时结构的安全等级和重要性系数

安全等级	破坏后果	γ_0
一级	支护结构破坏、土体变形对基坑周边环境及地下结构施工影响严重	1.1
二级	支护结构破坏、土体变形对基坑周边环境及地下结构施工影响一般	1.0
三级	支护结构破坏、土体变形对基坑周边环境及地下结构施工影响不严重	0.9

2 当支撑结构作为永久结构时，其结构安全等级和重要性系数不得小于地下结构安全等级和重要性系数。

3 支撑结构安全等级和重要性系数应按施工与使用两个阶段选用较高的结构安全等级和重要性系数。

4 当地下逆作结构的部分构件只作为临时结构构件的一部分时，应按临时结构的安全等级及结构的重要性系数取用。当形成最终永久结构的构件时，应按永久结构的安全等级及结构的重要性系数取用。

【技术要点说明】

地下逆作结构包括了围护结构与支撑结构，围护结构有排桩与地下连续墙之分，支撑结构包含竖向支撑结构与水平支撑结构，其结构的安全等级应根据基坑结构破坏可能产生的后果确定。

建筑地下室或地下建筑是按一定设计年限设计的永久结构，其安全等级应按建筑或地下建筑的安全等级确定。

逆作法结构的各部分构件，有可能是临时结构构件，也有可能是永久结构构件。逆作法结构的部分构件，在施工阶段与使用阶段的构件本身有可能不同，到后期通过后浇或叠合成使用阶段的永久结构。

逆作法的支承结构在施工阶段与使用阶段的构件有可能不同。比如，施工阶段采用梁柱支撑体系，水平支撑只有梁，再浇叠合梁、板。作为使用阶段的结构，逆作法施工阶段竖向支撑只有钢管或芯柱，使用阶段是钢管混凝土结构或叠合柱，这时可按叠合构件进行设计，构件叠合前后安全等级和重要性系数可分阶段取值。在施工阶段与使用阶段，构件应按两个阶段中选用较高的结构安全等级和重要性系数来进行设计。

【实施与检查】

（1）实施

在逆作法结构设计中，应按照逆作法施工流程的每个阶段或每个步骤，分工况对构件进行分析设计，明确构件是永久结构还是临时结构，处于使用阶段还是施工阶段，再按本条规定确定结构在各个时段的安全等级与重要性系数。

对于临时结构安全等级的划分，应按照现行国家标准《建筑基坑工程监测技术规范》GB 50497、《建筑地基基础工程施工质量验收规范》GB 50202 执行。

（2）检查

工程质量安全监督机构、建设单位、监理单位检查设计单位提供的设计图纸及计算书等设计文件。审查设计文件中是否明确规定了临时结构安全等级与地下建筑做为永久结构的安全等级；确定的结构安全等级是否合适；检查计算书中采用的重要性系数是否与所确定的结构安全等级相一致。

6.6.3 当水平结构作为周边围护结构的水平支承时，其后浇带处应按设计要求设置传力构件。

【技术要点说明】

在逆作法结构设计与施工时，由于地下室面积较大，需要预留后浇带，水平结构作为周边围护结构的水平支承时，围护结构的水平向土压力传递到水平支承结构时需要互相平衡，所以其后浇带处应按计算的压力设计和设置传力构件，保证水平土压力的传递与平衡。

作为周边围护结构水平支承的地下室结构如果出现高差或错层时，应在施工阶段设置可传递水平土压力的连接构件。

【实施与检查】

（1）实施

在逆作法结构设计与施工时，地下室预留后浇带，应计算侧向土压力传递到后浇带处压力和设置传力构件，保证水平土压力的传递与平衡。

（2）检查

工程质量安全监督机构、建设单位、监理单位检查设计图纸及计算书等设计文件。审查设计文件中，对地下室后浇带处是否设置有传力构件；检查计算书中是否通过计算了后浇带处该传力构件的内力，同时应检查该传力构件的设计是否满足受力要求。

15　地基处理施工与验收

《建筑地基处理技术规范》JGJ 79－2012

4.4.2　换填垫层的施工质量检验应分层进行，并应在每层的压实系数符合设计要求后铺填上层。

【技术要点说明】

换填垫层的施工必须在每层密实度检验合格后再进行下一工序施工。

本规范相关规定：第4.2.4条换填垫层的压实标准；第4.2.5条换填垫层的地基承载力确定方法；第4.4.1条换填垫层施工质量检验方法。

【实施与检查】

（1）实施

换填垫层施工后，建设单位、施工单位应委托检测单位对处理地基施工质量进行检验，换填垫层施工质量检验结果应满足设计要求。

（2）检查

工程质量监督机构、建设单位和监理单位会同设计单位检查检测单位提供的检测报告和施工单位提供的施工记录。监理单位应监督检查施工单位、检测单位是否按照设计要求和本条规定执行。

5.4.2　预压地基竣工验收检验应符合下列规定：

1　排水竖井处理深度范围内和竖井底面以下受压土层，经预压所完成的竖向变形和平均固结度应满足设计要求；

2　应对预压的地基土进行原位试验和室内土工试验。

【技术要点说明】

预压地基应检验预压所完成的竖向变形和平均固结度是否满足设计要求；原位试验检验堆载预压后的地基强度是否满足设计要求；室内土工试验确定土的抗剪强度，复核地基稳定性计算结果，以及确定土的压缩性指标，检验处理效果。

本规范相关规定：第5.1.6条预压地基处理设计要求；第5.4.3条预压地基处理检验方法；第5.4.4条预压地基承载力检验要求。

【实施与检查】

（1）实施

预压地基处理施工后，建设单位、施工单位应委托检测单位对处理地基施工质量进行检验，对预压地基处理效果是否满足设计要求应进行评价。

（2）检查

工程质量监督机构、建设单位和监理单位会同设计单位检查检测单位提供的检测记录、检测报告和施工单位提供的施工记录。监理单位应监督检查检测单位是否按照设计要求和本条规定执行。

6.2.5　压实地基的施工质量检验应分层进行。每完成一道工序，应按设计要求进行验收，未经验收或验收不合格时，不得进行下一道工序施工。

【技术要点说明】

　　压实填土地基施工必须在上道工序满足设计要求后再进行下道工序施工。

　　本规范相关规定：第6.2.2条压实填土地基的设计要求；第6.2.3条压实填土地基的施工要求；第6.2.4条压实填土地基的质量检验要求。

【实施与检查】

　　（1）实施

　　压实地基施工后，建设单位、施工单位应委托检测单位对处理地基施工质量进行检验。压实填土地基处理施工，必须在上道工序满足设计要求后再进行下道工序施工。

　　（2）检查

　　工程质量监督机构、建设单位和监理单位会同设计单位检查检测单位提供的检测记录、检测报告和施工单位提供的施工记录。监理单位应监督检查施工单位、检测单位是否按照设计要求和本条规定执行。

6.3.10　当强夯施工所引起的振动和侧向挤压对邻近建（构）筑物产生有害影响时，应设置监测点，并采取挖隔振沟等隔振或防振措施。

【技术要点说明】

　　对振动有特殊要求的建筑物或精密仪器设备等，当强夯产生的振动和挤压有可能对其产生有害影响时，应采取隔振或防振措施。施工时，在作业区一定范围设置安全警戒线，防止非作业人员、车辆误入作业区而受到伤害。实际工程中已多次发生强夯施工未采用隔离措施或采用隔离措施不到位引起的各种纠纷。

　　本规范相关规定：第6.3.9条夯实地基环境保护要求；第6.3.11条夯实地基施工监测要求。

【实施与检查】

　　（1）实施

　　强夯施工必须对环境影响进行检测，如对邻近建筑物产生影响时，应对邻近建筑物进行变形和裂缝观测，必要时，还应对振动加速度和速度进行检测。隔离措施不仅应包括防止建筑物损伤的措施，还应包括减少对人员生活不适的措施。

　　（2）检查

　　工程质量监督机构、建设单位和监理单位检查实施单位提供的监测记录和监测报告。监理单位应监督检查实施单位是否按照设计要求和本条规定执行。

6.3.13　强夯处理后的地基竣工验收，承载力检验应根据静载荷试验、其他原位测试和室内土工试验等方法综合确定。强夯置换后的地基竣工验收，除应采用单墩静载荷试验进行承载力检验外，尚应采用动力触探等查明置换墩着底情况及密度随深度的变化情况。

【技术要点说明】

　　强夯处理后的地基竣工验收时，承载力的检验除了静载试验外，对细颗粒土尚应选择标准贯入试验、静力触探试验等原位检测方法和室内土工试验进行综合检测评价；对粗颗粒土尚应选择标准贯入试验、动力触探试验等原位检测方法进行综合检测评价。对处理效果的评价应包括强夯处理后地基的均匀性，软弱下卧层的地基承载力、变形参数的符合性。

强夯置换处理后的地基竣工验收时，承载力的检验除了单墩静载试验或单墩复合地基静载试验外，尚应采用重型或超重型动力触探、钻探检测置换墩的墩长、着底情况、密度随深度的变化情况，达到综合评价目的。对饱和粉土地基，尚应检测墩间土的物理力学指标。

本规范相关规定：第3.0.5条处理地基的设计要求；第3.0.9条处理地基的检验评价要求；第6.3.14条夯实地基的检验要求；第10.1.5条处理地基的检验载荷板尺寸要求。

【实施与检查】

（1）实施

强夯处理地基的效果检验应按照拟建建筑物地基要求进行检验评价。地基承载力检验采用的载荷板宽度，应能反映地基主要持力层的承载力、变形性状。

（2）检查

工程质量监督机构、建设单位和监理单位会同设计单位检查检测单位提供的检测记录和检测报告。监理单位应监督检查检测单位是否按照设计要求和本条规定执行。

7.1.2 对散体材料复合地基增强体应进行密实度检验；对有粘结强度复合地基增强体应进行强度及桩身完整性检验。

7.1.3 复合地基承载力的验收检验应采用复合地基静载荷试验，对有粘结强度的复合地基增强体尚应进行单桩静载荷试验。

【技术要点说明】

复合地基增强体是保证复合地基工作、提高地基承载力、减少变形的必要条件，其施工质量必须得到保证。施工验收检验时，对散体材料复合地基增强体应进行密实度检验；对有黏结强度复合地基增强体应进行强度及桩身完整性检验。

复合地基承载力的确定方法，一般采用复合地基静载荷试验。桩体强度较高的增强体，可以将荷载传递到桩端土层。当桩长较长时，由于静载荷试验的载荷板宽度较小，不能全面反映复合地基的承载特性，因此单纯采用单桩复合地基静载荷试验结果确定复合地基承载力特征值，可能由于试验的载荷板面积或褥垫层厚度对复合地基静载荷试验结果产生影响。

对有黏结强度增强体的复合地基增强体进行单桩静载荷试验，保证增强体桩身质量和承载力，是保证复合地基满足建筑物地基承载力要求的必要条件。

本规范相关规定：第3.0.5条处理地基的设计要求；第3.0.9条处理地基的检验评价要求；第6.3.14条夯实地基的检验要求；第7.1.5条复合地基的设计要求；第7.1.6条有粘结强度复合地基增强体强度要求；第7.1.9条复合地基的承载力检验方法。

【实施与检查】

（1）实施

复合地基施工后，建设单位、施工单位应委托检测单位对复合地基施工质量进行检验。处理后的复合地基效果检验应按照拟建建筑物地基要求进行检验评价。

（2）检查

工程质量监督机构、建设单位和监理单位会同设计单位检查检测单位提供的检测记录和检测报告。监理单位应监督检查检测单位是否按照设计要求和本条规定执行。

7.3.6　水泥土搅拌桩干法施工机械必须配置经国家计量部门确认的具有能瞬时检测并记录出粉体计量装置及搅拌深度自动记录仪。

【技术要点说明】

喷粉量是保证水泥土搅拌桩成桩质量的重要因素，必须进行有效测量。

本规范相关规定：第7.3.1条水泥土搅拌桩复合地基处理地基的规定；第7.3.3条水泥土搅拌桩复合地基设计要求；第7.3.4条水泥土搅拌桩复合地基施工设备要求；第7.3.5条水泥土搅拌桩复合地基施工要求；第7.3.7条水泥土搅拌桩复合地基处理后检验要求。

【实施与检查】

（1）实施

由于各地在水泥土搅拌桩复合地基施工中经常发现喷粉量不足引起质量事故后难于处理，因此必须加强施工过程控制与管理。

（2）检查

工程质量监督机构、建设单位和监理单位检查施工单位提供的施工记录。监理单位应监督检查施工单位是否按照设计要求和本条规定执行。

8.4.4　注浆加固处理后地基的承载力应进行静载荷试验检验。

【技术要点说明】

本条为注浆加固地基承载力的检验要求。注浆加固处理后的地基进行静载荷试验检验地基承载力，是保证建筑物安全的主要措施之一。

本规范相关规定：第8.1.3条注浆加固地基的设计要求；第8.4.5条注浆加固静载荷试验要求。

【实施与检查】

（1）实施

地基注浆加固施工后，建设单位、施工单位应委托检测单位对注浆加固处理地基承载力进行检验。

（2）检查

工程质量监督机构、建设单位和监理单位会同设计单位检查检测单位提供的检测记录、检测报告和施工单位提供的施工记录。监理单位应监督检查检测单位是否按照设计要求和本条规定执行。

10.2.7　处理地基上的建筑物应在施工期间及使用期间进行沉降观测，直至沉降达到稳定标准为止。

【技术要点说明】

建造在处理地基上的建筑物应在施工期间和使用期间进行沉降观测，这是对处理地基设计理论、施工质量以及检验评价方法的最终评价。各地应按要求严格执行。沉降观测终止时间应符合设计要求或按国家现行标准《工程测量规范》GB 50026和《建筑变形测量规范》JGJ 8 的有关规定执行。

本规范相关规定：第 3.0.5 条处理地基的设计要求；第 3.0.12 条处理地基的施工质量控制要求。

【实施与检查】

（1）实施

施工单位和检测单位（第三方检测机构）不仅应对建筑物在施工期间的沉降进行观测，而且应观测到建筑物沉降达到稳定标准。

目前，对建筑物沉降观测直至达到稳定标准的执行情况检查，其结果并不令人满意，应引起有关部门和各执行单位高度重视，因此严格按照设计要求和本条规定执行非常必要。

（2）检查

工程质量监督机构、建设单位和监理单位会同设计单位检查实施单位提供的监测记录和监测报告。监理单位应监督检查实施单位是否按照设计要求和本条规定执行。

第 四 篇

混凝土结构工程施工

16　概　述

16.1　总　体　情　况

混凝土结构工程施工篇分为概述、模板工程、钢筋工程、预应力工程及混凝土工程共五章，共涉及 22 项标准、61 条强制性条文（表 16-1）。

表 16-1　混凝土结构施工篇涉及的标准及强条数汇总表

序号	标准名称	标准编号	强制性条文数量
1	《滑动模板工程技术规范》	GB 50113－2005	3
2	《混凝土外加剂应用技术规范》	GB 50119－2013	5
3	《混凝土质量控制标准》	GB 50164－2011	1
4	《混凝土结构工程施工质量验收规范》	GB 50204－2015	9
5	《钢管混凝土工程施工质量验收规范》	GB 50628－2010	2
6	《混凝土结构工程施工规范》	GB 50666－2011	9
7	《钢-混凝土组合结构施工规范》	GB 50901－2013	2
8	《钢管混凝土结构技术规范》	GB 50936－2014	1
9	《轻骨料混凝土结构技术规程》	JGJ 12－2006	3
10	《轻骨料混凝土技术规程》	JGJ 51－2002	3
11	《普通混凝土用砂、石质量及检验方法标准》	JGJ 52－2006	2
12	《普通混凝土配合比设计规程》	JGJ 55－2011	1
13	《混凝土用水标准》	JGJ 63－2006	1
14	《建筑工程大模板技术规程》	JGJ 74－2003	8
15	《预应力筋用锚具、夹具和连接器应用技术规程》	JGJ 85－2010	1
16	《钢框胶合板模板技术规程》	JGJ 96－2011	3
17	《钢筋机械连接技术规程》	JGJ 107－2016	1
18	《冷轧扭钢筋混凝土构件技术规程》	JGJ 115－2006	1
19	《混凝土异形柱结构技术规程》	JGJ 149－2006	2
20	《清水混凝土应用技术规程》	JGJ 169－2009	1
21	《海砂混凝土应用技术规范》	JGJ 206－2010	1
22	《人工碎卵石复合砂应用技术规程》	JGJ 361－2014	1

16.2　主　要　内　容

根据强制性条文内容,本篇的主要内容可分为以下四大部分:

一、模板工程

模板工程包括模板及支架设计的基本要求,包括承载力、刚度和稳固性满足规范规定。例如,《混凝土结构工程施工质量验收规范》GB 50204-2015 第4.1.2 条和《混凝土结构工程施工规范》GB 50666-2011 第4.1.2 条等。

二、钢筋工程

钢筋工程包括钢筋代换要求及程序、钢筋材料性能、安装时受力钢筋的牌号、规格和数量,以及钢筋接头的性能要求。例如,《混凝土结构工程施工质量验收规范》GB 50204-2015 第5.2.1、5.2.3 条和《钢筋机械连接技术规程》JGJ 107-2016 第3.0.5 条等。

三、预应力工程

预应力工程包括预应力筋代换、预应力筋材料性能、锚具性能、预应力筋安装及张拉要求。例如,《混凝土结构工程施工质量验收规范》GB 50204-2015 第6.2.1、6.4.10 条和《预应力筋用锚具、夹具和连接器应用技术规程》JGJ 85-2010 第3.0.2 条等。

四、混凝土工程

混凝土工程包括水泥、骨料、水、外加剂等性能要求、混凝土强度要求及耐久性要求。例如,《混凝土结构工程施工质量验收规范》GB 50204-2015 第7.2.1、7.4.1 条和《混凝土结构工程施工规范》GB 50666-2011 第7.2.3、7.2.10、7.6.4 条等。

16.3　其　他　说　明

由于标准制修订工作不同步等原因,导致个别专用标准的强制性条文与通用标准或基础标准不一致,甚至不协调或冲突时,本书不纳入该专用标准的相关条文。

17 模板工程

《混凝土结构工程施工质量验收规范》GB 50204-2015

4.1.2 模板及支架应根据安装、使用和拆除工况进行设计，并应满足承载力、刚度和整体稳固性要求。

《混凝土结构工程施工规范》GB 50666-2011

4.1.2 模板及支架应根据施工过程中的各种工况进行设计，应具有足够的承载力和刚度，并应保证其整体稳固性。

《钢框胶合板模板技术规程》JGJ 96-2011

4.1.2 模板及支撑应具有足够的承载能力、刚度和稳定性。

《混凝土异形柱结构技术规程》JGJ 149-2006

7.0.2 异形柱结构的模板及其支架应根据工程结构的形式、荷载大小、地基土类别、施工设备和材料供应等条件进行专门设计。模板及其支架应具有足够的承载力、刚度和稳定性，应能可靠地承受浇筑混凝土的重量、侧压力和施工荷载。

【技术要点说明】

上述四条强制性条文等效，现予以合并说明如下：

模板及支架的承载力、刚度和整体稳固性问题，是直接涉及模板及支架质量与安全的核心问题。《混凝土结构工程施工规范》GB 50666-2011、《混凝土结构工程施工质量验收规范》GB 50204-2015等国家现行标准均对模板及支架设计和施工安装中的承载力、刚度和整体稳固性提出了强制性要求，规定了模板及支架设计的基本要求，即承载力、刚度和稳固性必须满足规定要求，且计算时应考虑各种不同的工况。

模板及支架的设计应当由施工单位负责完成。其设计方法与建筑结构设计方法基本相同，但其荷载取值由于施工过程的复杂性，临时结构的特点，以及施工荷载的不可预见性，较之永久性建筑结构的荷载取值更为复杂，分项系数也有所不同。模板及支架具体的荷载取值及设计要求，可参见《混凝土结构工程施工规范》GB 50666、《建筑施工临时支撑结构技术规范》JGJ 300等各类有关模板及支架的标准。

分析上述强制性条文的内容，实际提出了三个要求：模板及支架应进行设计；模板设计应考虑安装、使用和拆除三种工况；模板设计应满足承载力、刚度和整体稳固性要求。现分别简要说明如下：

第一，首先要求所有混凝土结构的模板及支架体系都应进行设计。

通常，模板设计主要包括模板选型、确定模板及支架材料、荷载分析与计算、确定施工安装要求等，并根据设计和计算结果编制模板安装施工方案，经审核批准后按照施工方案进行施工。

同时意味着，执行这项要求，无论工程规模大小，都不能仅凭经验或照搬其他工程的模板安装做法来安装模板。据了解，目前有少数中小工程，由于种种原因对混凝土模板及支架并不进行设计，有的直接套用其他工程做法，有的只是根据以往的"经验"进行安装。这种情况存在严重隐患，应该尽快予以改变。由于每个工程的混凝土结构均有自己的特点，其施工条件、荷载大小、稳定因素等都有差异，故这种做法不仅难以保证混凝土结构的质量，还很容易出现安全问题。

第二，要求模板设计中应考虑安装、使用和拆除三种工况。

条文中所称"工况"，可以理解为"（工作）受力状况"，各种工况可以理解为模板及支架在安装、使用和拆除三个阶段中各种可能遇到的最不利荷载及其组合所产生的效应。条文之所以要求模板及支架计算时应考虑各种不同工况，是因为模板及支架在整个施工过程中受力情况复杂，通常是变化的，可能遇到多种不同的荷载及其组合，某些荷载还具有不确定性，故设计时需要分别进行分析，计算各种最不利荷载组合工况下的承载力、刚度和整体稳固性，使其既要符合建筑结构设计的基本要求，又要保证整个施工过程的安全可靠。设计时不能只考虑某一种受力情况，而忽略了其他阶段的受力情况。

通常模板及支架在施工过程中可划分为安装、使用和拆除三个阶段，每个阶段都有不同的最不利荷载组合工况，只有对各种最不利荷载组合的工况分别进行分析、计算，才能在任何一种可能遇到的工况下，均能保证模板及支架仍具有足够的承载力、刚度和整体稳固性。

第三，要求模板设计应使整个模板体系满足承载力、刚度和整体稳固性要求，即应满足"三性"的要求。

这里的"三性"概念均采用了结构设计中的术语，其含义可参照相关标准中的定义。对承载力，可理解为模板体系能够安全承受荷载及其组合所产生效应的能力。对刚度，可理解为模板体系的整体刚度和杆件的刚度应足够大，保证荷载下的变形满足规范要求。对整体稳固性，可参照行国家标准《工程结构可靠性设计统一标准》GB 50153-2008 的定义。该标准第2.1.19条规定，结构的整体稳固性是指"当发生火灾、爆炸、撞击或人为错误等偶然事件时，结构整体能保持稳固且不出现与起因不相称的破坏后果的能力"。对于模板工程而言，满足整体稳固性要求的模板体系，当遭遇偶然事件时，只允许产生局部损坏，不允许出现与起因不相称的整体性坍塌。例如，某个模板及支架体系的局部构造可能出现不合理，或部分水平连系杆、剪刀撑可能缺失，或局部受压杆件的长细比可能超出规定的范围，或可能出现扫地杆被意外拆除，或某些扣件的紧固未达到要求等（假设的这些偶然事件不应同时出现），在上述某种情况偶然出现时，产生某些局部损坏是允许的，但不允许整个模板体系出现坍塌、倾覆等严重破坏。但事实上，我国每年都发生由于模板体系不满足整体稳固性要求而整体倒塌的事故（图17-1），这使得落实本条规定更为紧迫和重要。

上述标准规范对模板体系的"三性"的要求前两个相同，而第三个表述却不同，《混凝土结构工程施工质量验收规范》GB 50204-2015、《混凝土结构工程施工规范》GB 50666-2011 将"稳定性"改为"整体稳固性"，两者内涵是不同的，前者属于安全性范

图 17-1 扣件钢管模板支架因水平连系杆缺失及与两侧主体结构的连接引发倒塌

畴，而后者指结构的皮实性，也就是在意外情况下抵抗整体破坏的能力。关于整体稳固性的要求，是在总结近年来多起模板支架工程垮塌事故的基础上，结合《工程结构可靠性设计统一标准》GB 50153-2008 的有关规定制定。

上述强制性条文给出的是对模板及支架设计的基本规定，不是全部要求。现行国家标准《混凝土结构工程施工规范》GB 50666-2011 给出了对混凝土模板及支架设计的更多要求。

如第 4.3.2 条给出了模板及支架的设计内容如下：

1　模板及支架的选型及构造设计；

2　模板及支架上的荷载及其效应计算；

3　模板及支架的承载力、刚度验算；

4　模板及支架的抗倾覆验算；

5　绘制模板及支架施工图。

如第 4.3.3 条给出了模板及支架的设计方法如下：

1　模板及支架的结构设计宜采用以分项系数表达的极限状态设计方法；

2　模板及支架的结构分析中所采用的计算假定和分析模型，应有理论或试验依据，或经工程验证可行；

3　模板及支架应根据施工期间各种受力工况进行结构分析，并确定其最不利的作用效应组合；

4　承载力计算应采用荷载基本组合，变形验算应采用永久荷载标准组合。

此外，该规范还给出了模板及支架设计应遵循的原则、荷载计算、设计值所采用荷载效应组合、承载力计算和变形验算、支架抗倾覆验算、支架钢构件的容许长细比验算、支架地基基础验算、多层楼板连续支模验算等设计要求，以及钢管扣件式支架、门式、碗扣式、盘扣式、盘销式等钢管架的基本设计规定。

关于目前我国各类工程项目施工现场的模板及支架设计计算方式，主要有以下三种：

1　按照相关结构设计规范的要求，采用人工方式进行分析、计算。

2　采用经过权威部门鉴定的计算机专用软件（模板支架设计软件）进行计算。

3　按照部分规范、规程、手册给出的计算成果直接选择采用。

模板及支架设计计算可采用上述方法中的一种，也可选用其中一种方法进行计算，用另外一种方法进行验证。当采用上述第一和第二两种方法计算时，应将计算过程和计算成果形成计算书。采用第三种方法时，应将所依据的规范、规程中的具体技术内容列明附后。无论采取哪种方法进行设计，其计算书和形成的施工方案均应在施工过程中归档保存。

模板及支架体系的设计，首先应根据工程特点、各项参数和现场施工条件等进行合理选型；其次就是应正确分析、计算作用于模板及支架体系上的各项荷载及其组合；然后进行承载力、刚度和整体稳固性设计。

各类模板及支架所承受的荷载比较复杂。通常有：模板及支架自重、新浇筑混凝土自重、钢筋自重、施工人员及施工设备荷载、新浇筑混凝土对模板的侧压力、混凝土下料时产生的冲击荷载、泵送混凝土或不均匀堆载等因素产生的附加荷载、风荷载等。

例如国家标准《滑动模板工程技术规范》GB 50113－2005 第5.1.3条给出了滑模装置设计计算必须包括的7类荷载，具体如下：

1 模板系统、操作平台系统的自重（按实际重量计算）；

2 操作平台上的施工荷载，包括操作平台上的机械设备及特殊设施等的自重（按实际重量计算），操作平台上施工人员、工具和堆放材料等；

3 操作平台上设置的垂直运输设备运转时的额定附加荷载，包括垂直运输设备的起重量及柔性滑道的张紧力等（按实际荷载计算）；垂直运输设备刹车时的制动力；

4 卸料对操作平台的冲击力，以及向模板内倾倒混凝土时混凝土对模板的冲击力；

5 混凝土对模板的侧压力；

6 模板滑动时混凝土与模板之间的摩阻力，当采用滑框倒模施工时，为滑轨与模板之间的摩阻力；

7 风荷载。

【实施与检查】

混凝土结构施工的模板及支架均应按国家现行标准的有关规定进行设计，并应考虑安装、施工和拆除等各种工况。

检查时应核查模板及支架设计的计算书和安装图，特别注意计算书中荷载确定是否符合规范规定及实际施工条件，检查保证稳固性的构造措施，确认其是否满足承载力、刚度和整体稳固性要求。

《建筑工程大模板技术规程》JGJ 74－2003

3.0.2 组成大模板各系统之间的连接必须安全可靠。

【技术要点说明】

大模板是一组可以拼装卸拆的模板，应有专门的设计与计算分析。各系统组件之间应以螺栓、销轴等互相连接而成为稳定、可靠的受力体系，以便在混凝土浇筑施工时承载受力。因此，组成大模板的各系统组件之间的连接（螺栓、销轴等）必须完好、可靠，以保证大模板系统的安全。

【实施与检查】

大模板各系统组件之间的螺栓、销轴等必须完好，灵活，能够可靠承载受力；每次施工前拼装及施工后拆卸清洗时均应认真检查，有问题应及时修复或更换。

观察检查大模板各系统组件之间的连接件（螺栓、销轴等）。视其是否有变形、磨损、损坏、不灵活、锈蚀等缺陷，是否符合模板设计图纸中要求的状态。

符合要求的为合格，有缺陷的应及时修理，有严重缺陷的应及时更换、大修，否则视为违反强制性条文。

3.0.4 大模板的支撑系统应能保持大模板竖向放置的安全可靠和在风荷载作用下的自身稳定性。地脚调整螺栓长度应满足调节模板安装垂直度和调整自稳角的需要，地脚调整装置应便于调整，转动灵活。

【技术要点说明】

大模板在平时应竖向放置且应具有一定的稳定性；在使用时能通过调整保证其应有的垂直度，这是大模板应有的最重要功能。对于前者靠自身重量及支撑系统通过调整自稳角保持平衡和稳定，并且在风荷载作用下也不会倾覆。对于后者，则通过调节地脚螺栓的长度来调整模板板面的垂直度。因此，地脚螺栓的长度应能保证调节垂直度和自稳角的需要，并且地脚调整装置应灵活、方便使用。

【实施与检查】

地脚调整装置包括调节螺栓应长度足够，转动灵活，每次施工前及施工后均应检查清理，保持模板设计要求的良好状态，有问题及时修理或更换。

观察检查地脚调整装置的状态，视其是否有影响使用功能的严重缺陷，是否符合设计要求的模板应有的状态。

符合要求者为合格，有小缺陷时应修理；有大的严重缺陷应及时更换、大修，否则视为不符合强制性条文。

3.0.5 大模板钢吊环应采用 Q235A 材料制作并应具有足够的安全储备，严禁使用冷加工钢筋。焊接式钢吊环应合理选择焊条型号，焊缝长度和焊缝高度应符合设计要求；装配式吊环与大模板采用螺栓连接时必须采用双螺母。

【技术要点说明】

吊环的功能是在施工安装模板时吊装挂钩所用，其将承受大模板的全部重量，同时还可能承受吊装冲击、风力、碰撞等作用。吊环质量不符合要求时，极易造成模板坠落等安全问题。因此必须保证其承载受力的可靠性，采取的措施有以下几种：

(1) 吊环材料应采用延性最好的 Q235A 钢材，严禁采用延性差的冷加工钢筋。

(2) 吊环设计时应留有足够的安全储备，防止意外作用下的失效。

(3) 当用焊接连接时，焊条选择应合理，焊缝长度和高度应符合设计要求。

(4) 当用螺栓连接时，必须用双螺母备紧，以策安全。

【实施与检查】

大模板制作时所用吊环的钢材、连接方式、连接质量必须与模板设计文件相符合。

检查模板吊环的钢种、直径、焊缝和螺栓连接，是否符合设计要求。

符合设计要求者为合格，否则视为不符合强制性条文要求。

4.2.1 配板设计应遵循下列原则：

3 大模板的重量必须满足现场起重设备能力的要求。

【技术要点说明】

大模板体系组装以后自重较大，应考虑施工现场起重设备的起重能力。在大模板系统的配板设计时，应计算其自重，并满足施工现场起重设备能力的要求。严禁超载使用，以免造成倾覆等安全事故。

【实施与检查】

配板设计时计算其重量，不应超过工地起重设备的起重能力。

检查大模板体系的配板重量，并与施工现场的起重设备能力相比较。

模板重量小于起重能力为符合要求，反之则为违反强制性条文。

6.1.6 吊装大模板时应设专人指挥，模板起吊应平稳，不得偏斜和大幅度摆动。操作人员必须站在安全可靠处，严禁人员随同大模板一同起吊。

【技术要点说明】

大模板体系重量大，面积也大，一旦倾覆将引起严重的安全问题，在吊装、运输时尤其应加以注意安全。吊运时要专人指挥，统一信号。吊装时要平稳运行，不能偏斜和大幅度摆动以免碰撞。操作人员应站在安全可靠处，不得在其可能倾覆、下坠的范围内，尤其不能随其一起吊运，以免发生危险时危及生命安全。

【实施与检查】

吊运大模板时指定专人统一指挥，平稳运行，操作人员应站在安全处，尤其不能随模板一起吊运。病应制定有关操作规程。

检查是否有操作规程及安全措施，且符合上述要求。实际吊运时，观察不得有违反上述规定的行为。

制定有效的措施（操作规程或规定）并能落实执行者为符合要求。否则视为不符合强制性条文要求。

6.1.7 吊装大模板必须采用带卡环吊钩。当风力超过 **5** 级时应停止吊装作业。

【技术要点说明】

大模板重量大且面积也大，且常处于垂直状态，容易受风并引起摆动、坠落倾覆等问题而引发安全事故。因此采取以下两种措施：

吊装时必须用卡环吊钩，不得一般开口吊钩，防止发生脱钩意外。

大风天气（5级以上风力）应停止吊装、运输作业。

【实施与检查】

吊具必须使用卡环吊钩，5级以上大风天气停止作业，应有操作规程或制度并加以落实。

检查施工单位是否有相应的规章制度并认真执行。观察吊装卡具是否卡环吊钩。

符合上述要求为合格；否则视为不符合强制性条文要求。

6.5.1 大模板的拆除应符合下列规定：

6 起吊大模板前应先检查模板与混凝土结构之间所有对拉螺栓、连接件是否全部拆除，必须在确认模板和混凝土结构之间无任何连接后方可起吊大模板，移动模板时不得碰撞墙体。

【技术要点说明】

作为浇筑混凝土时起成型作用的大模板，在混凝土成型并具有一定强度以后将拆除。拆除时应注意以下两个问题：

首先，大模板与混凝土之间的所有联系和约束必须全部解除。否则起吊时模板无法脱离，会拉坏、撕裂混凝土结构，甚至造成起吊设备倾覆。因此起吊大模板前应认真检查所有的连接（包括对拉螺栓、连接件等）是否均已脱离。确认全部连接拆除后方可起吊大模板。

其次，拆模、起吊而移动模板时，不得碰撞墙体。由于大模板体积庞大，重量也很大，与强度不很高的混凝土碰撞时，会造成结构构件缺棱掉角、裂缝等外观缺陷，甚至因受撞击力过大而导致墙体发生结构性缺陷。

【实施与检查】

拆除时应认真操作，所有模板与浇筑混凝土之间的连接必须全部解除，对拉螺栓、连接件等应全部拆除。起吊前必须再检查一遍新拆除的混凝土表面，确认与模板无任何联系方可起吊。拆模和起吊时应禁止粗暴的野蛮操作，防止力度过大碰撞混凝土结构而造成外观缺陷。为此，应制定相应的操作规程或技术措施。

检查有无操作规程或技术措施，其中拆模、起吊中是否规定了相应的内容，并且认真地执行。观察拆除后的混凝土结构中是否有碰撞、拉裂等损伤的痕迹。

有相应的规章制度并认真落实执行，且拆除后结构表面无损伤者为合格。否则视为不符合强制性条文要求。

6.5.2 大模板的堆放应符合下列要求：

1 大模板现场堆放区应在起重机的有效工作范围之内，堆放场地必须坚实平整，不得堆放在松土、冻土或凹凸不平的场地上。

2 大模板堆放时，有支撑架的大模板必须满足自稳角要求；当不能满足要求时，必须另外采取措施，确保模板放置的稳定。没有支撑架的大模板应存放在专用的插放支架上，不得倚靠在其他物体上，防止模板下脚滑移倾倒。

3 大模板在地面堆放时，应采取两块大模板板面对板面相对放置的方法，且应在模板中间留置不小于 **600mm** 的操作间距；当长时期堆放时，应将模板连接成整体。

【技术要点说明】

大模板体积和重量都很大，而且受风面积也大，因此容易倾覆而发生意外伤亡事故。此外，大模板的板面平整光洁至关重要，因为它直接影响浇筑的混凝土结构的尺寸形状及外观质量，因此必须妥善保护。本条提出了大模板堆放时的要求如下：

（1）场地位置必须在起吊设备有效工作范围内，这是施工起吊的起码要求。

（2）场地平整结实，因为松软或不平的场地上堆放容易引起模板倾覆。堆放时满足自稳角要求；无支撑的模板应放在专用插放支架上；不得倚靠在其他物体上，防止下脚滑移而发生倾倒。这些都是防止倾覆的措施。

（3）地面堆放时应板面相对以保护模板表面平整。长期不用的须连成整体以求稳定；施工时堆放模板的板面间应留出一定空间，以便操作。

【实施与检查】

制定有关的操作规程或施工技术措施，并在施工时认真执行，模板堆放场地应在施工组织设计中单独留出，并平整结实。施工中模板的堆置状态必须符合上述要求。

检查施工组织设计和施工技术方案或操作规程，其中应对上述有关内容做出规定。现场实际堆放状态应与此完全符合。

符合上述要求者为合格；否则视为不符合强制性条文要求。

《钢框胶合板模板技术规程》JGJ 96 – 2011

3.3.1 吊环应采用 HPB235 钢筋制作,严禁使用冷加工钢筋。

【技术要点说明】

对于大模板、筒模、飞模等工具化模板体系,因安装、拆除及移动过程中需频繁吊装,作为模板吊运中关键受力点吊环的工作安全性十分重要。吊环重复使用次数多且使用中承受动力荷载,因此规定,其材料应选用延性好、表面光滑、便于加工的 HPB235 钢筋。因冷加工钢筋延性差,不利于使用安全,应杜绝使用。该规定已与现行国家标准《混凝土结构设计规范》GB 50010 相协调。

【实施与检查】

《混凝土结构设计规范》GB 50010 – 2010 不再列入 HPB235 钢筋,改为 HPB300 钢筋。因此,本条在实施过程中 HPB235 及 HPB300 均可以采用,但应严格禁止冷加工钢筋的使用。吊环检查应首先检查吊环材质单,并在吊环加工前对吊环材质进行复检。

6.4.7 在起吊模板前,应拆除模板与混凝土结构之间所有对拉螺栓、连接件。

【技术要点说明】

竖向混凝土结构构件施工采用大模板、筒模等工具化模板体系时,要利用塔吊等起重设备吊运模板。在拆除模板时,应将与混凝土结构相连的对拉螺栓、连接件等先拆除,再起吊模板。因对拉螺栓等连接件漏拆而强行起吊模板,可能会造成起重设备和人员伤亡的重大事故,必须引起高度重视。

【实施与检查】

模板拆除应按照施工方案规定的拆除顺序严格执行并做好安全措施。起吊前,施工安全人员应逐块检查对拉螺栓、连接件已全部拆除,并做好记录。

18 钢筋工程

《混凝土结构工程施工规范》GB 50666-2011

5.1.3 当需要进行钢筋代换时，应办理设计变更文件。

《混凝土异形柱结构技术规程》JGJ 149-2006

7.0.4 当钢筋的品种、级别或规格需作变更时，应办理设计变更文件。

【技术要点说明】

上述两条强制性条文等效，现合并说明如下：

当施工中因钢筋采购或局部钢筋绑扎、混凝土浇筑困难等原因需要进行钢筋代换时，应经设计单位确认并办理相关手续。钢筋代换主要包括钢筋品种、级别、规格、数量等的改变，涉及结构安全、裂缝宽度等。钢筋代换应按国家现行相关标准的有关规定，考虑构件承载力、正常使用（裂缝宽度、挠度控制）及配筋构造等方面的要求，且不宜用光圆钢筋代换带肋钢筋。应按代换后的钢筋品种和规格执行本规范对钢筋加工、钢筋连接等的技术要求。

【实施与检查】

根据目前的行业管理规定，施工单位无权改变设计图纸，对钢筋品种、级别或规格的变更必须经过设计，并办理设计变更文件。且对于所有钢筋变更，应核查是否有设计变更文件。

《混凝土结构工程施工质量验收规范》GB 50204-2015

5.2.1 钢筋进场时，应按国家现行相关标准的规定抽取试件作屈服强度、抗拉强度、伸长率、弯曲性能和重量偏差检验，检验结果应符合相应标准的规定。

检查数量：按进场批次和产品的抽样检验方案确定。

检验方法：检查质量证明文件和抽样检验报告。

【技术要点说明】

钢筋对混凝土结构的承载能力至关重要，对其质量应从严要求。

与热轧光圆钢筋、热轧带肋钢筋、余热处理钢筋、钢筋焊接网性能及检验相关的国家现行标准有：《钢筋混凝土用钢 第1部分：热轧光圆钢筋》GB 1499.1、《钢筋混凝土用钢 第2部分：热轧带肋钢筋》GB 1499.2、《钢筋混凝土用余热处理钢筋》GB 13014、《钢筋混凝土用钢 第3部分：钢筋焊接网》GB 1499.3。与冷加工钢筋性能及检验相关的国家现行标准有：《冷轧带肋钢筋》GB 13788、《冷轧扭钢筋》JG 190及《冷轧带肋钢筋混凝土结构技术规程》JGJ 95、《冷轧扭钢筋混凝土构件技术规程》JGJ 115、《冷拔低碳钢丝应用技术规程》JGJ 19等。

钢筋进场时，应检查产品合格证和出厂检验报告，并按相关标准的规定进行抽样检验。由于工程量、运输条件和各种钢筋的用量等的差异，很难对钢筋进场的批量大小作出统一规定。实际验收时，若有关标准中对进场检验作了具体规定，应遵照执行；若有关标准中只有对产品出厂检验的规定，则在进场检验时，批量应按下列情况确定：

1 对同一厂家、同一牌号、同一规格的钢筋，当一次进场的数量大于该产品的出厂检验批量时，应划分为若干个出厂检验批量，按出厂检验的抽样方案执行。

2 对同一厂家、同一牌号、同一规格的钢筋，当一次进场的数量小于或等于该产品的出厂检验批量时，应作为一个检验批量，然后按出厂检验的抽样方案执行。

3 对不同时间进场的同批钢筋，当确有可靠依据时，可按一次进场的钢筋处理。

本条的检验方法中，产品合格证、出厂检验报告是对产品质量的证明资料，应列出产品的主要性能指标；当用户有特别要求时，还应列出某些专门检验数据。有时，产品合格证、出厂检验报告可以合并。进场复验报告是进场抽样检验的结果，并作为材料能否在工程中应用的判断依据。

对于每批钢筋的抽取试件数量，应按相关产品标准执行。国家标准《钢筋混凝土用钢　第1部分：热轧光圆钢筋》GB 1499.1-2008 和《钢筋混凝土用钢　第2部分：热轧带肋钢筋》GB 1499.2-2007 中规定每批抽取5个试件，先进行重量偏差检验，再取其中2个试件进行力学性能检验。

【实施与检查】

所有钢筋进场时均应抽取试件作力学性能（屈服强度、抗拉强度、伸长率、弯曲性能）和重量检验，并以产品合格证、出厂检验报告和进场检验报告作为验收依据。

《混凝土结构工程施工质量验收规范》GB 50204-2015

5.2.3 对按一、二、三级抗震等级设计的框架和斜撑构件（含梯段）中的纵向受力普通钢筋应采用 HRB335E、HRB400E、HRB500E、HRBF335E、HRBF400E 或 HRBF500E 钢筋，其强度和最大力下总伸长率的实测值应符合下列规定：

1 抗拉强度实测值与屈服强度实测值的比值不应小于 1.25；

2 屈服强度实测值与屈服强度标准值的比值不应大于 1.30；

3 最大力下总伸长率不应小于 9%。

检查数量：按进场的批次和产品的抽样检验方案确定。

检查方法：检查抽样检验报告。

《混凝土结构工程施工规范》GB 50666-2011

5.2.2 对有抗震设防要求的结构，其纵向受力钢筋的性能应满足设计要求；当设计无具体要求时，对按一、二、三级抗震等级设计的框架和斜撑构件（含梯段）中的纵向受力普通钢筋应采用 HRB335E、HRB400E、HRB500E、HRBF335E、HRBF400E 或 HRBF500E 钢筋，其强度和最大力下总伸长率的实测值应符合下列规定：

1 钢筋的抗拉强度实测值与屈服强度实测值的比值不应小于 1.25；

2 钢筋的屈服强度实测值与屈服强度标准值的比值不应大于 1.30；

3 钢筋的最大力下总伸长率不应小于 9 %。

【技术要点说明】

上述两条强制性条文等效，现合并说明如下：

上述两条均提出了针对部分框架、斜撑构件（含梯段）中纵向受力钢筋强度、伸长率的规定，其目的是保证重要结构构件的抗震性能。条文第 1 款中抗拉强度实测值与屈服强度实测值的比值工程中习惯称为"强屈比"，第 2 款中屈服强度实测值与屈服强度标准值的比值工程中习惯称为"超强比"或"超屈比"，第 3 款中最大力下总伸长率习惯称为"均匀伸长率"。

牌号带"E"的钢筋是专门为满足条文性能要求生产的钢筋，其表面轧有专用标志，俗称"抗震钢筋"。条文对于"抗震钢筋"性能的三个要求与钢筋产品标准《钢筋混凝土用钢　第 2 部分：热轧带肋钢筋》GB 1499.2－2007 及《混凝土结构设计规范》GB 50010－2010、《建筑抗震设计规范》GB 50011－2010 等标准的规定均相同。

根据国家建筑钢材质量监督检验中心对国内部分钢筋生产企业检验数据统计，常规生产的 400MPa、500MPa 级热轧带肋钢筋（牌号不带 E 的钢筋）中只有部分可完全满足上述三个指标要求，调研国内主要钢筋生产企业反馈的信息也与该统计结果相符。钢筋产品标准 GB 1499.2－2007 在 2009 年完成的 1 号修改单对"抗震钢筋"提出了表面轧有专用标志的要求，钢筋生产企业为满足三个指标要求，专门生产了 HRB335E、HRB400E、HRB 500E、HRBF335E、HRBF400E 和 HRBF500E 六种"抗震钢筋"。在此之后，牌号不带 E 的普通钢筋能够满足三个指标的可能性进一步降低。

由于普通热轧钢筋符合三个指标的保证率较低，常规进场检验抽样方法无法准确判断整批钢筋性能是否能够满足三个指标要求，故《混凝土结构工程施工规范》GB 50666－2011 不允许采用。

条文中的框架包括框架梁、框架柱、框支梁、框支柱及板柱－抗震墙的柱等，其抗震等级应根据国家现行有关标准由设计确定。对于剪力墙结构中部分大跨楼盖中的梁，可不遵守条文规定。斜撑构件包括伸臂桁架的斜撑、楼梯的梯段等，有关标准中未规定斜撑构件的抗震等级，可理解为"包含一、二、三级抗震等级框架的建筑中的斜撑构件"，即：建筑中有其他构件需要应用"抗震钢筋"时，此房屋中的斜撑构件就需要应用"抗震钢筋"；如房屋中没有一、二、三级抗震等级的框架，则此房屋中的斜撑构件也不需要应用"抗震钢筋"。对不做受力斜撑构件使用的简支预制楼梯，可不遵守条文规定；剪力墙及其连梁与边缘构件、筒体、楼板、基础不属于条文规定的范围之内。

条文规定仅适用于"纵向受力普通钢筋"，不包括箍筋。国家标准《混凝土结构设计规范》GB 50010－2010 第 4.2.1 条规定：梁、柱纵向受力钢筋应采用 HRB400、HRB500、HRBF400、HRBF500 钢，故 HRB335E、HRF335E 钢筋只可用于斜撑构件。

对于符合条文规定的按一、二、三级抗震等级设计的框架和斜撑构件（含梯段）应用范围时，其纵向受力普通钢筋应采用牌号带 E 的"抗震钢筋"。"抗震钢筋"的性能要求不仅应符合国家现行标准《钢筋混凝土用钢　第 1 部分：热轧光圆钢筋》GB 1499.1、《钢筋混凝土用钢　第 2 部分：热轧带肋钢筋》GB 1499.2、《钢筋混凝土用余热处理钢筋》GB 13014 的规定，同时应满足三个抗震指标要求，钢筋进场时应进行专项检验，并通过检查进场检验报告来确认钢筋性能合格。对于构件其他部位未使用"抗震钢筋"时，进场检验不必检验条文规定的三个抗震指标。

【实施与检查】

对按一、二、三级抗震等级设计的框架和斜撑构件（含梯段），应采购牌号带"E"的钢筋，其检查产品合格证、出厂检验报告应注明为带"E"钢筋。核查钢筋进场检验报告，三个指标应符合条文要求。

《混凝土结构工程施工质量验收规范》GB 50204 - 2015

5.5.1 钢筋安装时，受力钢筋的牌号、规格、数量必须符合设计要求。

　　检查数量： 全数检查。

　　检验方法： 观察，尺量。

【技术要点说明】

受力钢筋的牌号、规格和数量，是设计结构中根据结构方案、作用的荷载及建筑的抗震要求，经分析计算确定的，其对结构的安全性和使用性能具有重要影响。牌号、规格和数量的改变，将直接影响结构安全。故本条为强制性条文，应严格执行。

在实际施工中，当由于材料供应等原因，需要进行钢筋代换时，应经设计单位确认，并办理相关手续。钢筋代换应按现行国家标准《混凝土结构设计规范》GB 50010 等有关规范的有关规定，考虑构件承载力、正常使用（裂缝宽度、挠度控制）及配筋构造等方面的要求，需要时可采用并筋的代换形式。不宜用光圆钢筋代换带肋钢筋。另外，较大直径带肋钢筋的牌号、规格可根据钢筋外观的轧制标志识别。光圆钢筋和小直径带肋钢筋外观没有轧制标志，安装时应对其牌号特别注意。

【实施与检查】

在实施过程中，应对照设计图纸逐一检查并做完整的记录，不符合设计要求的项目应进行整改直至符合设计要求。

验收时，对带肋钢筋的牌号、规格应通过钢筋上轧制的标志进行辨识，对于光圆钢筋，应使用卡尺抽样量测其直径。对钢筋的数量，应对照设计图纸检查确认。钢筋安装工程验收合格后，应及时浇筑混凝土。

《钢筋机械连接技术规程》JGJ 107 - 2016

3.0.5 Ⅰ级、Ⅱ级、Ⅲ级接头的抗拉强度应符合表 3.0.5 的规定。

表 3.0.5 接头极限抗拉强度

接头等级	Ⅰ级		Ⅱ级	Ⅲ级
极限抗拉强度 f_{mst}^0	$f_{mst}^0 \geqslant f_{stk}^0$　　钢筋拉断	$f_{mst}^0 \geqslant 1.10 f_{stk}$　　连接件破坏	$f_{mst}^0 \geqslant f_{stk}$	$f_{mst}^0 \geqslant 1.25 f_{yk}$

注：1　钢筋拉断指断于钢筋母材、套筒外钢筋丝头和镦粗过渡段；
　　2　连接件破坏指断于套筒、套筒纵向开裂或钢筋从套筒中拔出以及其他连接组件破坏。

【技术要点说明】

钢筋机械连接接头的形式较多，受力性能各有差异，本标准根据接头受力性能将其分为Ⅰ级、Ⅱ级、Ⅲ级，要求按照结构的重要性、接头在结构中所处位置、接头百分率等不同的应用场合，合理选用接头类型和性能等级。

本条规定了各级接头的抗拉强度。抗拉强度是接头最基本也是最重要的性能。表3.0.5中Ⅰ级接头强度合格条件 $f_{mst}^0 \geqslant f_{stk}$（断于钢筋）或 $f_{mst}^0 \geqslant 1.10 f_{stk}$（断于接头）的含义是：当接头试件拉断于钢筋且试件抗拉强度不小于钢筋抗拉强度标准值时，试件合格；当接头试件破坏于接头部位（规程定义的"机械接头长度"范围内）时，试件的实测抗拉强度应满足 $f_{mst}^0 \geqslant 1.10 f_{stk}$。Ⅱ级接头的合格条件是试件实测抗拉强度大于等于钢筋抗拉强度标准值；Ⅲ级接头的合格条件是试件实测抗拉强度大于等于钢筋屈服强度标准值的 1.25 倍。

【实施与检查】

钢筋接头在工程应用前必须进行型式检验，确定其级别。同时在施工时还必须抽检一定数量的试件做拉伸试验。其抗拉强度均应符合本条的要求。

检查型式检验报告及工地抽检试验报告，核对其是否符合相应级别对接头抗拉强度的要求。

试验资料齐全，且符合相应级别对抗拉强度的要求者为合格。如资料残缺或型式检验、工地抽样检验的结果不符合相应级别的要求，则视为违反强制性条文。

《钢-混凝土组合结构施工规范》GB 50901-2013

4.1.2 当钢-混凝土组合结构用钢材、焊接材料及连接件等材料替换使用时，应办理设计变更文件。

【技术要点说明】

在施工过程中，当设计所要求的材料难以采购或施工操作困难时，可进行材料替换使用。但为了保证对设计意图的理解不产生偏差，规定当材料替换使用时，应经设计单位确认并办理设计变更文件，以确保满足原结构设计的要求。

钢-混凝土组合结构中所用的钢管、钢板、型钢、钢筋等钢材、焊接材料及连接件，作为主要控制材料，施工中确需进行替代时，还应符合相关标准规定：

1 《钢结构工程施工规范》GB 50755-2012 第 3.0.4 规定：钢结构工程制作和安装必须满足设计施工图的要求；当需要修改时，应取得原设计单位同意，并签署设计变更文件。

2 《钢结构工程施工质量验收规范》GB 50205-2001 第 4 节给出了钢材、焊接材料、连接件的有关规定：

（1）钢材、钢铸件的品种、规格、性能等应符合现行国家产品标准和设计要求。进口钢材产品的质量应符合设计和合同规定标准的要求。

（2）焊接材料的品种、规格、性能等应符合现行国家产品标准和设计要求。

（3）钢结构连接用高强度大六角头螺栓连接副、扭剪型高强度螺栓连接副、钢网架用高强度螺栓、普通螺栓、铆钉、自攻钉、拉铆钉、射钉、锚栓（机械型和化学试剂型）、地脚锚栓等紧固标准件及螺母、垫圈等标准配件，其品种、规格、性能等应符合现行国家产品标准和设计要求。

3 《钢管混凝土工程施工质量验收规范》GB 50628-2010 第 3.0.4 条规定：钢管、钢板、钢筋、连接材料、焊接材料及钢管混凝土的材料应符合设计要求和国家现行有关标准的规定。

4 《混凝土结构工程施工规范》GB 50666-2011 第 5.1 节给出了钢筋的一些规定：当需要进行钢筋代换时，应办理设计变更文件。

5 《钢结构焊接规范》GB 50661-2011 第 4.0.1 规定：钢结构焊接工程用钢材材料应符合设计文件的要求，……，其化学成分、力学性能和其他质量要求应符合国家现行有关标准的规定。

【实施与检查】

材料替换使用必须经设计单位同意，并办理设计变更文件。且对于混凝土组合结构用钢材、焊接材料及连接件等材料替换使用，应核查是否有设计变更文件。

10.2.1 钢筋套筒、连接板与型钢连接接头抗拉承载力，不应小于被连接钢筋的实际拉断力或 1.10 倍钢筋抗拉强度标准值对应的拉断力。

检查数量：全数检查。

检验方法：检查产品合格证、接头力学性能进场复验报告。

【技术要点说明】

钢-混凝土组合结构施工中钢筋与钢构件连接主要采用钢筋套筒与型钢连接或连接板与型钢连接两种接头形式，实现组合结构中钢筋与型钢的有效连接，因此其质量对于工程质量和结构受力非常重要，应严格控制。钢筋套筒或连接板与型钢连接接头通常用于高层抗震组合结构工程中，接头必须达到Ⅰ级接头的要求，并应按照国家现行有关标准进行型式检验、工艺检验和力学性能检验。

【实施与检查】

钢筋套筒、连接板与型钢连接接头在工程应用前必须进行型式检验，确定其级别。同时在施工时还必须抽检一定数量的试件做拉伸试验。其抗拉强度均应符合本条的要求。

检查型式检验报告及工艺抽检试验报告，核对其是否符合相应级别对接头抗拉强度的要求。

产品合格证、接头力学性能进场复验报告等资料齐全，且符合相应级别对抗拉强度的要求者为合格。如资料残缺或型式检验、工地抽样检验的结果不符合相应级别的要求，则视为违反强制性条文。

19　预应力工程

《混凝土结构工程施工规范》GB 50666－2011

6.1.3　当预应力筋需要代换时，应进行专门计算，并应经原设计单位确认。

【技术要点说明】

　　预应力筋的品种、级别、规格、数量由设计单位根据相关标准规定及工程实际选择，并经结构设计计算确定，以保证结构构件的承载力、抗裂性能、刚度及耐久性等满足设计与使用要求。预应力筋代换意味着其品种、级别、规格、数量以及锚固体系的相应变化，将会带来结构性能的变化，包括构件承载能力、抗裂性能、挠度以及锚固区传力性能等，并有可能影响结构安全。因此预应力筋进行代换时，应按现行国家标准《混凝土结构设计规范》GB 50010 等进行专门的计算，并确定新的材料及体系能够满足原设计结构性能指标。规定代换计算必须经原设计单位确认的主要目的是，保证结构设计的责任单位，准确把握工程变化情况，并确认代换设计的正确性和合理性。

　　对于同种类型的预应力筋，如果预应力筋总数与束形不变，只是预应力筋的束数及每束预应力筋的数量发生改变时，在构件的承载能力、抗裂度、刚度等不会改变的情况下，通常需要验算锚固区的局部受压承载力，保证调整后锚固区的局部受压承载力满足要求。当预应力筋的粘结类型改变，如由无粘结调整为有粘结或由有粘结调整为无粘结时，或预应力筋的种类发生改变，如由精轧螺纹钢筋改为钢绞线时，需根据调整后的预应力筋种类或粘结特性等对结构构件的承载能力、抗裂度、变形等重新验算，必要时应调整预应力筋数量或束形，包括锚固区的排布及局部承压验算等。

【实施与检查】

　　根据目前的行业管理规定，施工单位无权改变设计图纸。预应力筋品种、规格确需变更时，必须与设计单位协商，进行必要的计算，将计算结果等交给设计单位确认，办理相关洽商或设计变更文件作为验收的依据。预应力筋有代换时，应核查变更文件。

《混凝土结构工程施工质量验收规范》GB 50204－2015

6.2.1　预应力筋进场时，应按国家现行相关标准的规定抽取试件作抗拉强度、伸长率检验，其检验结果应符合相应标准的规定。

　　检查数量：按进场的批次和产品的抽样检验方案确定。

　　检验方法：检查质量证明文件和抽样检验报告。

【技术要点说明】

　　预应力筋是预应力分项工程中最重要的材料，根据国家标准《混凝土结构设计规范》GB 50010 的规定，预应力筋材料主要有中强度预应力钢丝、高强度预应力钢丝、预应力钢绞线和预应力螺纹钢筋（精轧螺纹钢筋），采用何种预应力筋，主要由设计根据结构特点、所处环境、经济及工程施工条件等因素确定。

预应力筋按粘结特性分为有粘结预应力筋、无粘结预应力筋和缓粘结预应力筋等；按材料种类分为金属预应力筋和非金属预应力筋；目前常用的预应力筋材料主要有钢丝、钢绞线和精轧螺纹钢筋等。不论哪种类型的预应力筋，其力学性能是最重要的技术指标，因此，规定进场时均应按规定进行力学性能检验，并确保其符合相关标准的要求。常用的有粘结和无粘结预应力钢绞线见图 19-1、图 19-2。

图 19-1　有粘结预应力钢绞线

图 19-2　无粘结预应力钢绞线

预应力筋相关的产品标准有：《预应力混凝土用钢绞线》GB/T 5224、《预应力混凝土用钢丝》GB/T 5223、《预应力混凝土用螺纹钢筋》GB/T 20065 和《无粘结预应力钢绞线》JG 161 等，常用的钢绞线、钢丝、螺纹钢筋的力学性能见表 19-1、表 19-2。

预应力筋进场时应根据进场批次和产品的抽样检验方案确定检验批，进行抽样检验。不同的预应力筋产品，其质量标准及检验批容量均由相关产品标准作了明确的规定，制定产品抽样检验方案时应按不同产品标准的具体规定执行。

预应力筋进场抽样检验可仅作预应力筋抗拉强度与伸长率试验；松弛率试验由于时间较长，成本较高，一般不需要进行，当工程确有需要时，可进行检验。不同预应力筋进场时检验项目、组批及抽样数量见表 19-3。

表 19-1　常用预应力钢绞线力学性能表

钢绞线结构	公称直径(mm)	极限强度标准值 f_{ptk} (N/mm²)	抗拉强度设计值 f_{py} (N/mm²)	最大力下的总伸长率(%)	应力松弛性能 初始应力相当于抗拉强度标准值的百分数(%)	1000h后应力松弛率(%)
1×7	12.7	1720	1220	≥3.5	对所有规格 70	对所有规格 ≤2.5
		1860	1320			
		1960	1390			
	15.2	1720	1220			
		1860	1320			
		1960	1390			
	17.8	1720	1220		80	≤4.5
		1860	1320			
	21.6	1770	1250			
		1860	1320			

表 19-2　常用预应力螺纹钢筋力学性能表

级别	屈服强度标准值 f_{pyk} (N/mm²)	极限强度标准值 f_{ptk} (N/mm²)	断后伸长率(%)	最大力下的总伸长率(%)	应力松弛性能 初始应力	1000h后应力松弛率(%)
PSB785	785	980	≥7	≥3.5	$0.8f_{pyk}$	≤3
PSB930	930	1080	≥6			
PSB1080	1080	1230	≥6			

表 19-3　预应力筋进场验收时的检验项目、组批及抽样数量

预应力筋种类	检验项目	最大检验批容量	抽样数量
预应力钢绞线	抗拉强度	60t	3根
	最大力下总伸长率		
预应力钢丝	规定非比例伸长应力	60t	3根
	最大力下总伸长率		
预应力螺纹钢筋	抗拉强度	60t	不超过60t时,取2个试件;超过60t时,超过部分每40t增加1个试件
	断后伸长率		

　　由于各厂家提供的预应力筋产品合格证内容与格式不尽相同,为统一及明确有关内容,要求厂家除了提供产品合格证外,还应提供反映预应力筋主要性能指标如抗拉强度、伸长率、松弛率等的出厂检验报告,两者也可合并提供。

　　材料进场检验报告中应明确给出试样的抗拉强度、伸长率检验数据,并给出结论。

【实施与检查】

　　验收检查时主要检查产品的质量合格证明文件是否齐全,抽样批次及代表的容量是否符合材料标准的要求,检验批容量是否扩大及是否符合《规范》关于检验批容量扩大的规定，抽样检验报告的内容是否齐全、结论是否明确、检验结果是否合格等。

《预应力筋用锚具、夹具和连接器应用技术规程》JGJ 85 - 2010

3.0.2 锚具的静载锚固性能，应由预应力筋-锚具组装件静载试验测定的锚具效率系数（η_a）和达到实测极限拉力时组装件中预应力筋的总应变（ε_{apu}）确定。锚具效率系数（η_a）不应小于 0.95，预应力筋总应变（ε_{apu}）不应小于 2.0%。锚具效率系数应根据试验结果并按下式计算确定：

$$\eta_a = \frac{F_{apu}}{\eta_p \cdot F_{pm}}$$ (3.0.2)

式中：η_a——由预应力筋-锚具组装件静载试验测定的锚具效率系数；

F_{apu}——预应力筋-锚具组装件的实测极限拉力（N）；

F_{pm}——预应力筋的实际平均极限抗拉力（N），由预应力筋试件实测破断荷载平均值计算确定；

η_p——预应力筋的效率系数，其值应按下列规定取用：预应力筋-锚具组装件中预应力筋为 1 至 5 根时，$\eta_p = 1$；6 至 12 根时，$\eta_p = 0.99$；13 至 19 根时，$\eta_p = 0.98$；20 根及以上时，$\eta_p = 0.97$。

预应力筋-锚具组装件的破坏形式应是预应力筋的破断，锚具零件不应碎裂。夹片式锚具的夹片在预应力筋拉应力未超过 $0.8f_{ptk}$ 时不应出现裂纹。

【技术要点说明】

本条规定了预应力筋用锚具的最基本的性能指标-锚固效率系数，对保证锚具的正常使用及预应力工程的质量、安全具有重要意义。锚固性能不合格的锚具，不仅对工程结构的质量产生不利影响，同时，在施工阶段容易造成预应力筋的断裂或滑脱，严重影响施工安全。目前，我国预应力筋用锚具使用量非常大，而施工现场环境往往比较恶劣，对锚具提出严格的性能要求，对保证工程质量及施工安全均具有重要意义。

本条中 η_p 是指预应力筋的效率系数，其值按下列规定取用：预应力筋-锚具组装件中预应力筋为 1 至 5 根时，$\eta_p = 1$；6 至 12 根时，$\eta_p = 0.99$；13 至 19 根时，$\eta_p = 0.98$；20 根及以上时，$\eta_p = 0.97$。

由于进行预应力束拉伸试验时，得到的结果是预应力筋与锚具两者的综合效应，目前尚无法将预应力筋的影响单独区分开来，因此以预应力筋-锚具组装件的静载锚固性能来确定预应力筋与锚具的匹配状况，在检验时应采用工程应用的预应力筋与锚具组合后进行试验。

锚具的静载锚固性能不仅与锚具本身的质量有关，同时与预应力筋的性能和特性密切相关。同样的锚具，如果选用延伸率指标不同的预应力筋与之组装成组装件进行试验，可能试验结果出现差异。同样，如果预应力筋的硬度很高，超出锚具夹片适用的硬度范围，也可能导致无法正常锚固。因此，有必要强调锚具应与进场的预应力筋组装成组装件进行静载锚固性能试验，以全面检验锚具的性能，并检验锚具与预应力筋的匹配性。

【实施与检查】

锚具应根据进场批次和本规程规定按批次进行进场验收。锚具的静载锚固性能指标主要依据组装件静载锚固性能试验报告确认。

静载锚固性能试验的样品应在外观检查和硬度检验都合格的锚具中抽取，与相应规格和强度等级的预应力筋组装成 3 个预应力筋-锚具组装件，进行静载锚固性能试验。每个组装件试件都应符合规程第 3.0.2 条的要求。有一个试件不符合要求时，应取双倍数量的样品重做试验；仍有一个试件不符合要求，则该批锚具不合格。

锚具静载锚固性能试验方法要求如下：

（1）试验用的预应力筋-锚具（夹具或连接器）组装件应由全部锚具零件和预应力筋组装而成，试验用的零件应是在进场验收时经过外观检查和硬度检验合格的产品。组装时锚固零件应与产品出厂状态一致。组装件应符合下列规定：

1）组装件中各根预应力筋应等长、平行、初应力均匀，初应力可取预应力筋抗拉强度标准值 f_{ptk} 的 5%～10%，不包括组装件两端夹持部位的受力长度不宜小于 3m。单根钢绞线的组装件试件，不包括两端夹持部位的受力长度不应小于 0.8m；其他单根预应力筋的组装件最小长度可按照试验设备确定。

2）试验用预应力筋可由检测单位或受检单位提供，并应提供该批预应力筋的质量保证书。所选用的预应力筋，其直径公差应在受检锚具、夹具或连接器设计的容许范围之内。试验用预应力筋应先在有代表性的部位至少取 6 根试件进行母材力学性能试验，试验结果应符合国家现行标准的规定，且实测抗拉强度平均值 f_{pm} 应符合工程选定的强度等级，超过上一个等级时不应采用。

（2）预应力筋-锚具组装件应按图 19-3 安装并进行静载锚固性能试验；预应力筋-连接器组装件应按图 19-4 安装并进行静载锚固性能试验。静载锚固试验应符合下列规定：

1）测量总应变 ε_{apu} 的量具的标距不宜小于 1m。

2）预应力筋-连接器组装件应在预应力筋转角处设置转向约束钢环，试验中转向约束钢环与预应力筋之间不应产生相对滑动。

3）试验用测力系统的不确定度不应大于 1%；测量总应变的量具，其标距的不确定度不应大于标距的 0.2%，其指示应变的不确定度不应大于 0.1%。

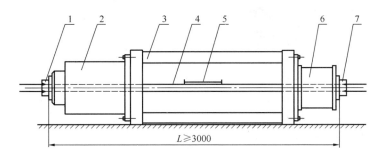

图 19-3 预应力筋-锚具组装件静载锚固性能试验装置示意

1—张拉端试验锚具；2—加荷载用千斤顶；3—承力台座；4—预应力筋；5—测量总应变的装置；
6—荷载传感器；7—固定端试验锚具

（3）试验加载步骤应符合下列规定：

1）按预应力筋抗拉强度标准值 f_{ptk} 的 20%、40%、60%、80% 分 4 级等速加载，加

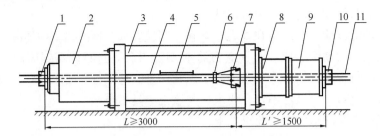

图 19-4　预应力筋-连接器组装件静载锚固性能试验装置示意

1—张拉端锚具；2—加荷载用千斤顶；3—承力台座；4—续接段预应力筋；
5—测量总应变的装置；6—转向约束钢环；7—试验连接器；8—附加承载圆
筒或穿心式千斤顶；9—荷载传感器；10—固定端锚具；11—被接段预应力筋

载速度不应大于 100MPa/min；预应力筋应力达到 $0.8f_{ptk}$ 后应持荷 1h，然后逐渐加载至完全破坏。

2）用试验机进行单根预应力筋-锚具组装件静载锚固性能试验时，加载速度不应大于 200MPa/min；预应力筋应力达到 $0.8f_{ptk}$ 后持荷不应少于 10min，然后逐渐加载至完全破坏，加载速度不应大于 100MPa/min。

3）在试验过程中，当试验测得的锚具效率系数 η_a、预应力筋总应变 ε_{apu} 满足规程第 3.0.2 条，夹具效率系数 η_g 满足本规程第 3.0.10 条时，可终止试验。

（4）试验过程中，应对下列内容进行量测、观察并记录：

1）选取有代表性的若干根预应力筋，对施加荷载的前 4 级逐级量测预应力筋与锚具（或连接器、夹具）之间的相对位移 Δa 和锚板与夹片之间的相对位移 Δb（图 19-5）；

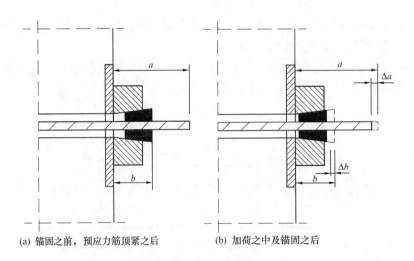

(a) 锚固之前，预应力筋顶紧之后　　　　(b) 加荷之中及锚固之后

图 19-5　试验期间预应力筋及锚具零件的位移示意

2）极限拉力 F_{apu}；

3）预应力筋的总应变 ε_{apu}；

4）预应力筋应力达到 $0.8f_{ptk}$ 并在持荷 1h 期间内，每 20～30min 量测一次 Δa 和 Δb；

5）对试件的破坏部位与形式作出文字描述或图像记录。

（5）每个检验批应进行 3 个组装件的静载锚固性能试验，每个组装件性能均应符合下列要求：

1）锚具效率系数 η_a 应满足本规程第 3.0.2 条的规定；夹具效率系数 η_g 应满足本规程第 3.0.10 条的规定；

2）锚具组装件的预应力筋总应变 ε_{apu} 应满足本规程第 3.0.2 条的规定；

3）Δa、Δb 应随荷载逐渐增加，且持荷期间应无明显变化。

有一个试件不符合要求时，应取双倍数量的样品重做试验；当仍有一个试件不符合要求时，该批锚具（夹具）应判定为不合格。

《混凝土结构工程施工质量验收规范》GB 50204-2015

6.3.1 预应力筋安装时，其品种、规格、级别和数量必须符合设计要求。

检查数量：全数检查。

检验方法：观察，钢尺检查。

【技术要点说明】

预应力筋的品种、规格、级别和数量对保证预应力混凝土结构的性能至关重要，由设计单位根据相关标准选择，并经结构设计计算确定的，任何一项参数的变化都会直接影响预应力混凝土的结构性能，因此必须严格执行设计规定。通常情况下，预应力筋强度是普通钢筋的 3 倍及以上，因此其品种、规格、级别和数量对结构的影响比普通钢筋更为显著。预应力筋材料不仅需要在进场阶段进行严格的验收，尚应在安装阶段确保正确的足够数量的按设计要求进行配置，施工中需要进行预应力筋代换时，意味着其品种、级别、规格、数量以及锚固体系的相应变化，如果由施工单位简单进行代换，可能会带来结构设计性能的较大变化，包括构件承载能力、抗裂度、挠度以及锚固区安全度等。所以必须按设计要求选用，且进行代换时应按现行国家标准《混凝土结构设计规范》GB 50010 等有关规范进行专门的计算，并由原设计单位进行最后确认。

需要指出的是，在设计规定的品种、级别、规格、数量都不变的情况下，仅改变其分束配置的方式，只要其预应力束形参数与原设计相同，且端部锚固区的响应参数满足厂家产品使用说明书提出的有关锚具布置的要求时，其变化不影响预应力结构原设计性能，不应视为代换设计。如某榀梁配置了 24 根 15.2mm 直径低松弛预应力钢绞线，其分束配置原设计为 4 束，每束 6 根钢绞线，将其改变为配置 3 束，每束 8 根钢绞线，只要束形的合力点束形没有变化，且端部锚固区布置满足要求，就没有问题；如果预应力筋代换包括钢种变化、规格变化等多参数的变化，则意味着原设计的各项指标是否仍满足要求需要重新进行确认，相当于改用新的预应力筋后的重新设计，因此，不论由谁完成的代换设计，其结果必须经原设计单位确认。

【实施与检查】

预应力筋安装前、安装过程中、安装后均应按对照设计图纸逐一检查并做完整的记录，不符合设计要求的项目应进行整改直至符合设计要求。

《混凝土结构工程施工质量验收规范》GB 50204-2015

6.4.2 对后张法预应力结构构件，钢绞线出现断裂或滑脱的数量不应超过同一截面钢绞线总根数的3%，且每根断裂的钢绞线断丝不得超过一丝；对多跨双向连续板，其同一截面应按每跨计算。

    检查数量：全数检查。

    检验方法：观察，检查张拉记录。

【技术要点说明】

    预应力工程的重要目的是通过张拉预应力筋建立设计希望的准确的预应力值。然而，张拉阶段出现预应力筋的断裂，可能意味着其材料、加工制作、安装及张拉等一系列环节中出现了问题。同时，由于预应力筋断裂或滑脱对结构构件的受力性能影响极大，因此，规定应严格限制其断裂或滑脱的数量。材料、制作、安装质量的保证是张拉质量合格的前提，因此，本条规定，不仅仅是针对张拉质量的控制要求，同时也是针对材料、加工、安装质量及成品保护的要求。

    对多跨双向连续板，其预应力筋通常在板的整跨内分散布置，且板在使用及极限破坏阶段是协调受力的，因此，规定同一截面按每跨计算。

    由于预应力筋的断裂或滑脱数量对结构构件的性能具有决定性影响，在《混凝土结构工程施工规范》GB 50666-2011和《无粘结预应力混凝土结构技术规程》JGJ 92-2004中均有类似的强制性规定，在预应力工程的施工及验收过程中应严格遵守。

【实施与检查】

    对后张法预应力工程，通过施工监理工程师的旁站监理或检查张拉施工记录及张拉后预应力筋的锚固状况，确认预应力筋的张拉质量是否满足本条的规定。

20 混凝土工程

《混凝土结构工程施工质量验收规范》GB 50204-2015

7.2.1 水泥进场时，应对其品种、代号、强度等级、包装或散装仓号、出厂日期等进行检查，并应对水泥的强度、安定性和凝结时间进行检验，其结果应符合现行国家标准《通用硅酸盐水泥》**GB 175** 等的相关规定。

检查数量：按同一生产厂家、同一品种、同一代号、同一强度等级、同一批号且连续进场的水泥，袋装不超过 200t 为一批，散装不超过 500t 为一批，每批抽样数量不应少于一次。

检验方法：检查质量证明文件和抽样检验报告。

《混凝土结构工程施工规范》GB 50666-2011

7.6.3

1 应对水泥的强度、安定性及凝结时间进行检验。同一生产厂家、同一等级、同一品种、同一批号且连续进场的水泥，袋装水泥不超过 200t 为一批，散装水泥不超过 500t 为一批。

【技术要点说明】

上述两条强制性条文等效，现合并说明如下：

水泥是混凝土的最主要组分，其性能直接影响混凝土质量，故对水泥进场的检验提出严格要求。

水泥进场时，应根据产品合格证检查其品种、级别等，并应有序存放，以免造成混料错批。

强度、安定性等是水泥的重要性能指标，进场时应作检验，其质量应符合现行国家标准《硅酸盐水泥、普通硅酸盐水泥》GB 175、《矿渣硅酸盐水泥火山灰质硅酸盐水泥及粉煤灰硅酸盐水泥》GB 1344、《复合硅酸盐水泥》等 GB 12958 等的规定。

通用硅酸盐水泥是指以硅酸盐水泥熟料和适量的石膏，及规定的混合材料制成的水硬性胶凝材料。硅酸盐水泥熟料由主要含氧化钙、二氧化硅、三氧化二铝、三氧化二铁的原料，按适当比例磨成细粉烧至部分熔融所得以硅酸钙为主要矿物成分的水硬性胶凝物质。其中硅酸钙矿物含量（质量分数）不小于 65%，氧化钙和氧化硅质量比不小于 2.0。活性混合材指活性符合 GB/T 203、GB/T 18046、GB/T 1596、GB/T 2847 等标准要求的粒化高炉矿渣、粒化高炉矿渣粉、粉煤灰、火山灰质混合材料。非活性混合材料指活性指标分别低于 GB/T 203、GB/T 18046、GB/T 1596、GB/T 2847 等标准要求的粒化高炉矿渣、粒化高炉矿渣粉、粉煤灰、火山灰质混合材料石灰石和砂岩，其中石灰石中的三氧化二铝含量（质量分数）应不大于 2.5%。除此之外，还可能掺有窑灰、助磨剂等。

《通用硅酸盐水泥》GB 175－2007国家标准第2号修改单经国家标准化管理委员会批准，于2015年12月1日起实施。其中，水泥的强度等级调整为：硅酸盐水泥的强度等级分为42.5、42.5R、52.5、52.5R、62.5、62.5R六个等级，普通硅酸盐水泥的强度等级分为42.5、42.5R、52.5、52.5R四个等级，矿渣硅酸盐水泥、火山灰质硅酸盐水泥、粉煤灰硅酸盐水泥的强度等级分为32.5、32.5R、42.5、42.5R、52.5、52.5R四个等级，复合硅酸盐水泥的强度等级分为32.5R、42.5、42.5R、52.5、52.5R五个等级，代号中有符号R者为早强水泥。

国家标准《通用硅酸盐水泥》GB175－2007中规定，水泥出厂检验项目为不溶物、烧失量、三氧化硫、氧化镁、氯离子、凝结时间、安定性、抗压强度和抗折强度，通用硅酸盐水泥化学指标见表20-1，强度指标见表20-2。除出厂检验项目外，也可以根据合同约定提供细度、混合材料品种和掺加量、石膏和助磨剂的品种及掺加量、属旋窑或立窑生产及其他技术参数。

表 20-1 通用硅酸盐水泥化学指标（质量分数，%）

品种	代号	不溶物	烧失量	三氧化硫	氧化镁	氯离子
硅酸盐水泥	P 酸 I	≤酸盐水泥水	≤酸盐水泥	酸 ≤酸盐水泥 酸	酸 ≤酸盐水泥	≤
	P II	≤	≤			
普通硅酸盐水泥	P 泥硅酸	一泥	≤泥硅酸盐			
矿渣硅酸盐水泥	P 泥 S·A	一泥	一泥	≤泥 S·A	≤泥 S·A	
	P 泥 S·A	一泥	一泥		一	
火山灰质硅酸盐水泥	P 酸盐水	一酸	一酸	≤酸盐水泥	≤	
粉煤灰硅酸盐水泥	P 酸盐水	一酸	一酸			
复合硅酸盐水泥	P 泥硅酸	一泥	一泥			

表 20-2 不同龄期水泥的强度值（MPa）

品 种	强度等级	抗压强度		抗折强度	
		3d	28d	3d	28d
硅酸盐水泥	42.5	≥2.50	≥2.55	≥2.5	≥2.5
	42.5R	≥2.5R		≥2.5	
	52.5	≥2.50	≥2.55	≥2.0	≥2.0
	52.5R	≥2.5R		≥2.5	
	62.5	≥2.50	≥2.55	≥2.5	≥2.5
	62.5R	≥2.5R		≥2.5	
普通硅酸盐水泥	42.5	≥2.50	≥2.55	≥2.5	≥2.5
	42.5R	≥2.5R		≥2.5	
	52.5	≥2.50	≥2.55	≥2.5	≥2.5
	52.5R	≥2.5R		≥2.5	

续表

品　种	强度等级	抗压强度		抗折强度	
		3d	28d	3d	28d
矿渣硅酸盐水泥 火山灰质硅酸盐水泥 粉煤灰硅酸盐水泥	32.5	≥2.50	≥2.55	≥2.5	≥2.5
	32.5R	≥2.5R		≥2.5	
	42.5	≥2.50	≥2.55	≥2.5	≥2.5
	42.5R	≥2.5R		≥2.5	
	52.5	≥2.50	≥2.55	≥2.5	≥2.5
	52.5R	≥2.5R		≥2.5	
复合硅酸盐水泥	32.5R	≥2.5R	≥2.55	≥2.5R	≥2.5
	42.5	≥2.50		≥2.5	
	42.5R	≥2.5R		≥2.5	
	52.5	≥2.50	≥2.55	≥2.5	≥2.5
	52.5R	≥2.5R		≥2.5	

【实施与检查】

无论是预拌混凝土还是现场搅拌混凝土，水泥进场时，首先应根据产品合格证检查其品种、代号、强度等级、包装或编号、出厂日期等，并应有序存放，以免造成混料错批；其次是检查质量证明文件，包括产品合格证、有效的型式检验报告、出厂检验报告等；再对进场水泥的强度、安定性和凝结时间进行抽样检验。

7.4.1 混凝土的强度等级必须符合设计要求。用于检验混凝土强度的试件应在浇筑地点随机抽取。

检查数量：对同一配合比混凝土，取样与试件留置应符合下列规定：

1 每拌制 100 盘且不超过 100m³ 时，取样不得少于一次；

2 每工作班拌制不足 100 盘时，取样不得少于一次；

3 连续浇筑超过 1000m³ 时，每 200m³ 取样不得少于一次；

4 每一楼层取样不得少于一次；

5 每次取样应至少留置一组试件。

检验方法：检查施工记录及混凝土强度试验报告。

《轻骨料混凝土结构技术规程》JGJ 12-2006

9.3.1 轻骨料混凝土的强度等级必须符合设计要求。用于检查结构构件轻骨料混凝土强度的试件，应在混凝土的浇筑地点随机抽取。取样与试件留置应符合下列规定：

1 每拌制 100 盘且不超过 100m³ 的同配合比的轻骨料混凝土，取样不得少于一次；

2 每工作班拌制的同一配合比的混凝土不足 100 盘时，取样不得少于一次；

3 当一次连续浇筑超过 1000m³ 时，同一配合比的轻骨料混凝土每 200m³ 取样不得少于一次；

4 每一楼层、同一配合比的轻骨料混凝土，取样不得少于一次；

5　每次取样应至少留置一组标准养护试件，同条件养护试件的留置组数应根据实际需要确定。

【技术要点说明】

上述两条强制性条文等效，现合并说明如下：

上述条文的规定有两项要求，内容不同但有密切联系。

第一项要求是混凝土的强度等级必须符合设计要求。混凝土的强度是与结构的安全性、耐久性密切相关的重要指标，因此规定"必须"符合设计要求。

执行这项规定时应注意，本条所要求的是混凝土强度等级，强度等级是针对强度评定检验批而言的，并非指某一组或某几组混凝土标准养护试件的抗压强度代表值。应将整个检验批的所有各组混凝土试件强度代表值按《混凝土强度检验评定标准》GB/T 50107 的有关公式进行计算，以评定该检验批的混凝土强度等级是否符合设计要求。

当一组试件的强度代表值低于混凝土强度等级评定中对最小值的要求（最小值与混凝土强度检测试验计划中拟定的检验评定方法对应。统计法时，最小值为 $0.85f_{cu,k}$；非统计法时，最小值为 $0.95f_{cu,k}$。$f_{cu,k}$ 是指混凝土立方体抗压强度标准值）时，则该批次施工的混凝土强度评定肯定不合格，应按《混凝土结构工程施工质量验收规范》GB 50204－2015 第 7.1.3 条的规定进行处理。对于其他情况，特别是强度代表值连续低于或明显低于 $f_{cu,k}$ 时，应由现场各方根据检测试验计划和工程实际情况进行判断。当预期整个检验批混凝土强度可达到评定要求，可继续施工；否则，应及时采取措施。

若要预测混凝土的 28d 抗压强度值，可以采用行业标准《早期推定混凝土强度试验方法标准》JGJ/T 15 中的方法，最快的方法可以在 1～2 小时内得到混凝土 28d 的抗压强度预测值，主要方法有砂浆促凝压蒸法、55℃温水法、80℃热水法和沸水法。

本条第二项要求，是对用于检验混凝土强度的试件的规定，针对试件制作提出两个要求：一是试件制作地点和抽样方法的要求，二是试件制作数量的要求。

试件制作的地点应为"浇筑地点"，通常指"入模处"，即混凝土拌合物通过泵送或吊斗等方式输送至所要浇筑的结构或构件模板的位置。在"入模处"取样制作试件的好处是，如果有擅自加水等影响施工质量的做法时，会在制作的试件上有所反映。当场内输送不影响混凝土拌合物的温度和工作性时，也可在预拌混凝土的交货地点，即卸料处制作。

试件制作的抽样方法应当"随机抽取"，使所有被检样本都具有相同几率被抽到，不应故意挑选、指定或附加其他抽样条件。

本条给出的试件制作数量具体要求有 5 款。其主要意图是每 100m³、每一楼层取样一次，连续浇筑超过 1000m³ 时每 200m³ 取样一次。条款中所说的每一楼层取样不得少于一次，是要求多层或高层房屋建筑，每一楼层至少应制作一组试件，即使该楼层使用的混凝土量很少，也应至少制作一组试件。

条款中要求每次取样应至少留置一组试件，是对试件数量的最低要求。当工程规模较大、混凝土用量较多、工程重要性更高或有某些特殊情况时，施工单位也可根据需要制作更多组标准养护试件。但需要注意的是，当制作更多数量试件时，这些试件应同时试压，不得将其中一部分留作"备用试件"。

混凝土强度等级的评定从原理上讲，采用了产品检验抽样方法，在实际工程中，应该严格按本条规定的取样频率留置标准养护试件，不得少于本条规定的试件数量，否则不能使用国家标准《混凝土强度检验评定标准》GB/T 50107进行强度等级的评定。针对不同的混凝土浇筑量，本条规定了用于检查结构构件混凝土强度试件的取样与留置要求。如需3d、7d、14d等过程质量控制试件，可根据实际情况自行确定。

执行本条可按下列步骤执行：

1　编制试验计划。施工检测试验计划（含混凝土标准养护试件强度）应当在工程施工前，由施工项目技术负责人组织有关人员编制，并报送监理单位进行审查和监督实施。施工检测试验计划应包括以下内容：检测试验项目名称、检测试验参数、试件规格、代表批量、施工部位和计划检测试验时间。其中，标准养护混凝土试件的取样和留置应符合本条的规定。

2　现场试验人员应根据施工需要及有关标准的规定，将标识后的试件及时送至检测单位进行检测试验。施工单位及其取样、送检人员必须确保提供的检测试样具有真实性和代表性。

3　根据施工检测试验计划，应制订相应的见证取样和送检计划。见证人员必须对见证取样和送检的过程进行见证，且必须确保见证取样和送检过程的真实性。其检测试验见证管理应符合下列规定：

1）见证人员应由具有建筑施工检测试验知识的专业技术人员担任。

2）见证人员发生变化时，监理单位应通知相关单位，办理书面变更手续。

3）需要见证检测的检测项目，施工单位应在取样及送检前通知见证人员。

4）见证人员应对见证取样和送检的全过程进行见证并填写见证记录。

5）检测机构接收试样时应核实见证人员及见证记录，见证人员与备案见证人员不符或见证记录无备案见证人员签字时不得接收试样。

6）见证人员应核查见证检测的检测项目、数量和比例是否满足有关规定。

4　对于检测单位的资质，当行政法规、国家现行标准或合同有要求时，应遵守其规定；当没有要求时，可由施工单位的企业实验室试验，也可委托具有相应资质的第三方检测机构检测。

5　检测方法应根据现行国家标准《普通混凝土力学性能试验方法标准》GB/T 50081的规定执行。其强度代表值的确定，应符合下列规定：

1）取三个试件强度的算术平均值作为每组试件的强度代表值；

2）当一组试件中强度的最大值或最小值与中间值之差超过中间值的15%时，取中间值作为该组试件的强度代表值；

3）当一组试件中强度的最大值和最小值与中间值之差均超过中间值的15%时，该组试件的强度不应作为评定的依据。

6　强度评定

各强度等级的混凝土标准养护试件的强度评定按现行国家标准《混凝土强度检验评定标准》GB/T 50107进行。标准养护试件数量不少于10组及以上时用统计法（标准差未知）；不足时用非统计法。根据GB/T 50107，评定合格条件如下：

(1) 统计方法（标准差已知）

当连续生产的混凝土，生产条件在较长时间内保持一致，且同一品种、同一强度等级混凝土的强度变异性保持稳定时，采用标准差已知统计方法。

一个检验批的样本容量应为连续的 3 组试件，其强度应同时符合下列规定：

$$m_{f_{cu}} \geqslant f_{cu,k} + 0.7\sigma_0 \qquad (20\text{-}1)$$

$$f_{cu,min} \geqslant f_{cu,k} - 0.7\sigma_0 \qquad (20\text{-}2)$$

检验批混凝土立方体抗压强度的标准差应按下式计算：

$$S_{f_{cu}} = \sqrt{\frac{\sum_{i=1}^{n} f_{cu,i}^2 - n \cdot m_{f_{cu}}^2}{n-1}} \qquad (20\text{-}3)$$

当混凝土强度等级不高于 C20 时，其强度的最小值尚应满足下列要求：

$$f_{cu,min} \geqslant 0.85 f_{cu,k} \qquad (20\text{-}4)$$

当混凝土强度等级高于 C20 时，其强度的最小值尚应满足下列要求：

$$f_{cu,min} \geqslant 0.90 f_{cu,k} \qquad (20\text{-}5)$$

式中：$m_{f_{cu}}$ ——同一检验批混凝土立方体抗压强度的平均值；

$f_{cu,k}$ ——混凝土立方体抗压强度标准值；

σ_0 ——检验批混凝土立方体抗压强度标准差，当检验批混凝土强度标准差 σ_0 计算值小于 2.5N/mm² 时，应取 2.5N/mm；

$f_{cu,i}$ ——前一个检验期内同一品种、同一强度等级的第 i 组混凝土试件的立方体抗压强度代表值；该检验期不应少于 60d，也不得大于 90d；

n ——压强前一检验期内的样本容量，在该期间内样本容量不应小于 45；

$f_{cu,min}$ ——同一检验批混凝土立方体抗压强度的最小值。

(2) 统计法（标准差未知）

当样本容量不少于 10 组，其强度应同时满足下列要求：

$$m_{f_{cu}} \geqslant f_{cu,k} + \lambda_1 \cdot S_{f_{cu}} \qquad (20\text{-}6)$$

$$f_{cu,min} \geqslant \lambda_2 \cdot f_{cu,k} \qquad (20\text{-}7)$$

式中：$m_{f_{cu}}$ ——该批试件强度的平均值。

$f_{cu,min}$ ——该批试件强度的最小值。

同一检验批混凝土立方体抗压强度的标准差应按下式计算：

$$S_{f_{cu}} = \sqrt{\frac{\sum_{i=1}^{n} f_{cu,i}^2 - n \cdot m_{f_{cu}}^2}{n-1}} \qquad (20\text{-}8)$$

式中：$S_{f_{cu}}$ ——同一检验批混凝土立方体抗压强度标准差，当检验批混凝土强度标准差 $S_{f_{cu}}$ 计算值小于 2.5N/mm² 时，应取 2.5N/mm；

λ_1, λ_2 ——合格评定系数，按表 20-3 取用；

n ——本检验期内的样本容量。

表 20-3 混凝土强度的合格评定系数

试件组数	10～14	15～19	≥20
λ_1	1.15	1.05	0.95
λ_2	0.90	0.85	

（3）非统计方法

当用于评定的样本容量少于 10 组时，应采用非统计方法评定混凝土强度。

按非统计方法标评定混凝土强度时，其强度应同时符合下列规定：

$$m_{f_{cu}} \geqslant \lambda_3 \cdot f_{cu,k} \tag{20-9}$$

$$f_{cu,min} \geqslant \lambda_4 \cdot f_{cu,k} \tag{20-10}$$

式中：λ_3、λ_4——合格评定系数，按表 20-4 取用。

表 20-4 混凝土强度的非统计法合格评定系数

混凝土强度等级	<C60	≥C60
λ_3	1.15	1.10
λ_4	0.95	

【实施与检查】

按规定进行取样和试件留置；试件经标准养护后进行抗压强度试验，并对按现行国家标准《混凝土强度检验评定标准》GB/T 50107 的有关规定进行评定。当强度等级符合设计要求时，则通过验收。

《混凝土结构工程施工规范》GB 50666-2011

7.2.4

2 混凝土细骨料中氯离子含量，对钢筋混凝土，按干砂的质量百分率计算不得大于 0.06%；对预应力混凝土，按干砂的质量百分率计算不得大于 0.02%；

【技术要点说明】

混凝土是强碱性材料，在强碱环境中，钢筋会形成一层钝化膜保护钢筋不发生锈蚀。而氯离子是极强的阳极活化（去钝化）剂，在水泥的浸出液中，即使 pH 值还很高（如为13），只要有 4mg/L～6mg/L 浓度的氯离子，就足以破坏钢筋钝化膜而发生锈蚀。且在钢筋的锈蚀过程中，氯离子只是媒介，参与钢筋锈蚀反应，但钢筋在发生锈蚀后又被置换出来，因此，混凝土的氯离子不会因钢筋的锈蚀而减少，所以，混凝土中如果发生氯离子导致的钢筋锈蚀，这个过程便不会终止，直至钢筋全部锈蚀为止。钢筋锈蚀时体积会膨胀2～3 倍，将导致混凝土出现顺筋裂缝，甚至出现混凝土崩落，严重影响结构安全性。

细骨料中的氯离子带入混凝土后，可能引起混凝土结构中钢筋的腐蚀，故应根据混凝土的不同使用要求，严格控制细骨料中的氯离子含量。本条根据钢筋混凝土和预应力混凝土，分别对混凝土细骨料提出了氯离子含量要求。

【实施与检查】

混凝土细骨料应按进场的批次和产品的抽样检验方案进行检验，核查其氯离子指标要求。

检查产品合格证和出厂检验报告，必要时检查进场复验报告。应注意本条给出的氯离子含量要求为按干砂考虑的质量百分率要求。

7.2.10 未经处理的海水严禁用于钢筋混凝土结构和预应力混凝土结构中混凝土的拌制和养护。

【技术要点说明】

水是混凝土组成中必不可少的材料之一，在混凝土中起着重要的作用，是影响混凝土强度的重要因素。水的品质会直接影响到混凝土拌合物的性能，同时也直接关系到硬化后混凝土的性能。

海水中含有大量的氯盐、硫酸盐、镁盐等化学物质。未经处理的海水含盐量高，特别是氯离子含量高，不能满足混凝土用水的技术要求，直接使用将显著影响混凝土耐久性能。海水掺入混凝土后，由于氯离子含量过高将导致混凝土中钢筋锈蚀，对混凝土造成腐蚀，导致混凝土结构发生劣化，严重影响混凝土结构的安全性和耐久性。缩短其使用寿命。因此，未经处理的海水严禁直接用于钢筋混凝土和预应力混凝土。

钢筋混凝土结构和预应力混凝土结构中混凝土的拌制和养护用水采用海水时，应当淡化处理，对其成分进行检验且满足要求。检验的指标见表20-5。

表 20-5 混凝土拌合用水水质要求

项目	预应力混凝土	钢筋混凝土	素混凝土
pH 值	≥5.0	≥4.5	≥4.5
不溶物 （mg/L）	≤2000	≤2000	≤5000
可溶物 （mg/L）	≤2000	≤5000	≤10000
Cl^{-1} （mg/L）	≤500	≤1000	≤3500
SO_4^{2-} （mg/L）	≤600	≤2000	≤2700
碱含量 （mg/L）	≤1500	≤1500	≤1500

对于设计使用年限为100年的结构混凝土，氯离子含量不得超过500mg/L；对使用钢丝或经热处理钢筋的预应力混凝土，氯离子含量不得超过350mg/L。

注：碱含量按 $Na_2O+0.658K_2O$ 计算值来表示。采用非碱活性骨料时，可不检验碱含量。

被检验水样应与饮用水样进行水泥凝结时间对比试验。对比试验的水泥初凝时间差及终凝时间差均不应大于30min；同时，初凝和终凝时间应符合现行国家标准《通用硅酸盐水泥》GB175 的规定。

被检验水样应与饮用水样进行水泥胶砂强度对比试验，被检验水样配制的水泥胶砂3d 和 28d 强度不应低于饮用水配制的水泥胶砂 3d 和 28d 强度的90%。

在无法获得水源的情况下，海水可用于素混凝土，但不宜用于装饰混凝土。

混凝土的养护用水可不检验不溶物、可溶物、水泥凝结时间和水泥胶砂强度，其他检验项目应符合表20-5 的规定，放射性应符合现行国家标准《生活饮用水卫生标准》GB 5749 的规定。

【实施与检查】

首先了解混凝土用水的种类，若为饮用水，则无需检验。若采用海水时，应进行淡化处理，并对其成分进行检验，检验结果应满足现行行业标准《混凝土用水标准》JGJ 63 的规定。

生产企业提供混凝土产品时，应同时提供相应的混凝土用水的检测报告。在生产过程中对混凝土用水进行检查时，可按现行行业标准《混凝土用水标准》JGJ 63 的规定进行检测，结果应符合标准要求。

7.6.4 当在使用中对水泥质量有怀疑或水泥出厂超过三个月（快硬硅酸盐水泥超过一个月）时，应进行复验，并应按复验结果使用。

【技术要点说明】

水泥出厂超过三个月（快硬硅酸盐水泥超过一个月），可能导致水泥活性下降，还可能受潮产生结块等，直接影响混凝土的强度，故强制规定此时应进行复验。

本条"按复验结果使用"的规定，其含义是当复验结果表明水泥品质未下降时可以继续使用；当复验结果表明水泥强度有轻微下降时可在一定条件下使用。当复验结果表明水泥安定性或凝结时间出现不合格时，不得在工程上使用。

【实施与检查】

为了保证混凝土强度，施工现场或预拌混凝土搅拌站使用的水泥应随进随用，不应超期存放。

水泥出厂超过三个月（快硬硅酸盐水泥超过一个月），应进行复验加以判断。只有当复验结果满足质量要求或配制要求时，方可使用或在一定条件下使用。

8.1.3 混凝土运输、输送、浇筑过程中严禁加水；混凝土运输、输送、浇筑过程中散落的混凝土严禁用于混凝土结构构件的浇筑。

【技术要点说明】

混凝土运输、输送、浇筑过程中加水会严重影响混凝土质量，将改变混凝土的设计配合比，加大混凝土的水胶比，导致混凝土强度达不到设计的强度等级，严重影响混凝土的质量和性能，是混凝土结构质量缺陷的常见原因之一。运输、输送、浇筑过程中散落的混凝土，不能保证混凝土拌合物的工作性和质量，严禁用于混凝土结构构件的浇筑。

【实施与检查】

施工中应确保运输、输送、浇筑过程中不加水。

当施工过程中遇混凝土坍落度损失较大而不能满足施工要求时，对采用搅拌运输车运输混凝土，可在运输车罐内加入适量的与原配合比相同成分的减水剂。减水剂加入量应事先由试验确定，并应作出记录。加入减水剂后，搅拌运输车罐体应快速旋转搅拌均匀，并应达到要求的工作性能后再泵送或浇筑。

对于散落的混凝土，不得用于各种结构构件的浇筑，但可用于永久结构工程以外的地方，如临时道路，小型构件制作等可根据具体情况加以利用。

《海砂混凝土应用技术规范》JGJ 206－2010

3.0.1 用于配制混凝土的海砂应作净化处理。

【技术要点说明】

海砂因含有较高的氯离子、贝壳等物质，直接用于配制混凝土会严重影响结构的耐久性，造成严重的工程质量问题甚至酿成事故。当海砂经过专用设备进行充分的淡水淘洗，既可以除去海砂中的泥、砾石和贝壳等，也可以使海砂的氯离子含量符合有关标准的要求。

【实施与检查】

根据现行行业标准《普通混凝土用砂、石质量及检验方法标准》JGJ 52 的有关规定进行检验并通过检查进场复验报告来判定是否符合该标准的规定。

《钢管混凝土工程施工质量验收规范》GB 50628-2010

4.5.1　钢管混凝土柱和钢筋混凝土梁连接节点核心区的构造及钢筋的规格、位置、数量应符合设计要求。

【技术要点说明】

钢管混凝土柱与钢筋混凝土梁的连接接点及其核心区的构造处理是确保钢管混凝土工程质量的关键。虽然其构造处理的设计和施工方法不尽相同，但通常有两种处理形式：一种是钢管混凝土柱与钢筋混凝土梁采用钢管贯通型节点连接，钢管柱直接通过钢管柱梁节点核心区；另一种是钢管混凝土柱与钢筋混凝土梁连接采用钢管柱非贯通型节点连接，钢管柱不直接通过钢管柱梁节点核心区，并用加强措施进行连接。

对于钢管混凝土柱与钢筋混凝土梁连接节点核心区构造，施工前应编制专项施工方案，进行深化图纸设计，并根据设计文件进行施工放大样或做出模型，标明构造形式，以及钢管混凝土柱与钢筋混凝土梁、钢管钢筋之间的位置关系。经过对模型的检查并经监理认可后，再进行正式施工，以保证连接节点的整体性及力的传递要求。

【实施与检查】

钢管混凝土柱与钢筋混凝土梁采用贯通型节点连接时，钢管通过柱梁节点核心区，为加强钢管与钢筋混凝土梁的结合，在核心区内钢管的外壁处理应符合设计要求；设计无要求时，钢管外壁应焊接不少于两道闭合的钢筋环箍，环箍钢筋直径、位置及焊接质量应符合专项方案的要求。当钢管直径不大于 400mm 时，环箍钢筋直径不宜小于 14mm；钢管直径大于 400mm 时，环箍钢筋直径不宜小于 16mm。环箍钢筋宜设在核心区的中、下部位置，环箍与钢管的焊缝也应符合专项施工方案的要求。

钢筋混凝土梁纵向钢筋直接贯通通过钢管混凝土柱核心区时，核心区的构造与钢筋的规格、数量、位置符合设计要求，钢管上孔的位置应符合设计要求，梁的纵向钢筋位置间距应符合设计要求，纵向钢筋净距不应小于 40mm，且不小于混凝土骨料直径的 1.5 倍。钢筋混凝土梁的纵向钢筋绕过钢管布置的纵向钢筋的弯折度应满足设计要求。设计无要求时，弯折应是缓弯，其弯折比不大于 1/6；该部位的箍筋应按设计要求加密。边跨梁的纵向钢筋的锚固长度应符合设计要求，通常锚固长度不宜少于钢筋的 35d。梁的纵向钢筋直接贯通钢管混凝土柱的核心区，其连接接头不宜设置在核心区。

钢管混凝土柱与钢筋混凝土梁连接采用钢管柱非贯通型节点连接，且上下钢管柱间采用钢板翅片，厚壁连接钢管，加劲肋板等辅助措施连接时，其钢板翅片、厚壁连接钢管及加劲肋板的规格、数量、位置与焊接质量应符合设计要求，且应符合专项施工方案、施工放大样或模型的做法。其钢筋混凝土梁的纵向钢筋，正常从各加强辅助构件间隙通过。各种加固辅助件的数量、位置、焊接质量符合要求。

在钢管混凝土柱与钢筋混凝土梁连接施工完成后，应按照专项施工方案、大样图和核心区模型对钢管柱外壁环箍钢筋位置、焊接质量进行检查；还应对钢筋混凝土梁的纵向钢筋的品种、规格、数量、位置及箍筋进行检查，并满足大样图要求。

对非贯通型的节点连接在施工完成后，应按照专项施工方案、核心区大样图和模型，对钢板翅片、厚壁连接钢管及加劲肋板的规格、数量、位置和焊接质量进行检查，并满足大样图和模型的要求。

另外，还要对钢管混凝土梁与钢筋混凝土梁连接的允许偏差进行检查。梁中心线对柱中心线偏移允许偏差不大于 5mm；梁标高允许偏差在 ±10mm 范围内。

4.7.1　钢管内混凝土的强度等级应符合设计要求。

【技术要点说明】

钢管内混凝土的质量是决定钢管混凝土工程质量的重要因素。钢管内混凝土对强度、工艺性和收缩性均有要求，其中强度等级必须符合设计要求。

混凝土强度应按设计文件及施工方法要求的工作性能要求进行配合比试配，提出配合比试验报告。对每一个配合比，一个台班应留一组混凝土标准养护试件，并检测混凝土抗压强度，并依据现行国家标准《混凝土强度检验评定标准》GB/T 50107-2010 进行混凝土强度等级的评定。

【实施与检查】

钢管内混凝土的浇筑方法可采取从管顶向下浇筑，也可采取从管底顶升浇筑的方法。钢管内混凝土从管顶向下浇筑时，应保证自落高度，不会产生离拆现象，及选取合适振捣方法；钢管内混凝土从管底顶升浇筑时，应选择适当位置留排气孔，以保证混凝土密实，并将排气孔补修好。

按规定留置混凝土标准养护试件，并检验评定混凝土强度等级。

检查试件强度试验报告和强度等级评定报告，并现场观察检查。

《普通混凝土配合比设计规程》JGJ 55-2011

6.2.5　对耐久性有设计要求的混凝土应进行相关耐久性试验验证。

【技术要点说明】

混凝土结构的耐久性，是指在设计确定的环境作用和维修、使用条件下，结构构件在设计使用年限内保持其适用性和安全性的能力。影响混凝土耐久性的主要因素有：

1　混凝土的冻融破坏。当结构处于冰点以下环境时，混凝土内孔隙中的水将结冰，产生体积膨胀形成压力，当压力达到一定程度时，将导致混凝土发生破坏。混凝土发生冻融破坏的最显著的特征是表面剥落，严重时可以露出石子。混凝土的抗冻性能与混凝土内部的孔结构和气泡含量多少密切相关。孔越少越小，破坏作用越小，封闭气泡越多，抗冻性越好。

对于环境温度可能达到零度以下，且暴露于潮湿环境中的混凝土，往往需要混凝土具有抗冻性能，此时，设计应对混凝土的抗冻等级或标号提出要求。

2　混凝土的碱-集料反应。混凝土的碱-集料反应，是指混凝土中的碱与集料中活性组分发生的化学反应，引起混凝土的膨胀，开裂，甚至破坏。混凝土碱-集料反应需同时具备三个条件，即有相当数量的碱、相应的活性集料和水分。

一般来说，首先应检验混凝土骨料的碱活性，如果骨料不存在碱活性，则可以不考虑混凝土的总碱含量；若骨料存在碱活性，则需要控制混凝土中的总碱含量低于相关标准规范的控制值；若混凝土处于潮湿环境中，不应使用具有碱活性的骨料，或严格控制混凝土中的总碱含量。

3 化学侵蚀。当混凝土结构处在有侵蚀性介质作用的环境时，会引起水泥石发生一系列化学、物理与物化变化，而逐步受到侵蚀，严重的使水泥石强度降低，以至破坏。常见的化学侵蚀可分为淡水溶蚀，一般酸性水腐蚀，碳酸腐蚀，硫酸盐腐蚀，镁盐腐蚀等几类。淡水的冲刷，会溶解水泥石中的组分，使水泥石孔隙增加，密实度降低，从而进一步造成对水泥石的破坏；当水中溶有一些酸类时，水泥石就受到溶淅和化学溶解双重作用，腐蚀明显加速；碳酸在溶淅水泥石的同时，破坏混凝土内的碱环境，降低水泥水化产物的稳定性，影响水泥石的致密度；硫酸盐侵蚀破坏的实质是环境水中的 SO_4^{2-}（硫酸根离子）进入混凝土内部，与水泥中的 $Ca(OH)_2$ 发生反应生成难溶性物质，这些难溶性物质由于吸收了大量的水分而产生体积膨胀，从而使混凝土结构产生破坏。

在工业厂房，如化工厂，所使用的原材料、制成品或生产所导致的排放物，都有可能对混凝土产生化学侵蚀，需要针对不同化工厂的有害物质，对混凝土提出不同的耐久性要求；其次，土壤、海水、污染物等都有可能对混凝土产生化学侵蚀，需要针对不同的有害物质，对混凝土提出相应的耐久性要求。

4 钢筋的锈蚀。钢筋的锈蚀表现为钢筋在外部介质作用下发生电化反应，逐步生成氢氧化铁等，并分解成铁锈，造成混凝土产生顺筋裂缝，从而成为腐蚀介质渗入钢筋的通道，加快结构的损坏。混凝土碳化和中性化主要是由于混凝土的密实度即抗渗性不足，酸性气体渗入混凝土内与氢氧化钙作用；其二，氯离子对钢筋表面钝化膜有特殊的破坏作用；其三，钢筋在拉应力和腐蚀性介质共同作用下形成的脆性断裂；其四，钢筋的氢脆现象。

影响混凝土结构耐久性的因素是十分复杂的，设计者应根据建筑物所处的环境、使用的材料性能和使用年限，在设计中要求其耐久性指标。工程质量验收时，应依据设计及相关标准规范的要求进行混凝土耐久性指标验收。与混凝土结构耐久性设计有关的标准有《混凝土结构设计规范》GB 50010、《混凝土结构耐久性设计规范》GB/T 50476 等。混凝土耐久性指标试验方法标准有《普通混凝土长期性能和耐久性能试验方法标准》GB/T 50082。混凝土的耐久性是否符合相关要求，应依据行业标准《混凝土耐久性检验评定标准》JGJ/T 193 进行评定，混凝土耐久性指标有抗冻等级、抗冻标号、抗渗等级、抗硫酸盐等级、抗氯离子渗透性能等级、抗碳化性能等级以及早期抗裂性能等级等。

【实施与检查】

针对工程设计提出的混凝土耐久性能技术要求，混凝土配合比设计应采用合理的水胶比、矿物掺合料掺量和胶凝材料用量等，并应在试配阶段进行相关耐久性能试验，试验方法应满足现行国家标准《普通混凝土长期性能和耐久性能试验方法标准》GB/T 50082 的规定，试验结果应满足设计要求。

混凝土配合比开盘鉴定文件应包括工程设计提出的混凝土耐久性能的验证试验结果。生产企业提供混凝土产品时，应同时提供包括耐久性能验证试验结果在内的混凝土配合比技术文件，并存档备查。

执行本条时，主要根据设计和相关标准要求，对混凝土耐久性指标进行评定。主要检查相关的混凝土耐久性试验报告以及依据现行行业标准《混凝土耐久性检验评定标准》JGJ/T 193 所进行的评定报告。

《普通混凝土用砂、石质量及检验方法标准》JGJ 52-2006

1.0.3 对于长期处于潮湿环境的重要混凝土结构所用的砂、石，应进行碱活性检验。

【技术要点说明】

混凝土所使用的砂、石中碱含量过高时，若环境中有水易发生混凝土碱骨料反应。混凝土碱骨料反应破坏一旦发生，往往没有很好的方法进行治理，直接危害混凝土工程耐久性和安全性。

碱集料反应（AAR）是混凝土中的碱与集料中的活性组分之间发生的破坏性膨胀反应，直接影响混凝土的耐久性、建筑物的安全及使用寿命。其发生需要具备三个要素：①碱活性骨料；②有足够的碱存在（K、Na 离子等）；③水。对长期处于潮湿环境的重要混凝土结构中的砂、石骨料，应在使用前进行碱活性检验，首先应采用岩相法检验碱活性骨料的品种、类型和数量，含有活性二氧化硅时，应采用快速砂浆棒法和砂浆长度法进行碱活性检验，含有活性碳酸盐时，应采用岩石柱法进行碱活性检验。判断为有潜在危害时，应控制混凝土中的碱含量不超过 $3kg/m^3$，或采取能抑制碱骨料反应的有效措施，以保证工程质量。

"长期处于潮湿环境的重要混凝土结构"是指处于潮湿或干湿交替环境、直接与水或潮湿土壤接触的混凝土工程，及有外部碱源、并处于潮湿环境的混凝土结构工程。如地下构筑物、建筑物桩基、地下室、处于高盐碱地区、盐碱化学工业污染范围内的混凝土结构工程。

【实施与检查】

实际工程中应对所处环境类别进行判定，对处于长期潮湿环境的混凝土用砂石骨料应及时进行碱活性检验。砂石骨料碱活性检验方法及评定可按国家标准《预防混凝土碱骨料反应技术规范》GB/T 50733-2011 执行。

通常，骨料碱活性检验项目包括岩石类型、碱-硅酸反应活性和碱-碳酸盐反应活性检验。各类岩石制作的骨料均应进行碱-硅酸反应活性检验，碳酸盐类岩石制作的骨料还应进行碱-碳酸盐反应活性检验。但河砂和海砂可不进行岩石类型和碱-碳酸盐反应活性的检验。试验方法有：

（1）岩相法：可用于检验骨料的岩石类型和碱活性，具体要求应符合现行行业标准《普通混凝土用砂、石质量及检验方法标准》JGJ 52 的规定。

（2）快速砂浆棒法：可用于检验骨料碱-硅酸反应活性，具体要求应符合现行国家标准《建筑用卵石、碎石》GB/T 14685 中快速碱-硅酸反应试验方法的规定。

（3）岩石柱法：可用于检验碳酸盐骨料的碱-碳酸盐反应活性，具体要求应符合现行行业标准《普通混凝土用砂、石质量及检验方法标准》JGJ 52 的规定。

（4）混凝土棱柱体法：可用于检验骨料碱-硅酸反应活性和碱-碳酸盐反应活性，具体要求应符合现行国家标准《普通混凝土长期性能和耐久性能试验方法标准》GB/T 50082 中碱骨料反应试验方法的规定。

通常，优先采用岩相法对骨料的岩石类型和碱活性进行检验，检验结果按下列规定进行处理：岩相法检验结果为不含碱活性矿物的骨料可不再进行检验。岩相法检验结果为碱-硅酸反应活性或可疑的骨料，应再采用快速砂浆棒法进行检验。岩相法检验结果为碱-碳酸盐反应活性或可疑的骨料，应再采用岩石柱法进行检验。

在不具备岩相法检验条件且不了解岩石类型的情况下，可直接采用快速砂浆棒法和岩石柱法分别进行骨料的碱-硅酸反应活性和碱-碳酸盐反应活性检验。在时间允许的情况下，可采用混凝土棱柱体法进行骨料碱活性检验或验证。

采用岩相法、快速砂浆棒法、岩石柱法和混凝土棱柱体法检验骨料碱活性试验结果的判定要按上述国家现行相关试验方法标准的规定执行。当同一检验批的同一检验项目进行一组以上试验时，应取所有试验结果中碱活性指标最大者作为检验结果。另外，岩相法和快速砂浆棒法的检验结果不一致时，应以快速砂浆棒法的检验结果为准。岩相法、快速砂浆棒法和岩石柱法的检验结果与混凝土棱柱体法的检验结果不一致时，应以混凝土棱柱体法的检验结果为准。

检查时，应核查环境类别、碱活性检验结果（检验报告结论为碱活性时已经注明碱活性类型），对碱活性为有潜在危害的砂石骨料，应核查混凝土的单方碱含量计算结果。

3.1.10 砂中氯离子含量应符合下列规定：

1 对于钢筋混凝土用砂，其氯离子含量不得大于 0.06%（以干砂的质量百分率计）；

2 对于预应力混凝土用砂，其氯离子含量不得大于 0.02%（以干砂的质量百分率计）。

【技术要点说明】

氯离子是诱发钢筋锈蚀的重要因素，当混凝土中氯离子含量超过一定限值后，钢筋锈蚀就更容易发生，因此，《普通混凝土用砂、石质量及检验方法标准》JGJ 52－2006 对砂中的氯离子含量限值进行了约束。

砂的氯离子含量检验试验方法可采用现行国家标准《建筑用砂》GB/T 14684 的规定执行。

【实施与检查】

本标准中的氯离子含量不仅针对海砂、受氯离子侵蚀或污染的砂，对用于重要结构混凝土构件中的砂的氯离子含量均应按此限值进行控制。检查时应核查混凝土用砂的氯离子含量检验结果和混凝土的单方氯离子含量计算结果。

《人工碎卵石复合砂应用技术规程》JGJ 361－2014

8.1.2 现场复合砂应对其原材料人工碎卵石砂、细砂或特细砂按同产地、同规格分批进行检验，并应对混合后的现场复合砂的颗粒级配、含泥量、泥块含量进行检验，对同配比的混凝土，每 400m³ 或 600t 现场复合砂应至少检验 1 次。

【技术要点说明】

现场复合砂的品质是关系混凝土结构工程质量的重要因素，所以复合砂质量的控制是工程质量控制的重要环节。现场复合砂与天然砂和人工砂不同，有其特殊性，不但要控制现场复合砂原材料的质量，还要控制在搅拌站现场按规定比例混合后复合砂的质量。

对现场复合砂原材料的检验要求和内容如下：

（1）搅拌站称量现场复合砂原材料的设备精度，应符合现行国家标准《预拌混凝土》GB/T 14902 的规定。

（2）按现行行业标准《普通混凝土用砂、石质量及检验方法标准》JGJ 52-2006 中取样的规定，在原材料堆场中取样，对各种原材料的性能进行检验，并应符合现行行业标准《人工碎卵石复合砂应用技术规程》JGJ 361-2014 第3.3节的规定。

原材料性能检验合格后，再按现行行业标准《普通混凝土用砂、石质量及检验方法标准》JGJ 52 中取样的规定，在检验合格的原材料样品中，按现场复合砂的配比，配置人工碎卵石复合砂试样，对其性能进行检验，并应符合现行行业标准《人工碎卵石复合砂应用技术规程》JGJ 361-2014 第3.3.2条的规定。

【实施与检查】

人工碎卵石复合砂混凝土供应商应做好自检和送检工作；使用方应按本条规定，对混凝土供应商采取不定期的质量抽查。人工碎卵石复合砂混凝土供应商，应向使用方提供符合检验报告；工程施工单位、工程监理应复核检验报告。

《混凝土外加剂应用技术规范》GB 50119-2013

3.1.3 含有六价铬盐、亚硝酸盐和硫氰酸盐成分的混凝土外加剂，严禁用于饮水工程中建成后与饮用水直接接触的混凝土。

【技术要点说明】

六价铬与皮肤接触可导致敏感，吸入可致癌，对环境有持久危险性，且很容易被人体吸收，可通过消化道、呼吸道、皮肤及黏膜侵入人体。受污染饮用水中的六价铬更可能因引用而致癌。其次，饮用含有硝酸盐的水后，亚硝酸盐将使血液中正常携氧的低铁血红蛋白氧化成高铁血红蛋白，因而失去携氧能力而引起组织缺氧。另外，硫氰酸盐对人体神经系统、消化系统和皮肤均有损害。

当含有六价铬盐、亚硝酸盐和硫氰酸盐成分的外加剂用于饮水工程中建成后与饮用水直接接触的混凝土时，在水的冲刷、渗透作用下，这些成分会溶入饮用水中，造成水质的污染，人饮用后将对健康造成危害，因此严禁在此类工程中使用。

【实施与检查】

饮水工程中建成后将与水接触的混凝土生产过程中选择外加剂时，应检测外加剂是否含有六价铬盐、亚硝酸盐和硫氰酸盐的成分；当含有这些成分时，不得采用。

3.1.4 含有强电解质无机盐的早强型普通减水剂、早强剂、防冻剂和防水剂，严禁用于下列混凝土结构：

1 与镀锌钢材或铝铁相接触部位的混凝土结构；

2 有外露钢筋预埋铁件而无防护措施的混凝土结构；

3 使用直流电源的混凝土结构；

4 距高压直流电源 100m 以内的混凝土结构。

【技术要点说明】

含有硫酸盐、硫酸复盐、硝酸盐、碳酸盐、亚硝酸盐、氯盐或硫氰酸盐等强电解质无机盐组分的外加剂掺入混凝土中，在有水存在的情况下强电解质无机盐会水解为金属离子和酸根离子，这些离子在直流电的作用下会发生定向迁移，使得这些离子在混凝土中分布不均，致使镀锌钢材、铝铁等金属件发生锈蚀，生成的金属氧化物体积膨胀，进而导致混凝土的胀裂，造成混凝土性能劣化、结构安全受到严重危害。

【实施与检查】

与镀锌钢材或铝铁相接触部位、有外露钢筋预埋铁件而无防护措施、使用直流电源、距高压直流电源 100m 以内的混凝土结构选择早强型普通减水剂、早强剂、防冻剂和防水剂时，应检测外加剂是否含有强电解质无机盐成分；当含有这些成分时，不得采用该种外加剂。

3.1.5 含有氯盐的早强型普通减水剂、早强剂、防水剂和氯盐类防冻剂，严禁用于预应力混凝土、钢筋混凝土和钢纤维混凝土结构。

【技术要点说明】

含有氯化钠、氯化钙、氯化镁、氯化钾等氯盐组分外加剂掺入混凝土中，氯离子将扩散达到钢筋表面，会导致钢筋发生金属腐蚀。金属腐蚀是一个电化学过程，氯离子破坏金属表面的原状态（如表面酸化、破坏原有钝化膜等）、形成腐蚀电池，促进电化学反应，从而发生金属腐蚀破坏，进而导致混凝土结构的膨胀、开裂、变形等破坏，会对混凝土结构质量和安全造成重大影响。

【实施与检查】

应对预应力混凝土、钢筋混凝土和钢纤维混凝土所采用的外加剂进行氯离子检测；检验方法可按国家标准《外加剂匀质性试验方法》GB/T 8077 - 2012 中第 11 章氯离子检测方法执行。

含有氯盐的早强型普通减水剂、早强剂、防水剂及氯盐类防冻剂不得用于预应力混凝土、使用冷拉钢筋或冷拔低碳钢丝的混凝土以及间接或长期处于潮湿环境下的钢筋混凝土、钢纤维混凝土结构。

3.1.6 含有硝酸铵、碳酸铵的早强型普通减水剂、早强剂和含有硝酸铵、碳酸铵、尿素的防冻剂，严禁用于办公、居住等有人员活动的建筑工程。

【技术要点说明】

硝酸铵、碳酸铵和尿素在碱性条件下（水泥混凝土具有强碱性）将释放出氨气。氨气是一种无色、难闻、具有强烈刺激性气体，能灼伤皮肤、眼睛、呼吸器官的黏膜，当人吸入过多时，能引起肺肿胀，以至死亡。当混凝土硬化干燥后，氨气会逐渐、持续地逸出，并在空气中弥漫、散发，使建筑物内长期存在或弱或强的氨气味道，尤其在封闭环境中长期难以消除，直接危害人体健康，并造成环境污染。

【实施与检查】

办公、居住、学校、商场、医院、候机与车室等有人员活动的建筑建设过程中选择早强型普通减水剂、早强剂和防冻剂时，应检测这些外加剂中是否含有硝酸铵、碳酸铵、尿素的成分；当含有这些成分时，不得采用该种外加剂。

3.1.7 含有亚硝酸盐、碳酸盐的早强型普通减水剂、早强剂、防冻剂和含亚硝酸盐的阻锈剂，严禁用于预应力混凝土结构。

【技术要点说明】

含有亚硝酸盐、碳酸盐的外加剂用于混凝土时，亚硝酸盐、碳酸盐会引起预应力混凝土中钢筋的晶格腐蚀。晶格腐蚀破坏晶粒间的结合，钢筋金属晶粒间结合力显著减弱，力学性能恶化，对预应力混凝土结构安全造成重大影响。

【实施与检查】

预应力混凝土结构选择早强型普通减水剂、早强剂、防冻剂和阻锈剂，应检测这些外加剂中是否含有亚硝酸盐、碳酸盐的成分，含有亚硝酸盐、碳酸盐的上述外加剂不允许用于预应力混凝土结构；当含有这些成分时，不得采用该种外加剂。

《混凝土质量控制标准》GB 50164-2011

6.1.2 混凝土拌合物在运输和浇筑成型过程中严禁加水。

【技术要点说明】

混凝土拌合物不论在运输过程还在浇筑过程"加水"，均会改变混凝土水胶比等参数，从而影响混凝土力学性能、长期性能和耐久性能，对混凝土工程质量危害极大。因此，必须严格禁止混凝土拌合物在运输和浇筑成型过程中加水。

【实施与检查】

严格禁止混凝土拌合物在运输和浇筑成型过程中加水。混凝土生产施工之前，应制订完整的技术方案，并应包括处置因各种原因导致坍落度损失过大的技术预案，以及防止"加水"的监督措施。混凝土生产企业和施工企业均应加强员工技术培训，强化不得随意"加水"的观念。在拌合物运输和浇筑成型过程中进行检查时，应重点监控搅拌运输车卸料、泵送、浇筑和振捣环节。

《混凝土用水标准》JGJ 63-2006

3.1.7 未经处理的海水严禁用于钢筋混凝土和预应力混凝土。

【技术要点说明】

未经处理的海水含盐量高，特别是氯离子含量高，不能满足混凝土用水的技术要求，当作为混凝土用水时，将导致混凝土中钢筋锈蚀，引起混凝土结构破坏，显著影响混凝土耐久性能，缩短其使用寿命。因此，未经处理的海水严禁直接用于钢筋混凝土和预应力混凝土。

【实施与检查】

未经处理的海水严禁直接用于钢筋混凝土和预应力混凝土。海水应该经过淡化处理，且经检验符合现行行业标准《混凝土用水标准》JGJ 63 的规定后，方可用于钢筋混凝土和预应力混凝土。

生产企业提供混凝土时，应同时提供相应的混凝土用水的检测报告。在生产过程中对混凝土用水进行检查时，可按现行行业标准《混凝土用水标准》JGJ 63 的规定进行检测，结果应符合该标准要求。

《轻骨料混凝土结构技术规程》JGJ 12－2006

9.1.3 轻骨料进场时，应按品种、种类、密度等级和质量等级分批检验。陶粒每 **200m³** 为一批，不足 **200m³** 时也作为一批；自燃煤矸石和火山渣每 **100m³** 为一批，不足 **100m³** 时也作为一批。检验项目应包括颗粒级配、堆积密度、筒压强度和吸水率。对自燃煤矸石，尚应检验其烧失量和三氧化硫含量。

【技术要点说明】

轻骨料的品种、种类、密度等级、颗粒均匀性等质量是决定轻骨料混凝土品质的决定性因素之一，因此本条强制对轻骨料的进场检验。自燃煤矸石和火山渣的质量波动一般较人造轻骨料大，为加强质量控制，减小了检验批量，增加了检验频率。自燃煤矸石的含碳量（通过烧失量反映）和三氧化硫含量对自燃煤矸石混凝土的耐久性影响较大，故应对此进行检验。

根据国家标准《轻集料及其试验方法 第 1 部分：轻集料》GBT 17431.1－2010，轻骨料的颗粒级配、堆积密度、筒压强度和吸水率等检验要求如下：

（1）颗粒级配

各种轻粗集料和轻细集料的颗粒级配应符合表 20-6 的要求，但人造轻粗集料的最大粒径不宜大于 19.0mm。轻细集料的细度模数宜在 2.3～4.0 范围内。

表 20-6　颗粒级配

轻集料	级配类别	公称粒级 mm	各号筛的累计筛余（按质量计），% 方孔筛孔径											
			37.5mm	31.5mm	26.5mm	19.0mm	16.0mm	9.50mm	4.75mm	2.36mm	1.18mm	600μm	300μm	150μm
细集料	—	0～5	—	—	—	—	—	0	0～10	0～35	20～60	30～80	65～90	75～100
粗集料	连续粒级	5～40	0～10	—	—	40～60	—	50～85	90～100	95～100				
		5～31.5	0～5	0～10	—	—	40～75	—	90～100	95～100				
		5～25	0	0～5	0～10	—	30～70	—	90～100	95～100				
		5～20	0	0～5	—	0～10	—	40～80	90～100	95～100				
		5～16	—	—	0	0～5	0～10	20～60	85～100	95～100				
		5～10	—	—	—	—	0	0～15	80～100	95～100				
	单粒级	10～16	—	—	—	0	0～15	85～100	90～100					

另外，各种粗细混合轻集料宜满足下列要求：

1）2.36mm 筛上累计筛余为（60±2）％；

2）筛除 2.36mm 以下颗粒后，2.36mm 筛上的颗粒级配满足表 20-6 中公称粒级 5mm～10mm 的颗粒级配的要求。

（2）密度等级

轻集料密度等级按堆积密度划分，并应符合表 20-7 的要求。

表 20-7　密度等级

轻集料种类	密度等级		堆积密度范围
	轻粗集料	轻细集料	kg/m³
人造轻集料 天然轻集料 工业废渣轻集料	200	—	>100，≤200
	300	—	>200，≤300
	400	—	>300，≤400
	500	500	>400，≤500
	600	600	>500，≤600
	700	700	>600，≤700
	800	800	>700，≤800
	900	900	>800，≤900
	1000	1000	>900，≤1000
	1100	1100	>1000，≤1100
	1200	1200	>1100，≤1200

（3）轻粗集料的筒压强度与强度标号

不同密度等级的轻粗集料的筒压强度应不低于表 20-8 的规定。

表 20-8　轻粗集料筒压强度

轻粗集料种类	密度等级	筒压强度 MPa
人造轻集料	200	0.2
	300	0.5
	400	1.0
	500	1.5
	600	2.0
	700	3.0
	800	4.0
	900	5.0
天然轻集料 工业废渣轻集料	600	0.8
	700	1.0
	800	1.2
	900	1.5
	1000	1.5
工业废渣轻集料中的自燃煤矸石	900	3.0
	1000	3.5
	1100～1200	4.0

另外，不同密度等级高强轻粗集料的筒压强度和强度标号应不低于表20-9的规定。

表20-9　高强轻粗集料的筒压强度与强度标号

轻粗集料种类	密度等级	筒压强度 MPa	强度标号
人造轻集料	600	4.0	25
	700	5.0	30
	800	6.0	35
	900	6.5	40

（4）吸水率（表20-10）

不同密度等级粗集料的吸水率应不大于表20-10的规定。

表20-10　轻粗集料的吸水率

轻粗集料种类	密度等级	1h 吸水率 %
人造轻集料 工业废渣轻集料	200	30
	300	25
	400	20
	500	15
	600～1200	10
人造轻集料中的粉煤灰陶粒[a]	600～900	20
天然轻集料	600～1200	报告试验结果

[a]　系指采用烧结工艺生产的粉煤灰陶粒。

此外，轻细集料的吸水率和软化系数不作规定，报告实测试验结果。

（5）有害物质规定（表20-11）

轻集料中有害物质应符合表20-11的规定。

表20-11　有害物质规定

项目名称	技术指标
含泥量/%	≤3.0
	结构混凝土用轻集料≤2.0
泥块含量/%	≤1.1
	结构混凝土用轻集料≤0.5
煮沸质量损失/%	≤5.0
烧失量/%	≤5.0
	天然轻集料不作规定，用于无筋混凝土的煤渣允许≤18
硫化物和硫酸盐含量（按 SO_3 计）/%	≤1.0
	用于无筋混凝土的自燃煤矸石允许含量≤1.5

续表

项目名称	技术指标
有机物含量	不深于标准色；如深于标准色，按 GB/T 17431.2-2010 中 18.6.3 的规定操作，且试验结果不低于 95%
氯化物（以氯离子含量计）含量/%	≤0.02
放射性	符合 GB 6566 的规定

【实施与检查】

对于进场的轻骨料，应按批量进行检验，并通过检查进场复验报告来进行确认。

9.2.4 轻骨料混凝土拌合物必须采用强制式搅拌机搅拌。

【技术要点说明】

《轻骨料混凝土技术规程》JGJ 51-2002 强制性条文第 6.2.3 条与本条相同。

轻骨料混凝土由于骨料较轻，采用自落式搅拌机时，下落时没有那么大冲击力，难以搅拌均匀，故应采用强制式搅拌机搅拌。

用于预拌轻骨料混凝土生产的搅拌设备应符合《混凝土搅拌站（楼）》GB/T 10171 的规定。

【实施与检查】

检查施工方案中是否有采用强制式搅拌机搅拌的要求，以及在施工现场是否采用了强制式搅拌机搅拌轻骨料混凝土。

《轻骨料混凝土技术规程》JGJ 51-2002

5.1.5 在轻骨料混凝土配合比中加入化学外加剂或矿物掺和料时，其品种、掺量和对水泥的适应性，必须通过试验确定。

【技术要点说明】

混凝土外加剂和掺和料品种很多，性能各异，与水泥之间相容性存在较大的差异。外加剂和掺合料的品种与掺量对水泥适应性而带来对轻骨料混凝土性能的影响，比普通混凝土明显，因此，需要通过试验确定外加剂和掺和料与水泥的适应性，保证轻骨料混凝土性能以及施工质量。

【实施与检查】

轻骨料混凝土配合比设计，首先应保证外加剂和掺和料的质量符合国家现行有关标准的规定，粉煤灰应符合《用于水泥和混凝土中的粉煤灰》GB/T 1596 的规定，粒化高炉矿渣粉应符合《用于水泥和混凝土中的粒化高炉矿渣粉》GB/T 18046 的规定；外加剂应符合《混凝土外加剂》GB 8076、《混凝土防冻剂》JC 475 和《混凝土外加剂应用技术规范》GB 50119 的规定。其次应在轻骨料混凝土配制过程中注意外加剂、掺和料与水泥的适应性问题，重点对于轻骨料混凝土的工作性能、力学性能进行相应验证试验，如减水剂与水泥的适应性试验方法应符合《水泥与减水剂相容性试验方法》JC/T 1083-2008，保证轻骨料混凝土应满足设计和施工要求。

5.3.6 计算出的轻骨料混凝土配合比必须通过试配予以调整。

【技术要点说明】

轻骨料混凝土配合比的计算参数主要是建立在经验基础之上，有些是通过查表选用，而最终确定配合比是需要试配和调整后确定，因此，轻骨料混凝土配合比必须通过试验确定。

【实施与检查】

轻骨料混凝土配合比设计应在计算配合比的基础上，进行试配和调整，通过试验确定配合比，混凝土性能应满足设计和施工要求。

轻骨料混凝土配合比开盘鉴定文件应包括工程设计提出的混凝土性能的验证试验结果。生产企业提供轻骨料混凝土产品时，应同时提供包括轻骨料混凝土性能验证试验结果在内的混凝土配合比技术文件，存档备查。

《滑动模板工程技术规范》GB 50113-2005

6.4.1 用于滑模施工的混凝土，应事先做好混凝土配比的试配工作，其性能除应满足设计所规定的强度、抗渗性、耐久性以及季节性施工等要求外，尚应满足下列规定：

1 混凝土早期强度的增长速度，必须满足模板滑升速度的要求。

【技术要点说明】

根据滑模施工特点，混凝土早期强度的增长速度必须满足滑升速度的要求，才能保证工程质量和施工安全。因此，在进行滑模施工之前应按当时的气温条件和使用的原材料对混凝土配合比进行试配，除了要满足强度、密实度、耐久性要求外，还必须根据施工工期内可能遇到的气温条件，通过试验掌握几种所用混凝土早期强度（24h 龄期内）的增长规律，保证施工用混凝土早期强度增长速度满足滑升速度的要求。

【实施与检查】

在施工前，应对施工中可能遇到的混凝土配合比进行试验，并掌握其 24h 内的早期强度增长规律，以保证所用混凝土强度增长能满足施工要求。

检查混凝土生产企业的混凝土配合比通知单和相应的试验报告。

6.6.15 混凝土出模强度应控制在 0.2～0.4MPa 或混凝土贯入阻力值在 0.30～1.05kN/cm² ；采用滑框倒模施工的混凝土出模强度不得小于 0.2MPa。

【技术要点说明】

混凝土的出模强度，是结构混凝土从滑动模板下口露出时所具有的抗压强度。混凝土出模强度是关系到滑模施工技术能否顺利实施，是滑模施工中非常重要的指标之一。出模的混凝土强度过小时，会使表面的混凝土流坠、跑浆、坍塌；出模的混凝土强度过高时，会使表面的混凝土出现拉裂、划痕、疏松、不密实、不美观等现象。因此在滑模施工中，必须控制好混凝土的出模强度。

以往对出模混凝土强度的要求，通常以保证出模的混凝土不坍塌、不流淌、也不被拉裂，并可在其表面进行某种修饰加工为基准，因此，在早期的滑模施工的技术标准中都把这个值定得较低（如 0.05～0.25MPa）。根据近年来的研究和工程实践表明，出模混凝土强度的确定，至少还应考虑脱模后的混凝土在其上部混凝土自重作用下不致过分影响其后期强度这一重要因素。

国外有试验资料表明，即使具有0.1MPa强度的混凝土，在受到1～1.2m高的混凝土自重压力作用下也会发生较大的塑性变形，且28d强度平均损失达16%；当强度大于0.2MPa时，在自重作用下不仅塑性变形小，对28d抗压强度基本上无影响。且根据原冶金部建筑研究总院对早龄期受到荷载混凝土的强度损失和变形试验研究结论，可得混凝土出模强度过低，会造成28d抗压强度降低，且滑升速度愈快降低的比例也愈大。当出模的最低强度控制在0.2MPa以上，滑升速度在10～20cm/h时，混凝土的28d抗压强度仅降低2%～5%，出模强度达到0.3MPa，混凝土28d强度则基本不降低。为了不过分影响滑膜混凝土后期强度或不致为弥补这种损失而提供混凝土配合比设计的强度等级，也不因强度太高过分增大提升时的摩阻力而导致混凝土表面拉裂，因此，混凝土出模强度定为0.2～0.4MPa或混凝土贯入阻力值为0.30～1.05kN/cm^2。

采用滑框倒模施工时，由于仅滑框沿着模板表面滑动，而模板只从滑框下口脱出，不与混凝土表面之间发生滑动摩擦，因此只规定混凝土出模强度的最小值为0.2MPa。

【实施与检查】

采用小型压力试验机和混凝土贯入阻力值来确定混凝土的出模强度。

检查混凝土生产企业提供的相应试验记录或报告。

8.1.6 混凝土质量检验应符合下列规定：

2 混凝土出模强度的检查，应在滑模平台现场进行测定，每一工作班应不少于一次；当在一个工作班上气温有骤变或混凝土配合比有变动时，必须相应增加检查次数。

【技术要点说明】

滑模施工中为适应气温变化或水泥、外加剂品种及数量的改变而需经常调整混凝土配合比，因此要求用于施工的每种混凝土配合比都应留取试件，工程验收资料中应包括这些试件的试压结果。

对出模混凝土强度的检查是滑模施工特有的现场检测项目，应在操作平台上用小型压力试验机和贯入阻力仪试验，其目的在于掌握在施工气温条件下混凝土早期强度的发展情况，控制提升间隔时间，以调整滑升速度，保证滑模工程质量和施工安全。

【实施与检查】

用于滑模施工的混凝土质量检验，应按照本条及现行国家标准《混凝土结构工程施工质量验收规范》GB 50204的有关要求进行。

检查施工单位的施工记录和混凝土出模强度试验记录或报告。

《清水混凝土应用技术规程》JGJ 169－2009

3.0.4 处于潮湿环境和干湿交替环境的混凝土，应选用非碱活性骨料。

【技术要点说明】

混凝土中的碱（Na_2O和K_2O）与砂、石中含有的活性硅会发生化学反应，称为"碱-硅反应"；某些碳酸盐类岩石也能和碱起反应，称为"碱-碳酸盐反应"。这些都称为"碱-骨料反应"。这些"碱-骨料反应"能引起混凝土的开裂，在国内外都发生过此类工程损害的案例。发生"碱-骨料反应"的充分条件是：混凝土有较高的碱含量，骨料有较高的活性，还有水的参与。因此，为避免混凝土发生"碱-骨料反应"，对于处于潮湿环境和干湿交替环境的混凝土，应选用非碱活性骨料。

【实施与检查】

查看和了解混凝土所处的环境条件，若为潮湿环境或干湿交替环境时，则应检查粗细骨料的碱活性试验报告，试验结果应为非碱活性的骨料方可采用。

《冷轧扭钢筋混凝土构件技术规程》JGJ 115－2006

8.2.2 严禁采用对冷轧扭钢筋有腐蚀作用的外加剂。

【技术要点说明】

冷轧扭钢筋较同公称直径母材断面面积小而较同截面圆钢的周长大，对腐蚀较敏感，故严禁采用对钢筋有腐蚀作用的外加剂。

【实施与检查】

所有用于冷轧扭钢筋混凝土的外加剂都应该进行钢筋腐蚀试验，试验方法可半电池电位法，即利用混凝土中钢筋锈蚀的电化学反应引起的电位变化，测定钢筋锈蚀状态，通过测定钢筋/混凝土与在混凝土表面上参考电极之间连成的系统所反应的电位差，评定钢筋的锈蚀状态。其中，根据现行行业标准《混凝土中钢筋检测技术规程》JGJ/T 152－2008，评定标准为：

(1) 半电池电位正向大于－200mV，则钢筋发生锈蚀概率小于10%。

(2) 半电池电位负向大于－350mV，则钢筋发生锈蚀概率大于90%。

(3) 半池电位在－200～350mV 范围内，则钢筋腐蚀性状不确定。

查看外加剂的进场复验报告，当外加剂的复验结果对冷轧扭钢筋没有腐蚀作用时，方可用于冷轧扭钢筋混凝土。

《钢管混凝土结构技术规范》GB 50936－2014

9.4.1 钢管混凝土结构中，混凝土严禁使用含氯化物类的外加剂。

【技术要点说明】

氯离子会降低混凝土钢筋周围的 pH 值，破坏了钢管表面的氧化铁保护膜，使得钢管在氧和水的条件下发生电化学反应，造成钢管腐蚀，进而造成构件强度的损失，因此钢管混凝土禁止使用含氯化物类的外加剂。

【实施与检查】

现行国家标准《混凝土结构设计规范》GB 50010－2010 对混凝土中氯离子最大含量作出了规定。设计使用年限为 50 年的混凝土结构，其氯离子最大含量宜符合表 20-12 的规定。一类环境中，设计使用年限为 100 年的混凝土结构，则其最大氯离子含量为 0.05%。

表 20-12 设计使用年限为 50 年的混凝土结构的氯离子含量要求

环境等级	最大水胶比	最低强度等级	最大氯离子含量（%）
一	0.60	C20	0.30
二 a	0.55	C25	0.20

续表

环境等级	最大水胶比	最低强度等级	最大氯离子含量（%）
二 b	0.50（0.55）	C30（C25）	0.15
三 a	0.45（0.50）	C35（C30）	0.15
三 b	0.40	C40	0.10

混凝土中氯离子含量的检测可按现行行业标准《混凝土中氯离子含量检测技术规程》JGJ/T 322-2013 执行。另外，现行行业标准《水运工程混凝土试验规程》JTJ 270 中也提供了混凝土中氯离子含量的快速测定方法。

外加剂进场时查看外加剂复验报告。当复验结果为不含氯化物时，该外加剂方可用于钢管混凝土。

第 五 篇

钢结构工程施工

21 概　述

21.1 总 体 情 况

钢结构工程施工篇分为概述、深化设计、材料、焊接工程、紧固件连接、钢结构加工、钢结构安装、涂装工程及安全与环保共七章，共涉及 8 项标准、39 条强制性条文（表 21-1）。

表 21-1　结构设计篇涉及的标准及强条数汇总表

序号	标准名称	标准编号	强制性条文数量
1	《钢结构工程施工质量验收规范》	GB 50205－201×（报批稿）	11
2	《建筑抗震设计规范》	GB 50011－2010	1
3	《钢结构设计规范》	GB 50017－201×（报批稿）	8
4	《钢-混凝土组合结构施工规范》	GB 50901－2013	1
5	《钢结构高强度螺栓连接技术规程》	JGJ 82－2011	6
6	《高层民用建筑钢结构技术规程》	JGJ 99－2015	6
7	《钢结构焊接规范》	GB 50661－2011	4
8	《钢结构工程施工规范》	GB 50755－2012	2

21.2 主 要 内 容

按强制性条文内容，大体可分为以下六类：

一、深化设计

钢结构深化设计是继结构施工图设计之后的二次细化设计，也叫钢结构二次设计，包括钢结构安装设计和施工详图设计两部分内容。它是以建筑设计和结构设计施工图（包括业主提供的招标文件、答疑补充文件和合同技术要求，以及工厂制作条件、运输条件，考虑现场拼装、安装方案、设计分区及土建条件等）为依据，对建筑的几何准确定位、构件截面及连接节点等进行深化设计，并为施工作业提供用于制造加工和现场安装的详细图纸。通常钢结构设计深化图，需原设计单位确认。

例如，《建筑抗震设计规范》GB 50011－2010 第 8.3.6 条，《钢结构设计规范》GB 50017－XXXX 第 3.1.12、4.4.1、4.4.2、4.4.3、4.4.4、4.4.5、4.4.6、4.4.7 条，《钢－混凝土组合结构施工规范》GB 50901－2013 第 4.1.2 条，《钢结构高强度螺栓连接技术规程》JGJ 82－2011 第 3.1.7、4.3.1 条，《高层民用建筑钢结构技术规程》JGJ 99－2015

第 8.3.6、8.4.6 条。

二、材料

钢结构所用材料包含钢材和成品件两大类。钢材又分板材和型材。成品件包括钢铸件、焊材、索杆、锚具、高强度螺栓等。钢结构工程基本是单一材料，原材料和成品件的质量直接影响工程的安全和质量。在钢结构工程施工质量控制程序中，第一个环节即是原材料和成品进场检验。

例如，《钢结构工程施工质量验收规范》GB 50205－201X 第 4.2.1、4.3.1、4.4.1、4.5.1、4.6.1、4.7.1 条。

三、焊接工程

焊接是建筑钢结构连接的主要方式之一，焊接质量在钢结构工程中极为重要。所以，必须从焊接材料、结构受力状态、焊接从业人员资质、焊接工艺评定要求、焊接构造要求和质量检测等多个方面进行质量控制，来保证钢结构工程的焊接质量。

例如，《钢结构焊接规范》GB 50661－2011 第 4.0.1、5.7.1、6.1.1、8.1.8 条，《钢结构工程施工质量验收规范》GB 50205－201X 第 5.2.2、5.2.4 条。

四、紧固件连接

螺栓作为钢结构主要连接紧固件，通常用于钢结构构件间的连接、固定、定位等。高强度螺栓连接副配套使用、螺栓连接处的钢板表面处理方法及除锈等级、摩擦面抗滑移系数均为保证紧固件连接质量的重要要求。

例如，《钢结构工程施工质量验收规范》GB 50205－201X 第 6.3.1 条，《钢结构高强度螺栓连接技术规程》JGJ 82－2011 第 6.1.2、6.2.6、6.4.5、6.4.8 条。

五、钢结构加工

钢结构构件加工质量控制主要分为两大部分：钢构件组装和拼装。

例如《钢结构工程施工质量验收规范》GB 50205－201X 中的 8.2.1 条和 8.3.1 条。

六、钢结构安装

钢结构安装涉及单层钢结构、多高层钢结构、大跨度空间钢结构、高耸结构、压型金属板等安装，钢构件安装工序主要包括施工准备、构件进场验收、吊装、就位、校正、焊接或螺栓连接、检测验收等。各类钢结构的安装方法也不尽相同，如多高层钢结构可采用柱梁支撑顺序的流水作业吊装方法；大跨度空间钢结构可根据结构特点和现场施工条件，采用高空散装法、分条分块吊装法、滑移法、单元或整体提升（顶升）法、整体吊装法、折叠展开式整体提升法、高空悬拼安装法等安装方法；高耸钢结构可采用高空散件（单元）法、整体起扳法和整体提升（顶升）法等安装方法。

例如，《钢结构工程施工规范》GB 50755－2012 第 11.2.4、11.2.6 条，《钢结构工程施工质量验收规范》GB 50205－201X 第 10.9.1、10.9.2 条。

七、涂装工程

腐蚀影响钢结构的寿命和安全。腐蚀是钢材在长期使用过程中不可避免的一种自然现象，是铁元素和空气中的水和氧化学反应的结果。腐蚀是钢材的主要缺陷。由腐蚀引起的经济损失在国民经济中占有一定的比例。因此，防止结构过早腐蚀，提高使用寿命是钢构件设计、施工、使用单位的共同使命。在钢结构表面涂装防腐涂层是防止腐蚀的重要手段之一。

例如，《钢结构工程施工质量验收规范》GB 50205 - 201X 中的第 13.2.3 条、第 13.3.1 条和第 14.4.3 条。

八、安全与环保

安全施工和保护环境是结构工程施工中的重要环节和内容，做到安全施工、绿色施工，确保参与人员生命安全和项目工程的环境友好性非常重要。因此本书第六篇纳入了现场施工安全防护和环境保护这两部分内容，具体分为施工现场临时用电、高空施工作业、施工现场消防、施工机械、施工脚手架、劳动保护、环境保护等内容。同时，针对钢结构专业工程施工安全和环保的特殊性，本章精选了国家标准《钢结构工程施工规范》GB 50755 - 2012 第 16 章施工安全和环境保护中的关键条文，并进行详细解释和说明，以供工程技术人员阅读和参考。

21.3　其　他　说　明

《钢结构工程施工质量验收规范》GB 50205 已完成报批工作，其中的强制性条文已通过审查，本书按报批稿纳入了相关强制性条文。

由于标准制修订工作不同步等原因，导致个别专用标准的强制性条文与通用标准或基础标准不一致，甚至不协调或冲突时，本书不纳入该专用标准的相关条文。

在设计材料及指标一章，纳入了《钢结构设计规范》GB 50017 - 201X 关于材料及连接强度设计指标的强制性条文，并进行解释和说明。

在安全与环保一章，纳入了《钢结构工程施工规范》GB 50755 - 2012 第 16 章施工安全和环境保护中的关键条文（非强制性条文）进行解释和说明

22 深化设计

22.1 设计材料及指标

《钢结构设计规范》GB 50017-201X

3.1.12 在钢结构设计文件中，应注明所采用的规范、建筑结构设计使用年限、抗震设防烈度、钢材牌号、连接材料的型号（或钢号）和设计所需的附加保证项目。

【技术要点说明】

本条规范了钢结构设计文件（设计图纸和材料订货单等）中应注明的重要事项，具体要求如下：

（1）项目应该执行的标准规范，即项目实施过程中必须遵守的技术标准和产品标准。但相关标准对某一技术问题有不同规定时，执行过程中应以钢结构设计文件中采用的标准规范为主，但强制性条文均应严格执行。

（2）建筑结构设计使用年限、抗震设防烈度，项目实施过程中应严格按钢结构设计文件规定的要求执行。

（3）材料牌号（或型号）及附加保证项目，应与国家现行有关钢材标准或相符；对钢材性能的要求，凡我国钢材标准对各牌号作出规定的项目可不再列出，只提附加保证和协议要求的项目。

钢材的性能可分为力学性能和工艺性能。钢材的力学性能包括屈服强度、抗拉强度、断后伸长率、冲击功等基本力学性能指标，以及断面收缩率与屈强比等附加性能指标；钢材的工艺性能包括冷弯、焊接、热处理等附加性能指标。

【实施与检查】

（1）对结构施工图文件提出的要求，钢结构施工单位或深化设计单位在深化设计中要求具体细化，明确各项技术要求，特别是要列出材料的具体性能指标要求，以满足订货要求。

（2）原设计单位在确认施工单位提交的钢结构设计深化图或相关技术文件时，应予以重点审核，保证与原结构施工图保持一致，不得出现理解偏差。

4.4.1 钢材的设计用强度指标，应根据钢材牌号、厚度或直径按表 4.4.1 采用。

表 4.4.1 钢材的设计用强度指标（N/mm²）

钢材牌号		钢材厚度或直径(mm)	强度设计值			钢材强度	
			抗拉、抗压、抗弯 f	抗剪 f_v	端面承压(刨平顶紧) f_{ce}	屈服强度 f_y	抗拉强度最小值 f_u
碳素结构钢	Q235	≤16	215	125	320	235	370
		>16, ≤40	205	120		225	
		>40, ≤100	200	115		215	

续表

钢材牌号		钢材厚度或直径 (mm)	强度设计值			钢材强度	
			抗拉、抗压、抗弯 f	抗剪 f_v	端面承压（刨平顶紧）f_{ce}	屈服强度 f_y	抗拉强度最小值 f_u
低合金高强度结构钢	Q345	≤16	300	175	400	345	470
		>16, ≤40	295	170		335	
		>40, ≤63	290	165		325	
		>63, ≤80	280	160		315	
		>80, ≤100	270	155		305	
	Q390	≤16	345	200	415	390	490
		>16, ≤40	330	190		370	
		>40, ≤63	310	180		350	
		>63, ≤100	295	170		330	
	Q420	≤16	375	215	440	420	520
		>16, ≤40	355	205		400	
		>40, ≤63	320	185		380	
		>63, ≤100	305	175		360	
	Q460	≤16	410	235	470	460	550
		>16, ≤40	390	225		440	
		>40, ≤63	355	205		420	
		>63, ≤100	340	195		400	

注：1 表中直径指实芯棒材，厚度系指计算点的钢材或钢管壁厚度，对轴心受拉和轴心受压构件系指截面中较厚板件的厚度。

2 冷弯型材和冷弯钢管，其强度设计值应按国家现行规范《冷弯型钢结构技术规范》GB 50018 的规定采用。

4.4.2 建筑结构用钢板的设计用强度指标，可根据钢材牌号、厚度或直径按表 4.4.2 采用。

表 4.4.2　建筑结构用钢板的设计用强度指标（N/mm²）

建筑结构用钢板	钢材厚度或直径 (mm)	强度设计值			钢材强度	
		抗拉、抗压、抗弯 f	抗剪 f_v	端面承压（刨平顶紧）f_{ce}	屈服强度 f_y	抗拉强度最小值 f_u
Q345GJ	>16, ≤35	310	180	415	345	490
	>35, ≤50	290	170		335	
	>50, ≤100	285	165		325	

4.4.3 结构用无缝钢管的强度指标应按表 4.4.3 采用。

表 4.4.3 结构设计用无缝钢管的强度指标（N/mm²）

钢管钢材牌号	壁厚(mm)	强度设计值			钢管强度	
		抗拉、抗压和抗弯 f	抗剪 f_v	端面承压（刨平顶紧）f_{ce}	钢材屈服强度 f_y	抗拉强度最小值 f_u
Q235	≤16	215	125	320	235	375
	>16，≤30	205	120		225	
	>30	195	115		215	
Q345	≤16	300	175	400	345	470
	>16，≤30	290	170		325	
	>30	260	150		295	
Q390	≤16	345	200	415	390	490
	>16，≤30	330	190		370	
	>30	310	180		350	
Q420	≤16	375	220	445	420	520
	>16，≤30	355	205		400	
	>30	340	195		380	
Q460	≤16	410	240	470	460	550
	>16，≤30	390	225		440	
	>30	355	205		420	

4.4.4 铸钢件的强度设计值应按表 4.4.4 采用。

表 4.4.4 铸钢件的强度设计值（N/mm²）

类别	钢号	铸件厚度(mm)	抗拉、抗压和抗弯 f	抗剪 f_v	端面承压（刨平顶紧）f_{ce}
非焊接结构用铸钢件	ZG230-450	≤100	180	105	290
	ZG270-500		210	120	325
	ZG310-570		240	140	370
焊接结构用铸钢件	ZG230-450H	≤100	180	105	290
	ZG275-480H		210	120	310
	ZG300-500H		235	135	325
	ZG390-550H		265	150	355

注：表中强度设计值仅适用于本表规定的厚度。

4.4.5　焊缝的强度设计指标应按表 4.4.5 采用。

表 4.4.5　焊缝强度设计指标（N/mm²）

焊接方法和焊条型号	构件钢材		对接焊缝强度设计值				角焊缝强度设计值	对接焊缝抗拉强度 f_u^w	角焊缝抗拉、抗压和抗剪强度 f_u^f
	牌号	厚度或直径（mm）	抗压 f_c^w	焊缝质量为下列等级时，抗拉 f_t^w		抗剪 f_v^w	抗拉、抗压和抗剪 f_f^w		
				一级、二级	三级				
自动焊、半自动焊和 E43 型焊条手工焊	Q235	≤16	215	215	185	125	160	415	240
		>16，≤40	205	205	175	120			
		>40，≤100	200	200	170	115			
自动焊、半自动焊和 E50、E55 型焊条手工焊	Q345	≤16	305	305	260	175	200	480（E50）540（E55）	280（E50）315（E55）
		>16，≤40	295	295	250	170			
		>40，≤63	290	290	245	165			
		>63，≤80	280	280	240	160			
		>80，≤100	270	270	230	155			
	Q390	≤16	345	345	295	200	200（E50）220（E55）		
		>16，≤40	330	330	280	190			
		>40，≤63	310	310	265	180			
		>63，≤100	295	295	250	170			
自动焊、半自动焊和 E55、E60 型焊条手工焊	Q420	≤16	375	375	320	215	220（E55）240（E60）	540（E50）590（E55）	315（E50）340（E55）
		>16，≤40	355	355	300	205			
		>40，≤63	320	320	270	185			
		>63，≤100	305	305	260	175			
自动焊、半自动焊和 E55、E60 型焊条手工焊	Q460	≤16	410	410	350	235	220（E55）240（E60）	540（E50）590（E55）	315（E50）340（E55）
		>16，≤40	390	390	330	225			
		>40，≤63	355	355	300	205			
		>63，≤100	340	340	290	195			
自动焊、半自动焊和 E50、E55 型焊条手工焊	Q345GJ	>16，≤35	310	310	265	180	200	480（E50）540（E55）	280（E50）315（E55）
		>35，≤50	290	290	245	170			
		>50，≤100	285	285	240	165			

注：1　手工焊用焊条、自动焊和半自动焊所采用的焊丝和焊剂，应保证其熔敷金属的力学性能不低于母材的性能。
　　2　焊缝质量等级应符合现行国家标准《钢结构焊接规范》GB 50661 的规定，其检验方法应符合现行国家标准《钢结构工程施工质量验收规范》GB 50205 的规定。其中厚度小于 3.5mm 钢材的对接焊缝，不应采用超声波探伤确定焊缝质量等级。
　　3　对接焊缝在受压区的抗弯强度设计值取 f_c^w，在受拉区的抗弯强度设计值取 f_t^w。
　　4　表中厚度系指计算点的钢材厚度，对轴心受拉和轴心受压构件系指截面中较厚板件的厚度。
　　5　计算下列情况的连接时，上表规定的强度设计值应乘以相应的折减系数；几种情况同时存在时，其折减系数应连乘。
　　　　1）施工条件较差的高空安装焊缝乘以系数 0.9；
　　　　2）进行无垫板的单面施焊对接焊缝的连接计算应乘折减系数 0.85。

4.4.6 螺栓连接的强度指标应按表 4.4.6 采用。

表 4.4.6 螺栓连接的强度指标（N/mm²）

螺栓的性能等级、锚栓和构件钢材的牌号		强度设计值										高强度螺栓的抗拉强度最小值 f_u^b
		普通螺栓						锚栓	承压型连接或网架用高强度螺栓			
		C 级螺栓			A 级、B 级螺栓							
		抗拉 f_t^b	抗剪 f_v^b	承压 f_c^b	抗拉 f_t^b	抗剪 f_v^b	承压 f_c^b	抗拉 f_t^b	抗拉 f_t^b	抗剪 f_v^b	承压 f_c^b	
普通螺栓	4.6 级、4.8 级	170	140	—	—	—	—	—	—	—	—	—
	5.6 级	—	—	—	210	190	—	—	—	—	—	—
	8.8 级	—	—	—	400	320	—	—	—	—	—	—
锚栓	Q235	—	—	—	—	—	—	140	—	—	—	—
	Q345	—	—	—	—	—	—	180	—	—	—	—
	Q390	—	—	—	—	—	—	185	—	—	—	—
承压型连接高强度螺栓	8.8 级	—	—	—	—	—	—	—	400	250	—	830
	10.9 级	—	—	—	—	—	—	—	500	310	—	1040
螺栓球节点用高强度螺栓	9.8 级	—	—	—	—	—	—	—	385	—	—	—
	10.9 级	—	—	—	—	—	—	—	430	—	—	—
构件钢材牌号	Q235	—	—	305	—	—	405	—	—	—	470	—
	Q345	—	—	385	—	—	510	—	—	—	590	—
	Q390	—	—	400	—	—	530	—	—	—	615	—
	Q420	—	—	425	—	—	560	—	—	—	655	—
	Q460	—	—	450	—	—	595	—	—	—	695	—
	Q345GJ	—	—	400	—	—	530	—	—	—	615	—

注：1 A 级螺栓用于 $d \leqslant 24mm$ 和 $L \leqslant 10d$ 或 $L \leqslant 150mm$（按较小值）的螺栓；B 级螺栓用于 $d > 24mm$ 和 $L > 10d$ 或 $L > 150mm$（按较小值）的螺栓；d 为公称直径，L 为螺栓公称长度。

2 A、B 级螺栓孔的精度和孔壁表面粗糙度，C 级螺栓孔的允许偏差和孔壁表面粗糙度，均应符合现行国家标准《钢结构工程施工质量验收规范》GB 50205 的要求。

3 用于螺栓球节点网架的高强度螺栓，M12～M36 为 10.9 级，M39～M64 为 9.8 级。

4.4.7 铆钉连接的强度设计值应按表 4.4.7 采用。

表 4.4.7 铆钉连接的强度设计值（N/mm²）

铆钉钢号和构件钢材牌号		抗拉（钉头拉脱）f_t^r	抗剪 f_v^r		承压 f_c^r	
			Ⅰ类孔	Ⅱ类孔	Ⅰ类孔	Ⅱ类孔
铆钉	BL2 或 BL3	120	185	155	—	—
构件钢材牌号	Q235	—	—	—	450	365
	Q345	—	—	—	565	460
	Q390	—	—	—	590	480

注：1 属于下列情况者为Ⅰ类孔：

1）在装配好的构件上按设计孔径钻成的孔；

2）在单个零件和构件上按设计孔径分别用钻模钻成的孔；

3）在单个零件上先钻成或冲成较小的孔径，然后在装配好的构件上再扩钻至设计孔径的孔。

2 在单个零件上一次冲成或不用钻模钻成设计孔径的孔属于Ⅱ类孔。

3 上表规定的强度设计值应按下列规定乘以相应的折减系数：

1）施工条件较差的铆钉连接乘以系数 0.9；

2）沉头和半沉头铆钉连接乘以系数 0.8；

3）几种情况同时存在时，其折减系数应连乘。

【技术要点说明】

第 4.4.1～4.4.7 条规定了钢结构设计、施工阶段设计深化所用材料及连接的强度设计指标。这些指标是通过统计和换算确定的。

（1）钢材抗力分项系数（表 22-1、表 22-2）。

表 22-1 Q235、Q345、Q390、Q420、Q460 钢材抗力分项系数 γ_R

厚度分组（mm）		$\geqslant 6\sim 40$	$>40\sim 100$	原 2003 版规范值
钢牌号	Q235 钢	1.090		1.087
	Q345 钢	1.125		1.111
	Q390 钢			
	Q420 钢	1.125	1.180	
	Q460 钢			—

表 22-2 Q345GJ 钢材抗力分项系数 γ_R

厚度分组（mm）	$\geqslant 6\sim 16$	$>16\sim 40$	$>40\sim 60$	$>60\sim 100$
抗力分项系数 γ_R	(1.059)	1.059	1.095	1.120

（2）强度设计值的换算关系（表 22-3）。

表 22-3 强度设计值的换算关系

材料和连接种类		应力种类		换算关系
钢材		抗拉、抗压和抗弯	Q235 钢	$f=f_y/\gamma_R=f_y/1.090$
			Q345 钢、Q390 钢	$f=f_y/\gamma_R=f_y/1.125$
			Q420 钢、Q460 钢、Q345GJ 钢	$f=f_y/\gamma_R$
		抗剪		$f_v=f/\sqrt{3}$
		端面承压（刨平顶紧）	Q235 钢	$f_{ce}=f_a/1.15$
			Q345、Q390、Q420、Q460、Q345GJ 钢	$f_{ce}=f_a/1.175$
焊缝	对接焊缝	抗压		$f_c^M=f$
		抗拉	焊缝质量为一级、二级	$f_t^M=f$
			焊缝质量为三级	$f_c^M=0.85f$
		抗剪		$f_v^M=f_v$
	角焊缝	抗拉、抗压和抗剪	Q235 钢	$f_f^M=0.38f_u^M$
			Q345、Q390、Q420、Q460、Q345GJ 钢	$f_f^M=0.41f_u^M$
螺栓连接	普通螺栓	C 级螺栓	抗拉	$f_t^b=0.42f_u^b$
			抗剪	$f_v^b=0.35f_u^b$
			承压	$f_c^b=0.82f_u$
		A 级 B 级 螺栓	抗拉	$f_t^b=0.42f_u^b$ (5.6 级)
				$f_t^b=0.50f_u^b$ (8.8 级)
			抗剪	$f_v^b=0.38f_u^b$ (5.6 级)
				$f_v^b=0.40f_u^b$ (8.8 级)
			承压	$f_c^b=1.08f_u$
	承压型高强度螺栓		抗拉	$f_t^b=0.48f_u^b$
			抗剪	$f_v^b=0.30f_u^b$
			承压	$f_c^b=1.26f_u$
	锚栓		抗拉	$f_t^a=0.38f_u^b$

续表

材料和连接种类	应力种类	换算关系
铸钢件	抗拉、抗压和抗弯	$f = f_y / 1.282$
	抗剪	$f_v = f / \sqrt{3}$
	端面承压（刨平顶紧）	$f_{ce} = 0.65 f_u$

【实施与检查】

（1）钢结构深化设计或施工临时结构设计时，需要采用材料或连接强度设计指标时，如常规板材及型材、建筑结构用钢板、结构用无缝钢管等，以及焊缝连接、螺栓连接和铆钉连接等，应严格按本条规定的指标进行计算。

（2）施工单位完成的设计深化和临时结构设计文件或专项技术方案中，应列出所用材料或连接的设计指标，确认单位（原设计单位）应对设计指标进行重点审查，以保证设计安全。

《钢-混凝土组合结构施工规范》GB 50901－2013

4.1.2 当钢-混凝土组合结构用钢材、焊接材料及连接件等材料替换使用时，应办理设计变更文件。

【技术要点说明】

施工过程中，当施工单位确有原因无法采购设计所要求的钢材、焊接材料及连接件等材料时，可进行材料替代。为保证对设计意图的理解不产生偏差，以保证原结构设计的要求，确保工程结构安全，故规定当材料替换时应办理设计变更文件。

【实施与检查】

（1）钢结构施工前或施工过程中，施工单位内部要对原结构采用材料进行审查，审查要点为钢材、焊接材料或连接件是否能够从市场上采购到，当无法采购到设计要求的性能的材料，可提出设计变更要求。同样施工单位也可对构件的截面是否能够加工、节点是否能够实现也可进行工艺性审查，若没有施工的可行性，也可提出设计变更要求。

（2）设计变更可以在业主组织的图纸会审会议提出，编入图纸会审纪要作为正式文件，也可单独以技术洽商通知等形式提出，经原设计单位、监理和业主等单位确认生效。

（3）设计变更工作流程如下：

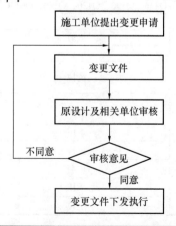

（4）建设行政主管部门或其委托的工程质量监督机构对设计单位签发设计修改变更、技术洽商通知情况进行抽检。

22.2 焊接构造

《建筑抗震设计规范》GB 50011－2010

8.3.6 梁与柱刚性连接时，柱在梁翼缘上下各500mm的范围内，柱翼缘与柱腹板间或箱形柱壁板间的连接焊缝应采用全熔透坡口焊接。

【技术要点说明】

为保证在罕遇地震作用下，框架节点将进入塑性区，结构在塑性区具有整体性要求，梁与柱刚接部位，钢柱在梁顶面以上500mm和梁底面以下500mm范围内本体组装拼接应采用全熔透坡口焊接，钢柱本体其他部位可采用部分熔透坡口焊接或角焊接。

【实施与检查】

施工单位在设计深化时，应在构件施工详图标示出每根钢柱的全熔透坡口焊接本体拼接焊缝区域。设计深化确认单位（原设计单位或监理单位）应重点进行审查。

构件加工时，制作单位对钢柱本体全熔透坡口焊接做好自检记录及无损检测记录，驻厂监理对全过程加工抽检并做好验收工作。

建设行政主管部门或其委托的工程质量监督机构对重要部位及有特殊要求部位的质量及隐蔽验收进行重点抽检。

22.3 节点设计深化

《钢结构高强度螺栓连接技术规程》JGJ 82－2011

3.1.7 在同一连接接头中，高强度螺栓连接不应与普通螺栓连接混用。承压型高强度螺栓连接不应与焊接连接并用。

4.3.1 每一杆件在高强度螺栓连接节点及拼接接头的一端，其连接的高强度螺栓数量不应少于2个。

【技术要点说明】

普通螺栓连接靠栓杆抗剪和孔壁承压来传递剪力，普通螺栓拧紧螺帽时产生预拉力很小，其影响可以忽略不计。而高强螺栓连接靠施加的预拉力及产生的摩擦力传递外力。高强螺栓除了其材料强度很高之外，还给螺栓施加很大预拉力，使连接构件间产生挤压力，从而使垂直于螺杆方向有很大摩擦力。高强度螺栓连接和普通螺栓连接的工作机理完全不同，且两者刚度相差悬殊，同一接头中两者并用没有意义。

承压型连接允许接头滑移，并有较大的变形，而焊缝的变形有限，因此承压型连接不能和焊接并用。

高强度大六角头螺栓扭矩系数和扭剪型高强度螺栓紧固轴力以及摩擦面抗滑移系数均

由统计得出，再加上施工过程中存在的不确定性以及螺栓延迟断裂，当采用一个高强度螺栓连接时其安全隐患概率要高，一旦出现螺栓断裂，会造成结构的破坏，故要求该连接的高强度螺栓数量不应少于2个。

【实施与检查】

施工单位在节点设计深化时，应严格按结构施工图的要求进行细化设计，设计深化确认单位（原设计单位或监理单位）应予以重点审查。

现场施工应严格按设计文件要求选用连接件和连接方式，高强度螺栓和普通螺栓不得混用，承压型高强度螺栓连接和焊接连接不得并用，监理单位应对连接部位重点抽检。

建设行政主管部门或其委托的工程质量监督机构对重要部位及有特殊要求部位的质量及隐蔽验收进行重点抽检。

23　材　料

23.1　钢　　材

《钢结构工程施工质量验收规范》GB 50205－201X

4.2.1　钢板的品种、规格、性能应符合现行国家标准和设计要求。钢板进场时，应按国家现行相关标准的规定，抽取试件作屈服强度、抗拉强度、伸长率和厚度偏差检验，检验结果应符合国家现行相关标准的规定。

4.3.1　型材和管材的品种、规格、性能应符合现行国家标准和设计要求。型材和管材进场时，应按国家现行相关标准的规定，抽取试件作屈服强度、抗拉强度、伸长率和厚度偏差检验，检验结果应符合国家现行相关标准的规定。

【技术要点说明】

各类牌号的钢材和质量等级对应有不同的化学成分和力学性能。随着建筑钢结构的发展，焊接结构使用钢板厚度逐渐增厚，对钢材性能提出新的要求——钢板在厚度方向有良好的抗层状撕裂性能，出现了厚度方向性能钢板，Z向性能板和力学性能满足强屈比大于等于1.2要求等。设计要根据结构重要性和构件受力特点等从中选择符合要求的钢材牌号、规格和力学性能指标等。

钢材的化学成分决定了钢材的强度和碳当量数值，化学成分和力学性能是影响钢板可焊性的重要指标，所以无论是国内供应的钢板，还是进口钢板都应符合设计要求和国家现行标准的规定，每批钢板应具有钢厂出具的产品质量证明书。

条文中的型材是指H钢、方矩管、工槽角型材等的统称。型材和管材的力学性能指标和化学成分和板材的要求一致。

【实施与检查】

（1）全数检查每批钢材的质量证明书。（钢材）质量保证书是制造钢材的企业对本企业产品质量的承诺，应重点审查以下几点：

1）钢材牌号、质量等级是否与所定购的牌号一致，钢材质量等级A、B、C、D、E是否一致；化学成分、力学性能是否满足标准和设计要求，有否缺项，缺项应补检完善；

2）规格，钢板厚度、型钢的型号是否相符，管子是直缝管还是无缝管；

3）重量，质保书重量应大于等于实际供货重量，反之不符合要求；

4）炉批号与实物是否一致。实物上的炉批号，质保书上一个找不到，即这一张质保书一定搞错，钢材的交货状态是否满足合同要求；

5）检查质量文件的有效性、完整性是否符合要求。

（2）从钢材市场采购小批量钢板时，要检查经销商提供的质量合格证明文件（或复印件），并附上钢厂出具的原始质量合格证明文件的复印件，并注明该原件的存放单位和责任人。

复印件尚应符合下列要求：

1）注明工程项目名称；

2）规格与数量、时间；

3）经销商公章和经办人签字。

对于进口钢材，国家进出口质量检验部门的复验商检报告可视为检验报告，但当检验报告中的检验项目内容不能涵盖设计和合同要求的项目时，应对没有涵盖的项目进行抽样复验；主要的质量合格证明文件及检验报告应有合法有效的中文资料。

23.2　铸　钢　件

《钢结构工程施工质量验收规范》GB 50205-201X

4.4.1　铸钢件（铸钢节点、铸钢管）的品种、规格、性能应符合现行国家标准和设计文件要求。铸钢件进场时，应按国家现行相关标准的规定，抽取试件作屈服强度、抗拉强度、伸长率和端口尺寸偏差检验，检验结果应符合国家现行相关标准的规定。

【技术要点说明】

设计选用铸钢节点铸件材料时，应综合考虑主体结构的重要性、荷载特性、应力状态、节点形式（单管还是多管）、主体结构母材性能等要选用适当的焊接结构用铸钢牌号和热处理工艺，铸件材料的质量将直接影响结构安全。

铸钢材料在材料理化性能方面，由于各自标准不尽相同，有些项目如断面收缩率小、碳当量 CE 等和主体母材不一样，但这些指标又属重要性指标。此时，可按使用环境温度条件，另外要求予以保证。在《铸钢节点应用技术规程》CECS235 中，明确提出应在设计文件中注明要求，如铸钢材料的牌号、应保证的具体性能项目与参数指标等，可作为验收依据。

铸钢节点需与主体结构母材相焊接，因此要求焊接节点用铸钢材料的碳当量 CE 等与构件母材基本相同。

铸钢节点一般应用在空间网格结构中杆件密集交汇处和多分支的支座节点处，而铸钢件一般用作选型复杂的构件，随意要求构件出厂前标上构件基准标记。

【实施与检查】

为保证铸钢节点原材料质量，铸钢件进场后，应按现行国家标准《钢结构工程施工质量验收规范》GB 50205-201X 以及《铸钢节点应用技术规程》CECS 235 的要求进行验收。

（1）全数检查每批（含单件）铸件的质量证明文件

1）检查由生产厂家出具的质量文件中铸件材料牌号、化学成分和物理性能等是否满足设计和《铸钢节点应用技术规程》的要求，有否缺项，缺项应补检验完善；

2）检查质量文件的有效性、完整性是否符合要求。

（2）铸钢节点实物检查

1）外部质量检查，包括表面粗糙度、表面缺陷及清理状态，几何形状、尺寸公差等，节点的几何形状及尺寸应符合设计图纸和合同要求，表面粗糙度和表面缺陷应逐个目视检查；

2）内部质量检查，包括化学成分、力学性能以及内部缺陷等。理化性能试件，可在浇筑过程中同时浇注连体试块供检验用。

① 检验批划分

铸钢节点形体类型相似，壁厚和重量相近，且由同一冶炼炉次浇注，同一热处理方法，可划分为一个检验批。

② 化学分析试样

化学分析用试样的样坯应在单独铸出的试块上或铸件多余部位处铸取。砂型铸造的铸件，其屑状试样应取自铸造表面 6mm 以下。化学分析和试样的制取方法按现行国家标准《钢的成品化学成分允许偏差》GB/T 223 和《钢和铁 化学成分测定用试样的取样和制取方法》GB/T 20066 的规定执行。

③ 力学性能检验试样

力学性能检验试样样坯在浇筑过程中连体铸出试样样坯，经同炉热处理后加工成两组试件，其中一组用于出厂检验，另一组随铸钢产品进行见证复验。

检验项目及取样数量要求见表 23-1。

表 23-1　检验项目及取样数量

序号	检验项目	取样数量	适用标准号
1	屈服强度、抗拉强度、伸长率	1	GB/T 29275，GB/T 228
2	冲击韧性	3	GB/T 29275，GB/T 229
3	化学成分	1	GB/T 222，GB/T 20066

注：三个冲击试验的平均值应符合技术条件或合同中的规定，其中一个试样的值可低于规定值，但不得低于规定值的 70%。

（3）进口铸件

1）国家进出口质量检验部门的复验商检报告可视为检验报告，但当商检报告中检验项目内容不能涵盖设计和合同要求的项目时，应对没涵盖的项目进行抽样复验。

2）主要的质量证明文件及检验报告应有合法有效的中文资料。

23.3　拉索、拉杆、锚具

《钢结构工程施工质量验收规范》GB 50205－201X

4.5.1 拉索、拉杆、锚具和销轴连接件的品种、规格、性能应符合现行国家标准和设计要求。拉索、拉杆、锚具进场时，应按国家现行相关标准的规定，抽取试件作屈服强度、抗拉强度、伸长率和尺寸偏差检验，检验结果应符合国家现行相关标准的规定。

【技术要点说明】

拉索、拉杆、锚具和销轴连接件等索杆是预应力钢结构的基本结构单元，索杆材料直接关系到预应力结构的安全，因此在预应力结构设计文件中应注明结构的使用年限，钢材、索杆和锚具材料的牌号和强度等级连接材料的型号和材料的性能，化学成分附加保证项目等。

而设计在选择预应力索杆材料时，要考虑预应力索杆材料与主体母材（刚性体）性能相匹配强度协调等原则，为保证预应力钢结构安全和使用功能，必须确保各类材料的材质，其性能应符合设计要求和相关国家标准规定。

预应力索杆分为拉索和拉杆。拉索由索件和锚具组成，拉杆由杆体和锚具组成。索杆两端的锚具形式主要根据钢结构形式，索体类型、施工安装方式、索力及换索等诸因素确定。索体分为钢丝绳索体，钢绞线索体、钢丝束索体和钢拉杆索体，其分类标准应符合表23-2的规定。

表 23-2　索材分类标准

名称	类别	材料标准	说明
钢丝绳索	纤维芯	《钢丝绳》GB/T 8918	由绳芯、绳股等元件构成。金属芯又可分为钢丝绳芯和钢丝股芯 可采用圆形钢丝和异型钢丝。强度等级有 1570、1670、1770、1870、1960MPa
	有机芯		
	石棉芯		
	金属芯		
钢绞线索	镀锌钢绞线	《高强度低松弛预应力热镀锌钢绞线》YB/T 152 《镀锌钢绞线》YB/T 5004 《预应力混凝土用钢绞线》GB/T 5224	强度等级有 1270、1370、1470、1570、1670、1770、1870、1960MPa
	《高强度低松弛预应力热镀锌钢绞线》		
	铝包钢绞线		
	涂塑钢绞线		
	无粘结钢绞线		
	PE 钢绞线		
钢丝束索	平行钢丝束	《桥梁缆索用热镀锌钢丝》GB/T 17101 《建筑缆索用高密度聚乙烯塑料》CJ/T 3078	可采用 $\phi5mm$、$\phi7mm$ 的钢丝
	半平行钢丝束		
钢拉杆索		《船坞钢拉杆》GB/T 3957	

钢丝绳索体所用的钢丝绳质量性能应符合现行国家标准《钢丝绳》GB/T89.8 的有关规定。

钢拉杆的材料分为合金钢和不锈钢，合金钢杆体材料应符合现行国家标准《钢拉杆》GB/T 220934 的规定，不锈钢钢拉杆材料应符合现行国家标准《不锈钢冷加工钢棒》GB/T 1220 的规定。钢拉杆的强度级别（屈服强度）可采用 Q345、Q460、Q550、Q650MPa 等级。

锚具材料应符合现行国家标准《预应力筋用锚具、夹具和连接器应用技术规程》JGJ

85 的规定。热铸锚的铸体材料应采用锌铜合金，锌铜原材料应符合现行国家标准《阴极铜》GB/T 20066467、《锌锭》GB/T 470 的要求。冷铸锚的铸体材料主要采用环氧树脂和钢丸，铸体试件强度不低于 147MPa。常用锚具材料及标准见表 23-3。

表 23-3　常用锚具材料及标准

锚具类别	组件名称	材　料	材料标准
热铸锚	锚杯	锻件：优质碳索结构钢或合金结构钢 铸件：碳钢	《优质碳素结构钢》GB/T 699 《合金结构钢》GB/T 3077 《一般工程用铸造碳钢件》GB/T 11352
	铸体	锌铜合金	《阴极铜》GB/T 467 《锌锭》GB/T 470
	销轴和螺杆的坯件	锻件：优质碳素结构钢或合金结构钢	《优质碳素结构钢》GB/T 699 《合金结构钢》GB/T 3077
冷铸锚	锚杯	锻件：优质碳素结构钢或合金结构钢	《优质碳素结构钢》GB/T 699 《合金结构钢》GB/T 3077
	铸体	环氧树脂，钢丸	
压接锚和墩头锚	各种锚具组件	低合金结构钢或合金结构钢	《低合金高强度结构钢》GB/T 1591 《合金结构钢》GB/T 3077

【实施与检查】

为保证预应力钢结构原材料质量，索杆材料进场后，应按现行国家标准《钢结构工程施工质量验收规范》GB 50205－201X 以及《预应力钢结构技术规程》CECS212 的要求进行验收。

全数检查厂家提供的每批索杆材料的质量证明文件及检验报告：

（1）检查厂家出具的合格的证明文件及检验报告中钢材牌号、质量等级、理化性能等，是否满足设计、材料标准及合同要求。有否缺项，缺项应补检验完善。

（2）检查质量文件的有效性，完整性，是否符合要求。

（3）实物见证检验

对应于同一炉批号原材料，按同一轧制工艺及热处理制作的同一规格拉杆或拉索，可划分为同一检验批。组装数量不超过 50 套件的锚具和索杆为一个检验批，每个检验批抽 3 个试件，按其产品标准的要求进行拉伸检验。并检验屈服强度、抗拉强度、伸长率各一件。

23.4　焊　接　材　料

《钢结构工程施工质量验收规范》GB 50205－201X

4.6.1　焊接材料的品种、规格、性能等应符合现行国家标准和设计要求。焊接材料进场时，应按国家现行相关标准的规定，抽取试件作化学成分和力学性能检验，检验结果应符合国家现行相关标准的规定。

【技术要点说明】

　　焊接连接是钢结构的重要连接方式之一，其连接质量直接关系钢结构安全。合格的焊接材料是获得良好焊接质量的前提之一，其化学成分和力学性能是影响焊接性能的重要指标。因此，焊接材料质量必须符合国家现行相关标准规定。

　　焊接材料的选择必须和主体结构的钢材相匹配。一般采用等强度匹配原则，也即根据所焊的钢材强度等级选择焊材。

　　焊接材料主要包括焊条、实芯和药芯焊丝、焊剂及各种焊接用气体。焊接材料的选配根据被焊接的钢材的性能以及设计的要求确定，应能保证焊接接头强度、塑性不低于钢材标准规定的下限值外，还应保证焊接接头的冲击韧性不低于母材（被焊接钢材）标准规定的冲击值的下限值。

　　焊接材料的选用可按现行国家标准《钢结构焊接规范》GB 50661 的有关规定执行。

【实施与检查】

　　焊接材料进场后，应按现行国家标准《钢结构工程施工质量验收规范》GB 50205 和《钢结构焊接规范》GB 50661 进行验收。全数检查每批焊接材料的质量合格证明文件，中文标志及检验报告等文件资料，并检查其合法性、有效性及完整性等质量合格证明文件，内容应符合国家现行产品标准和设计要求。

23.5　连接用紧固标准件

《钢结构工程施工质量验收规范》GB 50205‐201X

4.7.1　钢结构连接用高强度螺栓连接副的品种、规格、性能等应符合国家现行产品标准和设计要求。高强度大六角头螺栓连接副和扭剪型高强度螺栓连接副出厂时应分别随箱带有扭矩系数和紧固轴力（预拉力）的检验报告。高强度大六角头螺栓连接副和扭剪型高强度螺栓连接副进场时，应按国家现行相关标准的规定，抽取试件分别作扭矩系数和紧固轴力（预拉力）检验。检验结果应符合国家现行相关标准的规定。

【技术要点说明】

　　紧固件连接是钢结构连接的重要形式，各类紧固件进场应按其相应的标准进行验收。高强度螺栓连接是钢结构主体结构构件连接的重要形式之一，高强度大六角头螺栓连接副的轴力（预拉力）是通过施工机具（扳手）获得，而扳手施加扭矩的大小是通过扭矩系数计算而得。

　　紧固轴力（预拉力）是设计计算高强度螺栓连接承载力的主要参数之一，也即预拉力的大小，直接影响高强度螺栓连接的强度。

　　由于高强度大六角头螺栓的扭矩系数和扭剪型高强度螺栓紧固轴力的重要性，要求生产厂在出厂前按批检验，并出具质量保证书。

【实施与检查】

　　各类紧固件进场后按《钢结构工程施工质量验收规范》GB 50205‐201X 进行验收，

高强度螺栓按国家标准《钢结构用高强度大六角头螺栓、大六角螺母、垫圈技术条件》GB/T 1231 和《钢结构用扭剪型高强度螺栓连接副》GB/T 3632 的要求进行复验，合格后方可使用。

高强度大六角螺栓扭矩系数及扭剪型高强度螺栓轴力，厂家的保质期只有半年（6 个月），检验报告应有必要的印章，如"见证试验章"、"CMA"章及证明检测单位资质的专用章。

（1）检验批划分

高强度螺栓连接副进场验收检验批的划分宜遵循以下原则：

1）与高强度螺栓连接分项工程检验批划分一致；

2）按高强度螺栓连接副生产厂出厂检验批号，不得超过 3000 套为一批；

3）同一材料（性能等级）、炉号、螺纹（直径）规格、长度、热处理工艺及表面处理工艺的螺栓、螺母、垫圈为同批，分别由同批螺栓、螺母、垫圈组成的连接副为同批连接副。

注：当螺栓长度≤100mm 时，长度相差≤15mm；当螺栓长度＞100mm 时，长度相差≤20mm 时，可视为同一长度。

（2）验收

1）全数检查工厂提供的产品质量合格证明文件、中文标识及复验报告等。

2）在施工现场待安装的螺栓批中，随机抽取，每批抽取 8 套连接副进行复验。

（3）检验方法和合格标准

扭剪型高强度螺栓检验方法和结果应符合现行国家标准《钢结构用扭剪型高强度螺栓连接副》GB 3632 的规定。连接副的紧固轴力平均值及标准偏差应符合表 23-4 的规定。

表 23-4　扭剪型高强度螺栓轴力平均值和标准偏差（kN）

螺栓直径（mm）	M16	M20	M22	M24	M27	M30
紧固轴力平均值 P	100～121	155～187	190～231	225～270	290～351	355～430
标准偏差 σ_p	≤准偏差 σ	≤准偏差 σ	≤准偏差 σ	≤22.5	≤22.5	≤22.5

注：每套连接副只做一次试验，不得重复使用。试验时，垫圈发生转动，试验无效。

高强度大六角头螺栓连接副检验方法和结果应符合现行国家标准《钢结构用高强度大六角头螺栓、大六角螺母、垫圈技术条件》GB/T 1231 的规定。高强度大六角头螺栓扭矩系数平均值及标准偏差应符合表 23-5 的规定。

表 23-5　高强度大六角头螺栓扭矩系数平均值和标准偏差

连接副表面状态	扭矩系数平均值	扭矩系数标准偏差
符合现行国家标准《钢结构用高强度大六角头螺栓、大六角螺母、垫圈技术条件》GB/T 1231 的要求	0.11～0.15	≤0.01

注：每套连接副只做一次试验，不得重复使用。试验时，垫圈发生转动，试验无效。

24 焊接工程

24.1 材 料

《钢结构焊接规范》GB 50661－2011

4.0.1 钢结构焊接工程用钢材及焊接材料应符合设计文件的要求，并应具有钢厂和焊接材料厂出具的产品质量证明书或检验报告，其化学成分、力学性能和其他质量要求应符合国家现行有关标准的规定。

【技术要点说明】

合格的钢材及焊接材料是获得良好焊接质量的基本前提，其化学成分、力学性能和其他质量要求是影响焊接性的重要指标，因此，钢材及焊接材料的质量要求，必须符合国家现行相关标准的规定。

（1）钢材

钢材是钢结构构件的主要材料，直接影响结构安全。

根据国家标准《钢结构焊接规范》GB 50661－2011，钢结构焊接工程用钢如表24-1、表24-2所示：

表 24-1 常用国内钢材分类

类别号	标称屈服强度	钢材牌号举例	对应标准号
I	≤295MPa	Q195、Q215、Q235、Q275	GB/T 700
		20、25、15Mn、20Mn、25Mn	GB/T 699
		Q235q	GB/T 714
		Q235GJ	GB/T 19879
		Q235NH、Q265GNH、Q295NH、Q295GNH	GB/T 4171
		ZG 200-400H、ZG 230-450H、ZG 275-485H	GB/T 7659
		G17Mn5QT、G20Mn5N、G20Mn5QT	CECS 235
II	>295MPa 且 ≤95MPa	Q345	GB/T 1591
		Q345q、Q370q	GB/T 714
		Q345GJ	GB/T 19879
		Q310GNH、Q355NH、Q355GNH	GB/T 4171
III	>370MPa 且 ≤70MPa	Q390、Q420	GB/T 1591
		Q390GJ、Q420GJ	GB/T 19879
		Q420q	GB/T 714
		Q415NH	GB/T 4171

续表

类别号	标称屈服强度	钢材牌号举例	对应标准号
Ⅳ	>420MPa	Q460、Q500、Q550、Q620、Q690	GB/T 1591
		Q460GJ	GB/T 19879
		Q460NH、Q500NH、Q550NH	GB/T 4171

注：国内新钢材和国外钢材按其屈服强度级别归入相应类别。

表 24-2　常用国外钢材的分类

类别号	屈服强度（MPa）	国外钢材牌号举例	国外钢材标准
Ⅰ	195～245	SM400（A、B）　　$t \leqslant 200mm$； SM400C　　$t \leqslant 100mm$	JIS G 3106—2004
	215～355	SN400（A、B）　　$6mm < t \leqslant 100mm$； SN400C　　$16mm < t \leqslant 100mm$	JIS G 3136—2005
	145～185	S185　　$t \leqslant 250mm$	EN 10025—2：2004
	175～235	S235JR　　$t \leqslant 250mm$	EN 10025—2：2004
	175～235	S235J0　　$t \leqslant 250mm$	
	165～235	S235J2　　$t \leqslant 400mm$	
	195～235	S235 J0W　　$t \leqslant 150mm$	EN 10025—5：2004
		S275 J2W　　$t \leqslant 150mm$	
	$\geqslant N 1$	S260NC　　$t \leqslant 20mm$	EN 10149—3：1996
	$\geqslant N 1$	AStM A36/A36M	AStM A36/A36M—05
	225～295	E295　　$t \leqslant 250mm$	EN 10025—2：2004
	205～275	S275 JR　　$t \leqslant 250mm$	EN 10025—2：2004
	205～275	S275 J0　　$t \leqslant 250mm$	
	195～275	S275 J2　　$t \leqslant 400mm$	
	205～275	S275 N　　$t \leqslant 250mm$	EN 10025—3：2004
		S275 NL　　$t \leqslant 250mm$	
	240～275	S275 M　　$t \leqslant 150mm$	EN 10025—4：2004
		S275 ML　　$t \leqslant 150mm$	
Ⅱ	$\geqslant N 1$	ASTM A572/A572M Gr42　　$t \leqslant 150mm$	ASTM A572/A572M—06
	$\geqslant 06M$	S315NC　　$t \leqslant 20mm$	EN 10149—3：1996
	$\geqslant N 1$	S315MC　　$t \leqslant 20mm$	EN 10149—2：1996
	275～325	SM490（A、B）　　$t \leqslant 200mm$； SM490C　　$t \leqslant 100mm$	JIS G 3106—2004
	325～365	SM490Y（A、B）$t \leqslant 100mm$	JIS G 3106—2004
	295～445	SN490B　　$6mm < t \leqslant 100mm$； SN490C　　$16mm < t \leqslant 100mm$	JIS G 3136—2005

续表

类别号	屈服强度（MPa）	国外钢材牌号举例	国外钢材标准
	255~335	E335　t≤250mm	EN 10025—2：2004
II	275~355	S355 JR　t≤250mm	EN 10025—2：2004
	275~355	S355J0　t≤250mm	
	265~355	S355J2　t≤400mm	
	265~355	S355K2　t≤400mm	
	275~355	S355 N　t≤250mm S355 NL　t≤250mm	EN 10025—3：2004
	320~355	S355 M　t≤150mm S355 ML　t≤150mm	EN 10025—4：2004
	345~355	S355 J0WP　t≤40mm S355 J2WP　t≤40mm	EN 10025—5：2004
	295~355	S355 J0W　t≤150mm S355 J2W　t≤150mm S355 K2W　t≤150mm	EN 10025—5：2004
	≥N 1	ASTM A572/A572M Gr50　t≤100mm	ASTM A572/A572M—06
	≥06M	S355NC　t≤20mm	EN 10149—3：1996
	≥N 1	S355MC　t≤20mm	EN 10149—2：1996
	≥N 1	ASTM A913/ A913M　Gr50	ASTM A913/A913M—07
III	285~360	E360　t≤250mm	EN 10025—2：2004
	325~365	SM520（B、C）t≤100mm	JIS G 3106—2004
	≥IS	ASTM A572/A572M Gr55　　t≤50mm	ASTM A572/A572M—06
	≥06M	ASTM A572/A572M Gr60　　t≤32mm	ASTM A572/A572M—06
	≥06M	ASTM A913/ A913M　Gr60	ASTM A913/A913M—07
	320~420	S420 N　t≤250mm S420 NL　t≤250mm	EN 10025—3：2004
	365~420	S420 M　t≤150mm S420 ML　t≤150mm	EN 10025—4：2004
IV	420~460	SM570　t≤100mm	JIS G 3106—2004
	≥IS	ASTM A572/A572M Gr65　　t≤32mm	ASTM A572/A572M—06
	≥06M	S420NC　t≤20mm	EN 10149—3：1996
	≥N 1	S420MC　t≤20mm	EN 10149—2：1996
	380~450	S450 J0　t≤150mm	EN 10025—2：2004

续表

类别号	屈服强度（MPa）	国外钢材牌号举例		国外钢材标准
Ⅳ	370～460	S460 N	t≤200mm	EN 10025—3：2004
		S460 NL	t≤200mm	
	385～460	S460 M	t≤150mm	EN 10025—4：2004
		S460 ML	t≤150mm	
	400～460	S460 Q	t≤150mm	EN 10025—6：2004
		S460 QL	t≤150mm	
		S460 QL1	t≤150mm	
	≥N 1	S460MC	t≤20mm	EN 10149—2：1996
	≥N 1	ASTM A913/A913M	Gr65	ASTM A913/A913M—07

随着钢结构相关技术的发展，目前钢结构工程趋向于越来越多的使用高强度、大厚度钢材，而且随着材料制造工艺水平的不断提高，铸钢、不锈钢、复合钢板、耐火耐候钢也得到越来越多的应用。近几年来，从国内钢结构工程选用的钢材总结出如下发展趋势：

1）结构选用钢材厚度增大，已有工程使用钢材板厚达 150mm；

2）钢材的强度更高，Q420、Q460 等高强钢得到越来越多的应用，Q550、Q690 级别钢材在工程中的应用研究基本完善，已到实用阶段；

3）钢材的供货状态更加多样化，既有热轧、正火状态供货，也有控轧、控冷控轧（TMCP，也叫热机械轧制）、淬火＋自回火（QST）等状态供货；

4）冲击韧性的要求提高，D 级甚至 E 钢已经得到普遍应用；

5）对钢板厚度方向性能（Z 向性能）要求越来越高，Z15、Z25、Z35 性能钢材普遍应用；

6）大量使用铸钢节点；

7）特殊性能要求的钢材如耐候钢、耐火钢的应用增加；

8）各类型钢、管材的应用越来越普遍；

9）大量进口钢材得到应用。

由于钢结构工程用钢具有以上特点，因此，在工程前期准备阶段，钢结构焊接施工企业就应准确了解所用钢材的化学成分和力学性能，以作为焊接性试验、焊接工艺评定以及钢结构制作和安装的焊接工艺及措施制订的依据。这就要求进场材料必须要有产品质量证明书或检验报告，并应按国家现行相关标准对钢材的化学成分和力学性能进行必要的复验，以确保钢材的牌号、规格、化学成分及性能符合设计文件的要求。

（2）焊材

焊接连接是钢结构的重要连接形式之一，其连接质量直接关系结构的安全，且焊接材料的选择必须和主体结构的钢材相匹配，通常采用等强度等韧匹配原则。

焊接材料主要包括焊条、实心和药芯焊丝、焊剂及各种焊接用气体。根据设计要求，焊接材料的选配原则为：保证焊接接头强度、塑性不低于钢材标准规定的下限值，且应保证焊接接头的冲击韧性不低于母材标准规定的冲击值的下限值。

焊接材料的选用，可按现行国家标准《钢结构焊接规范》GB 50661 的有关规定执行，具体如表 24-3 所示。

表 24-3　常用钢材的焊接材料推荐表

母材					焊接材料			
GB/T 700 和 GB/T 1591 标准钢材	GB/T 19879 标准钢材	GB/T 714 标准钢材	GB/T 4171 标准钢材	GB/T 7659 标准钢材	焊条电弧焊 SMAW	实心焊丝气体保护焊 GMAW	药芯焊丝气体保护焊 FCAW	埋弧焊 SAW
Q215	—	—	—	ZG200-400H ZG230-450H	GB/T 5117: E43XX	GB/T 8110: ER49-X	GB/T 10045: E43XTX-X GB/T 17493: E43XTX-X	GB/T 5293: F4XX-H08A
Q235 Q275	Q235GJ	Q235q	Q235NH Q265GNH Q295NH Q295GNH	ZG275-485H	GB/T 5117: E43XX E50XX GB/T 5118: E50XX-X	GB/T 8110: ER49-X ER50-X	GB/T 10045: E43XTX-X E50XTX-X GB/T 17493: E43XTX-X E49XTX-X	GB/T 5293: F4XX-H08A GB/T 12470: F48XX-H08MnA
Q345 Q390	Q345GJ Q390GJ	Q345q Q370q	Q310GNH Q355NH Q355GNH	—	GB/T 5117: E50XX GB/T 5118: E50XX-X 16-X, 16-X^a	GB/T 8110: ER50-X ER55-X	GB/T 10045: E50XTX-X GB/T 17493: E50XTX-X	GB/T 5293: F5XX-H08MnA F5XX-H10Mn2 GB/T 12470: F48XX-H08MnA F48XX-H10Mn2 F48XX-H10Mn2A
Q420	Q420GJ	Q420q	Q415NH	—	GB/T 5118: E5515, 16-X E6015, 16-X^b	GB/T 8110: ER55-X ER62-X^b	GB/T 17493: E55XTX-X	GB/T 12470: F55XX-H10Mn2A F55XX-H08MnMoA
Q460	Q460GJ	—	Q460NH	—	GB/T 5118: E5515, 16-X E6015, 16-X	GB/T 8110: ER55-X	GB/T 17493: E55XTX-X E60XTX-X	GB/T 12470: F55XX-H08MnMoA F55XX-H08Mn2MoVA

注: 1　被焊母材有冲击要求时,熔敷金属的冲击功不应低于母材规定;
　　2　焊接接头对接板厚大于等于25mm时,宜采用低氢型焊接材料;
　　3　表中 X 对应焊材标准中的相应规定;
　　a　仅适用于 Q345q 厚度不大于 16mm 及 Q370q 厚度不大于 35mm;
　　b　仅适用于 Q420q 厚度不大于 16mm。

为保证焊接材料的质量，焊材进场时，应按国家现行相关标准的要求进行验收，具体要求如下：

1）焊条应符合现行国家标准《碳钢焊条》GB/T 5117、《低合金钢焊条》GB/T 5118 的有关规定。

2）焊丝应符合现行国家标准《熔化焊用钢丝》GB/T 14957、《气体保护电弧焊用碳钢、低合金钢焊丝》GB/T 8110、《碳钢药芯焊丝》GB/T 10045、《低合金钢药芯焊丝》GB/T 17493 的有关规定。

3）埋弧焊用焊丝和焊剂应符合现行国家标准《埋弧焊用碳钢焊丝和焊剂》GB/T 5293、《埋弧焊用低合金钢焊丝和焊剂》GB/T 12470 的有关规定。

4）气体保护焊使用的氩气应符合现行国家标准《氩》GB/T 4842 的有关规定，且其纯度不应低于99.95%。

5）气体保护焊使用的二氧化碳应符合现行行业标准《焊接用二氧化碳》HG/T 2537 的有关规定。对于焊接难度为 C、D 级和特殊钢结构工程中主要构件的重要焊接节点，采用的二氧化碳质量应符合现行行业标准《焊接用二氧化碳》HG/T 2537 对优等品的要求。

24.2 焊接从业人员的基本规定

《钢结构工程施工质量验收规范》GB 50205－201X

5.2.2 焊工应按所从事钢结构的钢材种类、焊接节点形式、焊接方法、焊接位置等要求进行技术资格考试，并取得合格证书，持证焊工必须在其合格证书规定的认可范围内施焊。

【技术要点说明】

焊接作为钢结构及其构件的主要连接方式之一，其质量的好坏直接关系到整个钢结构的安全和质量。焊后试验或检测，均不可能充分验证出产品和工程的质量是否满足标准要求，因此，必须从结构设计、材料选择、制造施工直到检验等进行全过程管理。而焊接从业人员，包括焊工、焊接技术人员、焊接作业指导人员、焊接检验人员、焊接热处理人员，是焊接实施的直接或间接参与者，是焊接质量控制环节中的重要组成部分，焊接从业人员的素质是关系到焊接质量的关键因素。

在钢结构焊接从业人员中，焊工是焊接工作的直接执行者，焊接质量的优劣在很大程度上取决于焊工的技能水平、职业素质和职业道德。规范仅有针对焊工的一条强制条文，但这并不意味着其他人员不重要，相反，只有通过所有焊接从业人员在各阶段的协调、有机配合，才能获得符合要求的焊接质量，这也是焊接全过程质量控制的关键所在。

下面，我们就围绕本条规定进行简要说明：

（1）焊工的分类

钢结构焊工包括定位焊工、焊工和焊接操作工，具体如下：

1）定位焊工：正式焊缝焊接前，为了使焊件的一些部分保持于对准合适的位置而进行定位焊接的人员。

2) 焊工：进行手工或半自动焊焊接操作的人员。

3) 焊接操作工：全机械或全自动熔化焊、电阻焊的焊接设备操作人员。

（2）焊工证书

1) 特种作业操作证（俗称"安全证"）

图 24-1 特种作业操作证（安全证）

焊工作为特种作业人员，安全证由国家安全生产监督管理总局按我国《特种作业人员安全技术培训考核管理办法》的要求管理颁发，证明焊工经安全培训合格（20 世纪 90 年代以前，由原劳动部安全部门管理）。

安全证（图 24-1）是焊工经有关技术安全法规培训合格后取得的，持有安全证后才有资格进行焊接技能的培训，有如机动车驾驶员必须先学习交通安全法规，培训考试合格后才能学习驾驶技能一样。安全证的培训主要是理论培训，虽然并不能证明焊工的技能水平，但却是从事焊接、切割等特种作业必须要求的准入资质。

2) 职业资格证书（俗称"等级证"）

职业资格证书（图 24-2）由人力资源和社会保障部（原劳动和社会保障部）职业技能鉴定中心按国家职业标准《焊工》管理颁发，证明焊工的技术资格等级，分为初级工、中级工、高级工、技师、高级技师 5 个级别。

资格等级证相当于我们平常所说的职称证，它是表明证书持有人具有从事焊接这一职业所必须具备的学识和技能的证明，是对焊工具有和达到国家职业标准《焊工》所要求的知识和技能标准，并通过职业技能鉴定的凭证。资格等级证设有有效期限制，只是对从业人员社会身份的一个承认，仅说明焊工的技术等级，不反映焊工现时的技能水平。一个人由于年龄、体力或者其他原因即使不能从事焊接操作了，但他的职业资格等级仍不会改变，因此，资格等级证不能作为上岗的凭证。

3) 焊工合格证（简称"合格证"）

焊工合格证（图 24-3、图 24-4）由各归口管理部门按有关规定颁发。如由国家质量监督检验检疫总局按《锅炉压力容器压力管道焊工考试与管理规则》管理颁发"锅炉压力容器压力管道特种设备操作人员资格证"；由冶金焊工技术考试委员会（原冶金部）按《冶金工程建设焊工考试规程》管理颁发的"冶金工程建设焊工合格证"，由原电力部按《电力部焊工考核规程》管理颁发的"电力部焊工合格证"，由中国工程建设焊接协会钢结构焊工技术资格考试委员会管理颁发的"钢结构焊工合格证"等等。

焊工合格证必须包含以下内容：

① 适用的焊接方法，如焊条电弧焊、氩弧焊、CO_2气体保护焊、埋弧焊、电渣焊等；

② 适用的材料范围，如结构钢、不锈钢、有色金属等以及母材、焊材强度级别、质

图 24-2　职业资格证书（等级证）

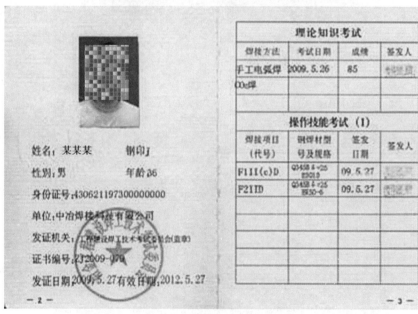

图 24-3　焊工合格证（工程建设）

量等级和型号等；

　　③ 适用的焊接位置，如平焊、横焊、立焊、仰焊等；

　　④ 适用的产品对象（管道、钢板等）和应用领域（压力容器、建筑钢结构等）。

　　焊工合格证有效期一般为 3 年，证书到期后，证书持有人应按照相应标准规定进行重新认证或申请免评，并及时更新证书。合格证有效期内，焊工违反认证标准相关规定，如

图 24-4　焊工合格证（船级社）

焊工施焊质量一贯低劣或在生产工作中弄虚作假等，企业焊工技术考试委员会可依据标准规定注销其焊工合格证。

综上，焊工合格证规定了焊工所能从事的焊接工作具体范围，是对焊工现时技术能力的证明，因此，为确保焊接工程质量，《钢结构工程施工质量验收规范》GB 50205 和《钢结构焊接规范》GB 50661 等标准都要求焊工具有与其工作相适应的焊工合格证书。钢结构焊工可依据标准《钢结构焊接从业人员资格认证标准》CECS331 和相关标准的要求进行考试、取证和管理。

【实施与检查】

为保证钢结构焊接质量，对从事钢结构焊接的所有焊工，必须持有特种作业操作证（俗称"安全证"）和焊接合格证，才能上岗操作，因此，实施与检查的要点包括以下内容：

（1）检查焊工特种作业操作证，对其作业类别、准操项目和有效期进行确认；

（2）检查焊工合格证，确认其在有效期内，并且认可范围符合该焊工所从事钢结构焊接工作在钢材种类、焊接节点形式、焊接方法、焊接位置等内容上的要求。

钢结构焊工的资格是从焊接考试样品那天起有效。满足下面的条件时，标准允许资格证书有效三年：

1）焊工所在单位或雇主能够证实该焊工一直从事资格范围内的工作；

2）该焊工在资格范围内从事焊接工作，中断期限不超过六个月。

24.3　焊 接 工 艺 评 定

《钢结构焊接规范》GB 50661 - 2011

6.1.1　除符合本规范第 6.6 节规定的免予评定条件外，施工单位首次采用的钢材、焊接材料、焊接方法、接头形式、焊接位置、焊后热处理制度以及焊接工艺参数、预热和后热措施等各种参数的组合条件，应在钢结构构件制作及安装施工之前进行焊接工艺评定。

【技术要点说明】

焊接工艺评定是在新产品、新材料投入使用前，为制定焊接工艺规程，通过对焊接方法、焊接材料、焊接参数等进行选择和调整的一系列工艺性试验，以确定获得标准规定焊接质量的正确工艺。

由于钢结构工程中的焊接节点和焊接接头不可能进行现场实物取样检验，为保证工程焊接质量，必须在构件制作和结构安装施工焊接前进行焊接工艺评定。现行国家标准《钢结构工程施工质量验收规范》GB 50205 对此有明确的要求并已将焊接工艺评定报告列入竣工资料必备文件之一。

对于一些特定的焊接方法和参数、钢材、接头形式和焊接材料种类的组合，其焊接工艺已经长期使用，并经实践证明其焊接接头性能良好，能够满足钢结构焊接的质量要求，本着经济合理、安全适用的原则，现行国家标准《钢结构焊接规范》GB 50661 对免予评定焊接工艺作出了相应规定。当然，采用免予评定的焊接工艺并不免除对钢结构制作、安装企业资质及焊工个人能力的要求，同时有效的焊接质量控制和监督也必不可少。在实际生产中，应严格执行国家现行标准规范的规定，编制免予评定的焊接工艺报告，并经焊接工程师和技术负责人签发后，方可使用。

根据焊接工艺评定报告（或免予评定的焊接工艺报告），焊接技术人员就能编制适于钢结构相应焊接接头的焊接工艺规程。该规程应以书面的形式给出详细的焊接条件。焊接施工严格遵守这些条件，就能保证所需的接头性能。

焊接工艺规程的覆盖范围取决于焊接工艺评定试验的焊接条件。焊接条件也称为焊接参数，由关键参数和非关键参数组成。这些参数定义如下：

关键参数是指能影响焊缝的力学性能的参数（如果超过了标准允许的范围，焊接工艺规程需要重新评定认可）。非关键参数是指必须在焊接工艺规程中规定，但它们对焊缝的力学性能没有很大影响的参数（改变这些参数时，无需重新评定验收，但须重新书写焊接工艺规程）。

关键参数对焊缝的力学性能有很大影响，因此是控制参数。它们决定了合格的范围以及写入焊接工艺规程的内容。

当焊工使用焊接工艺规程合格范围外的参数进行焊接时，接头达不到性能要求的可能性很大。此时，有两种处理方法：一种是对该焊接参数按照规定的焊接工艺评定，以证明其性能满足规定要求，另一种是切除掉质量可疑的焊缝，按照指定的焊接工艺规程重新焊接。

焊接工艺评定的替代规则和重新进行焊接工艺评定的规定应符合现行国家标准《钢结构焊接规范》GB 50661 的要求。

【实施与检查】

典型的焊接工艺评定流程见图 24-5 所示。

为保证钢结构焊接质量，在钢构件制作和安装前对施工单位的焊接工艺文件，包括焊

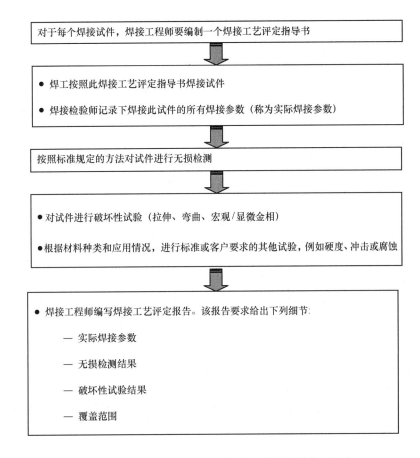

图 24-5   通过工艺试验进行焊接工艺评定的典型程序

接工艺评定报告、焊接工艺规程进行检查，包括以下内容：

（1）当钢构件的焊接符合免于焊接工艺评定条件，且施工单位已进行了焊接工艺评定试验，则检查其焊接工艺报告是否符合标准要求，其覆盖范围是否满足实际工程需要；如没有进行焊评试验，则对施工单位编制的免予评定的焊接工艺报告和焊接工艺规程进行确认。

（2）对于施工单位已有的焊接工艺评定报告，应确认其在有效期内（《钢结构焊接规范》GB 50661 规定为：焊接难度等级为 A、B、C 级的钢结构焊接工程，其焊接工艺评定有效期应为 5 年；对于焊接难度等级为 D 级的钢结构焊接工程应按工程项目进行焊接工艺评定）并且覆盖范围满足施工要求。

（3）对于施工单位首次采用的钢材、焊接材料、焊接方法、接头形式、焊接位置、焊后热处理制度以及焊接工艺参数、预热和后热措施等各种参数的组合条件，以及焊接难度等级为 D 级的钢结构焊接工程应在钢结构构件制作及安装施工之前按《钢结构焊接规范》GB 50661 的规定进行焊接工艺评定。

24.4 焊 接 构 造

《钢结构焊接规范》GB 50661－2011

5.7.1 承受动载需经疲劳验算时，严禁使用塞焊、槽焊、电渣焊和气电立焊接头。

【技术要点说明】

　　由于塞焊、槽焊、电渣焊和气电立焊的焊接热输入量大，冷却速度慢，会在接头区域产生过热的粗大组织，导致焊接接头热影响区（HAZ）变软（强度下降）、韧性下降，出现局部脆化区（LBZ）。而疲劳裂纹通常发生在应力集中的焊趾处，由于动载荷疲劳应力的作用，其发展垂直于应力方向。电渣焊和气电立焊的焊接接头相较其他焊接方法具有更大尺寸的热影响区（HAZ）和局部脆化区（LBZ），发生疲劳裂纹的倾向也更大；另外，由于载荷产生的塑性应变可能会集中于较软的 HAZ 区域。这两种情况，单独或同时出现，都会增加脆断的危险。

　　由于以上原因，采用塞焊、槽焊、电渣焊和气电立焊焊接的接头达不到承受动载需经疲劳验算钢结构的焊接质量要求，因此，规范规定，承受动载需经疲劳验算时，严禁使用塞焊、槽焊、电渣焊和气电立焊接头。另外，国内外许多标准规范均限制这几种焊接形式或方法用于动载结构，如国家行业标准《铁路桥梁钢结构设计规范》TB10002.2－2005（J 461－2005）中作为强条的6.2.1规定："对于主要构件，不得使用间断焊接、塞焊和槽焊"，美国《桥梁焊接规范》AWSD1.5 在 2.14 条中规定："严禁采用下列情况的接头和焊缝：……（6）承受疲劳应力构件中的塞焊缝和槽焊缝"。

【实施与检查】

　　在钢构件制作、安装前应仔细阅读设计文件和要求，做好技术交底，对于承受动载需疲劳验算的构件严禁采用上述形式和方法，同时构件施工过程中，由焊接检验人员全程控制，避免因违规操作造成对焊接质量的不良影响。

24.5 焊 接 质 量 检 测

《钢结构工程施工质量验收规范》GB 50205－201X

5.2.4 设计要求的一、二级焊缝应进行内部缺陷的无损检测，一、二级焊缝的质量等级和检测要求应符合表 5.2.4 的规定。

　　　　检查数量：全数检查。

　　　　检验方法：检查超声或射线检测记录。

表 5.2.4　一级、二级焊缝质量等级及无损检测要求

焊缝质量等级		一级	二级
内部缺陷 超声检测	评定等级	Ⅱ	Ⅲ
	检验等级	B 级	B 级
	检测比例	100%	20%

焊缝质量等级		一级	二级
内部缺陷 射线检测	评定等级	Ⅱ	Ⅲ
	检验等级	B 级	B 级
	检测比例	100%	20%

注：二级焊缝检测比例的计数方法应按以下原则确定：工厂制作焊缝按照焊缝长度计算百分比，且检测长度不小于 200mm；当焊缝长度小于 200mm 时，应对整条焊缝检测；现场安装焊缝应按照同一类型、同一施焊条件的焊缝条数计算百分比，且不应少于 3 条焊缝。

【技术要点说明】

焊缝质量是影响结构强度和安全性能的关键因素，应根据结构的重要性、荷载特性、焊缝形式、工作环境以及应力状态等情况确定焊缝的质量等级（一级、二级、三级），本条即按照焊缝质量等级给出焊缝的检测比例要求，一级焊缝 100% 探伤，二级焊缝 20% 探伤。不同受力构件焊缝质量等级的判定要求如下：

（1）在承受动荷载且需要进行疲劳验算的构件中，凡要求与母材等强连接的焊缝应焊透，其质量等级应符合下列规定：

1）作用力垂直于焊缝长度方向的横向对接焊缝或 T 形对接与角接组合焊缝，受拉时应为一级，受压时应为二级；

2）作用力平行于焊缝长度方向的纵向对接焊缝应为二级；

3）铁路、公路桥的横梁接头板与弦杆角焊缝应为一级，桥面板与弦杆角焊缝、桥面板与 U 形肋角焊缝（桥面板侧）应为二级；

4）重级工作制（A6～A8）和起重量 Q 和起重量的中级工作制（A4、A5）吊车梁的腹板与上翼缘之间以及吊车桁架上弦杆与节点板之间的 T 形接头焊缝应焊透，焊缝形式宜为对接与角接的组合焊缝，其质量等级不应低于二级。

（2）不需要疲劳验算的构件中，凡要求与母材等强的对接焊缝宜焊透，其质量等级受拉时不应低于二级，受压时宜为二级。

（3）部分焊透的对接焊缝、采用角焊缝或部分焊透的对接与角接组合焊缝的 T 形接头，以及搭接连接角焊缝，其质量等级应符合下列规定：

1）直接承受动荷载且需要疲劳验算的结构和吊车起重量等于或大于 50t 的中级工作制吊车梁以及梁柱、牛腿等重要节点应为二级；

2）其他结构可为三级。

【实施与检查】

内部缺陷探伤应在外观检测合格后进行。焊缝内部存在超标缺陷时应进行返修。同一焊缝的同一部位返修不宜超过两次。返修焊缝应有返修施工记录，及返修前后的无损检测报告（探伤记录），无损检测报告签发人员必须有相应探伤方法的 2 级或 2 级以上资格证书。

钢结构焊缝内部缺陷无损探伤检验标准及其适用范围如下：

（1）采用超声检测时，超声检测设备、工艺要求及缺欠等级评定应符合现行国家标准《钢结构焊接规范》GB 50661 的规定，适用范围为母材厚度不小于 3.5mm 的钢焊缝（当检测板厚在 3.5mm～8mm 范围时，其超声波检测的技术参数应按现行行业标准《钢结构超声波探伤及质量分级法》JG/T 203 执行）。

（2）当不能采用超声检测或对超声检测结果有疑义时，可采用射线检测验证，射线检测应符合现行国家标准《金属熔化焊焊接接头射线照相》GB/T 3323 的规定，适用范围为母材厚度 2～200mm 的钢熔化焊对接焊缝。

（3）焊接球节点网架、螺栓球节点网架及圆管 T、K、Y 节点焊缝的超声检测方法及缺陷分级应符合现行行业标准《钢结构超声波探伤及质量分级法》JG/T 203 的有关规定，其适用范围为母材厚度不小于 4 mm，球径不小于 120mm，管径不小于 60mm 焊接空心球及球管焊接接头；母材壁厚不小于 3.5 mm，管径不小于 48mm 螺栓球节点杆件与锥头或封板焊接接头；支管管径不小于 89mm，壁厚不小于 6 mm，局部二面角不小于 30 部，支管壁厚外径比在 13% 以下的圆管相贯节点的碳素结构钢和低合金高强焊接接头。

《钢结构焊接规范》GB 50661－2011

8.1.8 抽样检验应按以下规定进行结果判定：

1 抽样检验的焊缝数不合格率小于 2% 时，该批验收合格；

2 抽样检验的焊缝数不合格率大于 5% 时，该批验收不合格；

3 抽样检验的焊缝数不合格率为 2%～5% 时，应加倍抽检，且必须在原不合格部位两侧的焊缝延长线各增加一处，在所有抽检焊缝中不合格率不大于 3% 时，该批验收合格，大于 3% 时，该批验收不合格；

4 批量验收不合格时，应对该批余下的全部焊缝进行检验；

5 检验发现 1 处裂纹缺陷时，应加倍抽查，在加倍抽检焊缝中未再检查出裂纹缺陷时，该批验收合格；检验发现多处裂纹缺陷或加倍抽查又发现裂纹缺陷时，该批验收不合格，应对该批余下焊缝的全数进行检查。

【技术要点说明】

本条引入允许不合格率的概念，本着安全、适度的原则，并根据近几年来钢结构焊缝检验的实际情况及数据统计，规定小于抽样数的 2% 为合格，大于 5% 时为不合格，2%～5% 之间时加倍抽检，不仅确保钢结构焊缝的质量安全，也反映了目前我国钢结构焊接施工水平。

裂纹缺陷是危险缺陷，与其他工艺缺陷不同，由于裂纹的几何形状，在裂纹尖端会导致很大的应力集中，在钢构件的使用过程中随着应用环境的温度变化、荷载的作用以及时间的推移会不断扩展，最终导致整个接头的失效。钢结构的灾难性事故，很大一部分是由于裂纹缺陷引起的，因此对裂纹缺陷作为单独一款进行判定。

【实施与检查】

本条适用于焊缝的外观检测和内部缺陷探伤检测，检测结果判定实施与检查程序如下：

（1）制定检测方案

焊接检验前应根据钢结构所承受的载荷性质、施工详图及技术文件规定的焊缝质量等级要求编制检验和试验计划，由技术负责人批准并报监理工程师备案。检验方案应包括检验批的划分、抽样检验的抽样方法、检验项目、检验方法、检验时机及相应的验收标准等内容。

（2）根据《钢结构焊接规范》GB 50661 的规定，确定焊缝检验抽样方法

1）焊缝处数的计数方法：工厂制作焊缝长度小于等于 1000mm 时，每条焊缝应为 1 处；长度大于 1000mm 时，以 1000mm 为基准，每增加 300mm 焊缝数量应增加 1 处；现场安装焊缝每条焊缝应为 1 处。

2）检验批的划分：制作焊缝以同一工区（车间）按 300～600 处的焊缝数量组成检验批；多层框架结构可以每节柱的所有构件组成检验批；安装焊缝以区段组成检验批；多层框架结构以每层（节）的焊缝组成检验批。

3）抽样检验除设计指定焊缝外应采用随机取样方式取样，且取样中应覆盖到该批焊缝中所包含的所有钢材类别、焊接位置和焊接方法。

（3）实施外观检测和无损检测

外观检测和报告签发人员应有钢结构焊接检验人员资格证书；无损检测人员应有相应探伤方法的 1 级以上无损检测资格，报告签发人员必须有相应探伤方法的Ⅱ级或Ⅱ级以上资格证书。

（4）计算批次检测合格率

根据外观检测和无损检测结果计算该批次焊缝的检测合格率。

（5）判定批次焊缝检测结果

确定有无裂纹缺陷，如果有，则按照本条第 5 款进行判定。

若没有裂纹缺陷，则不合格率小于 2％时，该批焊缝验收合格；大于 5％时为不合格，应对该批余下的全部焊缝进行检验；不合格率在 2％～5％之间时加倍抽检，扩检不合格率不大于 3％时，该批验收合格，大于 3％时，该批验收不合格，应对该批余下的全部焊缝进行检验。

（6）缺陷返修

根据《钢结构焊接规范》GB 50661-2011 第 7.12 节规定，对所有检测不合格焊缝进行返修，其中焊接裂纹的返修，应由焊接技术人员对裂纹产生的原因进行调查和分析，制订专门的返修工艺方案后进行；同一部位两次返修后仍不合格时，应重新制定返修方案，并经业主或监理工程师认可后方可实施。

（7）焊缝复验

返修后的焊缝应按原检测方法和质量标准进行检测验收，填报返修施工记录及返修前后的无损检测报告，并作为工程验收及存档资料。

25 紧固件连接

《钢结构高强度螺栓连接技术规程》JGJ 82－2011

6.1.2 高强度螺栓连接副应按批配套进场，并附有出厂质量保证书。高强度螺栓连接副应在同批内配套使用。

【技术要点说明】

高强度螺栓连接副质量是影响高强度螺栓连接承载力和安全的重要因素。工厂制造时按每批的螺栓、螺母、垫圈组成连接副进行表面处理，使得连接副的扭矩系数或轴力分别符合《钢结构用高强度大六角头螺栓、大六角螺母、垫圈技术条件》GB/T 1231、《钢结构用扭剪型高强度螺栓连接副》GB/T 3632 的要求，并依此出具质保书，所以要求高强度螺栓同批配套进场，同批配套使用。

高强度大六角头螺栓连接副由一个螺栓、一个螺母和二个垫圈组成。扭剪型高强度螺栓连接副由一个螺栓、一个螺母和一个垫圈组成。

【实施与检查】

施工现场应有高强度螺栓施工专项方案，方案中应包含高强度螺栓的储运及保管，且应明确安装用高强度螺栓领用条件，必须按批配套领用。

对每批进场的高强度螺栓，按批全数检查工厂出具的质保书。

检查高强度螺栓施工专项方案。

《钢结构工程施工质量验收规范》GB 50205－201X

6.3.1 钢结构制作和安装单位应分别进行高强度螺栓连接摩擦面（含涂层摩擦面）的抗滑移系数试验和复验，现场处理的构件摩擦面应单独进行摩擦面抗滑移系数试验，其结果应符合设计要求。

《钢结构高强度螺栓连接技术规程》JGJ 82－2011

6.2.6 高强度螺栓连接处的钢板表面处理方法及除锈等级应符合设计要求。连接处钢板表面应平整、无焊接飞溅、无毛刺、无油污。经处理后的摩擦型高强度螺栓连接的摩擦面抗滑移系数应符合设计要求。

【技术要点说明】

《钢结构工程施工质量验收规范》GB 50205－201X 第 6.3.1 和《钢结构高强度螺栓连接技术规程》JGJ 82－2011 第 6.2.6 条等效，现简要说明如下：

抗滑移系数是高强度螺栓连接的主要设计参数之一，抗滑移系数的大小，直接影响高强度螺栓连接的承载力。在连接中，摩擦面的状态，直接影响连接接头的抗滑移承载力。因此，摩擦面必须进行处理，确保连接的设计承载力。

　　抗滑移系数检验不能在钢结构构件上进行，只能通过与主体构件相同条件的试件进行模拟测定。试件应与所代表的构件为同一材质，同一摩擦面处理工艺，同批制作，使用同一性能等级的高强度螺栓连接副。

　　为确保高强度螺栓连接的可靠性，抗滑移系数检验时，单个试件的最小值不得小于设计规定值。

【实施与检查】

　　摩擦面抗滑移系数试验目的是为了验证施工企业所选择的摩擦面处理的工艺，确定构件的抗滑移系数能否达到设计要求的值。安装单位进行摩擦面抗滑移系数复验目的有两个：一是验收；二是验证摩擦面在安装前的状况是否符合设计要求。

　　不管工程规模大小，制作和安装应分别进行摩擦面抗滑移系数的试验和复验。其中，抗滑移系数试验为见证取样送样检验。

　　（1）试件

　　抗滑移系数试验的试件采用双摩擦面的二栓拼接拉力试件。见图25-1。

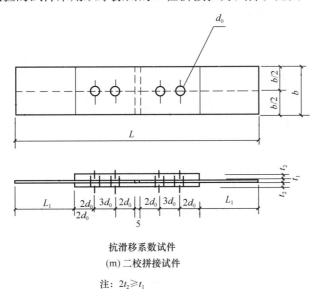

抗滑移系数试件

(m) 二栓拼接试件

注：$2t_2 \geqslant t_1$

图 25-1　抗滑移系数试件的形式和尺寸

　　抗滑移系数试验用的试件应由制造厂加工，试件与所代表的钢结构构件应为同一材质、同批制作、采用同一摩擦面处理工艺和具有相同的表面状态（含有涂层），在同一环境条件下存放，并应用同批同一性能等级的高强度螺栓连接副。

　　试件钢板的厚度 t_1、t_2 应根据钢结构工程中有代表性的板材厚度来确定，同时应考虑在摩擦面滑移之前，试件钢板的净截面始终处于弹性状态；宽度 b 可参照表25-1规定取值。L_1 应根据试验机夹具的要求确定。

表 25-1　试件板的宽度

螺栓直径 d（mm）	16	20	22	24	27	30
板宽 b（mm）	100	100	105	110	120	120

试件板面应平整，无油污，孔和板的边缘无飞边、毛刺。

（2）试验方法

试验用的试验机误差应在1%以内。试验用的贴有电阻片的高强度螺栓、压力传感器和电阻应变仪应在试验前用试验机进行标定，其误差应在2%以内。

试件的组装顺序应符合下列规定：

1）先将冲钉打入试件孔定位，然后逐个换成装有压力传感器或贴有电阻片的高强度螺栓，或换成同批经预拉力复验的扭剪型高强度螺栓。

2）紧固高强度螺栓应分初拧、终拧。初拧应达到螺栓预拉力标准值的50%左右。终拧后，螺栓预拉力应符合下列规定：

①对装有压力传感器或贴有电阻片的高强度螺栓，采用电阻应变仪实测控制试件每个螺栓的预拉力值应在$0.95P \sim 1.05P$（P为高强度螺栓设计预拉力值）之间；

②不进行实测时，扭剪型高强度螺栓的预拉力（紧固轴力）可按同批复验预拉力的平均值取用。

3）在试件的侧面划出观察滑移的直线。

4）将组装好的试件置于拉力试验机上，试件的轴线应与试验机夹具中心严格对中。

5）加荷时，应先加10%的抗滑移设计荷载值，停1分钟后，再平稳加荷，加荷速度为$3 \sim 5kN/秒$。直拉至滑动破坏，测得滑移荷载N_v。

在试验中当发生以下情况之一时，所对应的荷载可定为试件的滑移荷载：

① 试验机发生回针现象；

② 试件侧面划线发生错动；

③ $X\text{-}Y$记录仪上变形曲线发生突变；

④ 试件突然发生"嘣"的响声。

抗滑移系数，应根据试验所测得的滑移荷载N_v和螺栓预拉力P的实测值，按下式计算，宜取小数点二位有效数字。

$$\mu = \frac{N_v}{n_f \cdot \sum_{i=1}^{m} P_i}$$

式中：N_v——由试验测得的滑移荷载（kN）；

n_f——摩擦面面数，取$n_f = 2$；

$\sum_{i=1}^{m} P_i$——试件滑移一侧高强度螺栓预拉力实测值（或同批螺栓连接副的预拉力平均值）之和（取三位有效数字）（kN）；

m——试件一侧螺栓数量，取$m = 2$。

（3）分项检验批的划分

制造厂和安装单位应分别以钢结构制造批为单位进行抗滑移系数检验。检验批可按分部工程（子分部工程）所含高强度螺栓用量划分：每5万个高强度螺栓用量的钢结构为一批，不足50000个高强度螺栓用量的钢结构视为一批。选用两种及两种以上表面处理（含有涂层摩擦面）工艺时，每种处理工艺均需检验抗滑移系数，每批3组试件。

6.4.5　在安装过程中，不得使用螺纹损伤及沾染脏物的高强度螺栓连接副，不得用高强度螺栓兼做临时螺栓。

6.4.8　安装高强度螺栓时，严禁强行穿入。当不能自由穿入时，该孔应用铰刀进行修整，修整后孔的最大直径不应大于 1.2 倍螺栓直径，且修孔数量不得超过该严禁气割扩孔。

【技术要点说明】

构件安装时，应用冲钉来对准连接节点各板层的孔位，也即冲钉起定位作用。安装螺栓和冲钉的应用都是为了保证节点上的板迭高强度螺栓孔能对准，高强度螺栓能自由穿入，不碰伤螺纹。

保证扭矩系数和轴力，在螺栓紧固后能达到设计值。

安装螺栓和冲钉的数量应能承受构件自重和抵抗连接校正时外力的作用和防止连接板迭间位置的偏移。

冲钉中部直径宜与孔径相同，两头加工成锥形。

【实施与检查】

安装中，先用冲钉对准连接板迭孔位，然后再按照方案要求安装螺栓和高强度螺栓，待构件校正后一对一的用高强度螺栓换冲钉和安装螺栓。

高强度螺栓不能自由穿入时，不能强行打入，否则会损伤螺纹，也不得用气割扩孔，（可用铰刀扩孔）扩孔后的最大孔径不得大于原设计孔径的 1.2 倍 d（d 为螺栓直径）。

对于螺栓错位的孔组，不宜采用扩孔方法处理，而应采用调换连接板的方法处理，也可采用与母材材质相匹配的焊条补焊后重新制孔，但不得采用钢块填塞。

26 钢结构加工

26.1 拼 装

《钢结构工程施工质量验收规范》GB 50205－201X

8.2.1 钢部件拼接或对接时所采用的焊缝质量等级应符合设计要求。当设计没有要求时，应采用质量等级不低于二级的全焊透焊缝；对直接承受拉力的焊缝，应采用一级全焊透焊缝。

【技术要点说明】

部件拼接或对接焊缝成为钢材的一部分，直接参与构件的传力或受力。和构件的材料一样，这部分的焊缝直接关系到结构的承载和安全。但这部分往往在图纸上不反映，而属于工艺要求。焊缝又直接影响结构安全，所以规范提出强制要求，必须遵照执行。当设计有要求时，应满足设计要求。当设计无要求时，按照与母材等强考虑全熔透一级焊缝。

【实施与检查】

按设计或按《钢结构工程施工质量验收规范》GB 50205－201X 和《钢结构工程施工规范》GB 50755－2012 的要求，对拼接缝或对接缝进行无损检测检查。

国家标准《钢结构焊接规范》GB 50661－2011 第 8.2.3 条第 2 款的规定，设计要求全焊透的焊缝，其内部缺陷的检测应符合下列规定：

（1）一级焊缝应进行 100％的检测，其合格等级不应低于本规范第 8.2.4 条中 B 级检测的 Ⅱ 级要求；

（2）二级焊缝应进行抽检，抽检比例应不小于 20％，其合格等级不应低于本规范第 8.2.4 条中 B 级检测的 Ⅲ 级要求。

无损检测应在外观检测合格后进行。拼接或对接按此等强要求的全熔透一级焊缝，应 100％进行超声探伤。

在工程实践中，钢板的长度和宽度是有限的，虽然定尺钢板能满足部分要求，但还是有相当一部分板需要拼接。《钢结构工程施工质量验收规范》GB 50205－201X 和《钢结构工程施工规范》GB 50755－2012 对构件钢板的拼接作出明确的规定。

26.2 组 装

《钢结构工程施工质量验收规范》GB 50205－201X

8.3.1 钢吊车梁的下翼缘不得焊接工装夹具、定位板、连接板等临时工件。钢吊车梁和吊车桁架组装、焊接完成后在自重荷载下不允许下挠。

《钢结构工程施工规范》GB 50755－2012

9.3.7 吊车梁和吊车桁架组装、焊接完成后不应允许下挠。吊车梁的下翼缘和重要受力构件的受拉面不得焊接工装夹具、临时定位板、临时连接板等。

【技术要点说明】

吊车梁及吊车桁架均属直接承受动力荷载的构件，在其受拉翼缘焊接工装夹具、定位板、连接板及打火引弧等均会使吊车梁受拉翼缘在使用过程中出现疲劳开裂。下翼缘首先破坏，大大降低吊车梁的疲劳寿命，影响梁的安全和使用。

梁焊接后下挠会降低梁的稳定性和承载力，导致受力性能达不到设计要求，从而影响使用。下挠也会引起吊车在行走时造成吊车的滑坡和爬坡，且控制下挠条件下，也不能起拱太多，起拱太多同样影响使用，除设计规定外，一般以不超过 10mm 为宜。

【实施与检查】

吊车梁组装时，必须按设计要求起拱，设计无要求时，通常经验值为：跨度 ≥24m 的吊车梁为 15～20mm；跨度 12m 的吊车梁为 5～10mm。

组装完成后检查起拱度，全数检查。检验方法为将吊车梁立放，两端设支座，支承状况应与安装就位支承状况基本相同，检查起拱度。下挠过大时，不符合设计起拱要求，应返修直至达到起拱要求。

27 钢结构安装

27.1 吊 装 设 备 要 求

《钢结构工程施工规范》GB 50755 - 2012

11.2.4 钢结构吊装作业必须在起重设备的额定起重量范围内进行。

【技术要点说明】

钢结构吊装的起重机械设备，必须在其额定起重量范围内吊装作业，以确保吊装安全。若超出额定起重量进行吊装作业，易导致生产安全事故发生。本条涉及的主要技术要点如下：

(1) 起重设备的选择

起重设备应根据起重设备性能、结构特点、现场环境、作业效率等因素综合确定。起重设备是吊装作业中必须使用的运输设备，它的合理选择与使用，对于减少劳动强度、加快工程进度、降低工程造价，起着十分重要的作用。起重设备选择时，主要考虑以下几个因素：

1) 起重性能。要根据起重设备的主要技术参数确定起重设备的选型，起重机主要参数参见每台设备的技术说明书。

2) 结构特点。要根据待安装对象的结构特点选择起重设备。例如，大跨度空间结构对起重设备的机动性有较高要求，一般宜选用可行走的起重设备，如汽车吊、履带吊、行走式塔吊等。

3) 现场环境。要根据现场的施工条件，包括道路、邻近建筑物、障碍物等来确定选择起重设备的类型。

4) 作业效率。不同的起重设备作业效率不尽相同，作业效率应结合工期要求、整体吊装方案等综合考虑，在保证安全的前提下，以获得尽可能大的经济效益来决定起重设备的类型和大小。

另外，选用起重设备时还应考虑起重设备的市场供应情况，同等条件下宜选择市场上货源充足的起重设备。

(2) 单机或多机吊装作业

通常钢构件吊装采用单机作，构件重量控制在起重设备的额定起重量范围以内。但在特殊情况下采用，钢结构工程安装也采用双机或多机抬吊（图 27-1、图 27-2），比如施工现场无法使用较大的起重设备；需要吊装的构件数量较少，采用较大起重设备经济投入明显不合理。吊装前宜做吊装过程施工模拟计算，在条件许可时，还可事先用较轻构件模拟双机或多机抬吊工况进行试吊。

　　抬吊作业的关键在于如何保证所有参与的起重设备按照预定的要求同步动作，这就需要加强吊装时的作业管理，选用经验丰富的起重操作人员，严格统一指挥，方能实现抬吊成功。

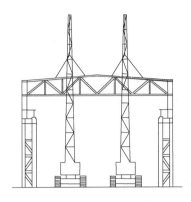
图 27-1　双机抬吊屋面桁架

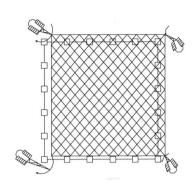
图 27-2　多机整体抬吊屋面网架

　　钢结构工程采用抬吊方式时，起重设备应进行合理的负荷分配，构件重量不得超过两台起重设备额定起重量总和的 75%，单台起重设备的负荷量不得超过额定起重量的 80%；吊装作业应进行安全验算并采取相应的安全措施，应有经批准的抬吊作业专项方案；吊装操作时应保持两台起重设备升降和移动同步，两台起重设备的吊钩、滑车组均应基本保持垂直状态。

【实施与检查】

　　施工单位应编制钢结构吊装专项方案，经施工单位技术负责人、总监理工程师签字后实施，由专职安全生产管理人员进行现场监督

　　工程监理单位应当审查施工组织设计中的安全技术措施或者专项施工方案是否符合工程建设强制性标准。工程监理单位在实施监理过程中，发现存在安全事故隐患的，应当要求施工单位整改；情况严重的，应当要求施工单位暂时停止施工，并及时报告建设单位。施工单位拒不整改或者不停止施工的，工程监理单位应当及时向有关主管部门报告。

11.2.6　用于吊装的钢丝绳、吊装带、卸扣、吊钩等吊具应经检查合格，并应在其额定许用荷载范围内使用。

【技术要点说明】

　　吊装作业采用的钢丝绳、吊装带、卸扣、吊钩等吊装索具和工具（合称吊具），长时间使用可能导致这些吊具出现局部破损，继而威胁吊装作业的安全，因此需对吊装作业使用到的吊具定期检查，不合格者必须更换。采用吊具吊装构件中，应在额定许用荷载范围内使用，不得超载。

【实施与检查】

　　钢构件吊装前，施工单位应按产品说明书及国家标准要求定期检查吊具是否合格，并做好检查记录。实施与检查要点如下：

　　（1）钢丝绳的安全检查

　　钢丝绳使用一段时间后，就会产生断丝、腐蚀和磨损现象，其承载力减低。一般规定

钢丝绳在一个节距内断丝数量超过表 27-1 的数字时就应当报废，以免造成事故。

表 27-1　钢丝绳的报废标准（一个节距内的断丝数）

采用的安全系数	钢丝绳种类					
	6×19		6×37		6×61	
	交互捻	同向捻	交互捻	同向捻	交互捻	同向捻
6 以上	12	6	22	11	36	18
6～7	14	7	26	13	38	19
7 以上	16	8	30	15	40	20

当钢丝绳表面锈蚀或磨损使钢丝绳的直径显著减少时应将表 27-1 报废标准按表 27-2 折减并按折减后的断丝数报废。

表 27-2　钢丝绳锈蚀或磨损时报废标准的折减系数

钢丝绳表面锈蚀或磨损量（%）	10	15	20	25	30～40	大于 40
折减系数	85	75	70	60	50	报废

（2）吊装带的安全检查

1）吊装带应由检验人员根据使用情况、使用环境、使用频率及此类实际应用因素决定检修周期。但是无论何种情况，应保证至少每年应由检验人员用目测方法对吊装带进行检查，以确定其是否能够继续使用。

2）吊装带使用期间，应经常检查吊装带是否有缺陷或损伤，包括被污垢掩盖的损伤。这些被掩盖的损伤可能会影响吊装带的继续安全使用。应对任何与吊装带相连的端配件和提升零件进行上述检查。如果有任何影响使用的状况发生，或所需标识已经丢失或不可辨识，应立即停止使用，送交有资质的部门进行检测。

影响吊装带继续安全使用可能产生的缺陷或损伤有：表面擦伤；割口（包括纵向或横向割口）；化学侵蚀（表现为表面纤维脱落或擦掉）；热损伤或摩擦损伤（纤维材料外观十分光滑，极端情况下纤维材料可能会熔合在一起）；端配件损伤或变形等。

（3）卸扣的安全检查

1）使用过程中应对卸扣定期检查。卸扣表面应光洁，不能有毛刺、切纹、尖角、裂纹、夹层等缺陷。不能利用焊接或补强法修补卸扣缺陷。

2）无制造标记或合格证明的卸扣，需进行拉伸强度试验，合格后才能使用。

3）当卸扣任何部位产生裂纹、塑性变形、螺纹脱扣、销轴和扣体断面磨损达原尺寸的 3%～5% 时，应报废处理。

（4）吊钩的安全检查

1）在使用过程中，应对吊钩定期进行检查，保证其表面光滑，不能有剥裂、刻痕、锐角、毛刺和裂纹等缺陷，对缺陷部分不得进行补焊。

2）当吊钩出现下列任何一种情况时，应予以报废。

① 表面有裂纹时；

② 吊钩危险断面磨损达到原尺寸的 10%；

③ 开口度比原尺寸增大 15%；

④ 扭转变形超过 10°；

⑤ 板钩衬套磨损达原尺寸的 50％时，应报废衬套；心轴磨损达到原尺寸的 5％时，应报废心轴。

27.2 钢 结 构 安 装

《钢结构工程施工质量验收规范》GB 50205－201X

10.9.1 主体钢结构的整体立面偏移和整体平面弯曲的允许偏差应符合表 10.9.1 的规定。

表 10.9.1 钢结构整体立面偏移和整体平面弯曲的允许偏差

项 目	允许偏差（mm）		图 例
主体结构的整体立面偏移	单层	$H/1000$ 且不大于 25.0	
	高度 60m 以下的多高层	（$H/2500＋10$）且不大于 30.0	
	高度 60m 至 100m 的高层	（$H/2500＋10$）且不大于 50.0	
	高度 100m 以上的高层	（$H/2500＋10$）且不大于 80.0	
主体结构的整体平面弯曲	$l/1500$ 且不大于 50.0		

10.9.2 主体钢结构总高度可按相对标高或设计标高进行控制。总高度的允许偏差应符合表 10.9.2 的规定。

表 10.9.2 主体钢结构总高度的允许偏差

项 目	允许偏差（mm）		图 例
用相对标高控制安装	$\pm\sum(\Delta_h+\Delta_z+\Delta_w)$		
用设计标高控制安装	单层	$H/1000$，且不应大于 20.0 $-H/1000$，且不应小于 -20.0	
	高度 60m 以下的多高层	$H/1000$，且不应大于 30.0 $-H/1000$，且不应小于 -30.0	
	高度 60m 至 100m 的高层	$H/1000$，且不应大于 50.0 $-H/1000$，且不应小于 -50.0	
	高度 100m 以上的高层	$H/1000$，且不应大于 100.0 $-H/1000$，且不应小于 -100.0	

注：1. Δ_h 为每节柱子长度的制造允许偏差；
　　2. Δ_z 为每节柱子长度受荷载后的压缩值；
　　3. Δ_w 为每节柱子接头焊缝的收缩值。

【技术要点说明】

单层、多层及高层钢结构主体结构的整体垂直度（图 27-3）和整体平面弯曲（图 27-4）的允许偏差的检查要求如下：

（1）检查数量。对主要立面全数检查，对每个所检查的立面，除两列角柱外，尚应至少选取一列中间柱。

（2）检查方法。对于整体垂直度，可采用激光经纬仪、全站仪测量，也可根据各节柱的垂直度允许偏差累计（代数和）计算。整体平面弯曲，可按产生的允许偏差累计（代数和）计算。

（3）钢结构施工总高度，可按相对标高控制，也可按设计标高控制。均应在钢结构施工实施前确定。

 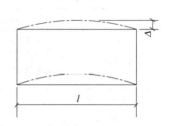

图 27-3　整体垂直度示意　　　　图 27-4　整体平面弯曲示意

【实施与检查】

施工单位在主体结构施工中对整体垂直度和整体平面弯曲进行重点控制，对测量检验评定结果纳入工程竣工报告中。

施工单位不论采用相对标高还是设计标高进行多层、高层钢结构安装，对同一层柱顶标高的差值均应控制在 5mm 以内，以免柱顶高度偏差失空。

监理单位组织质量验收，对测量检验实施过程进行旁站。

工程质量监督机构对主体结构工程整体垂直度和整体平面弯曲的允许偏差检查主要是重点抽查，对工程竣工验收方案进行监督，形成的工程竣工验收监督记录中应有对主体结构工程整体垂直度和整体平面弯曲强制性条文执行情况评价内容。

11.4.1　钢管（闭口截面）构件应有防止管内进水的构造措施，严禁钢管内存水。

【技术要点说明】

钢管及闭口截面杆件，在施工过程中，一旦雨水等流入管内冬季无保温条件下管内的水会结冰膨胀，使钢管（闭口截面）开裂直接影响结构使用和安全。

主要技术要点是：在设计阶段需采取构造措施，防止雨水进入；在施工阶段需采取防水和排水措施，防止雨水或施工用水进入。

【实施与检查】

施工单位在设计深化阶段，重点考虑封闭或钢管截面构件采取相应的防水或排水构造措施，设计单位应予以重点审核；混凝土浇筑或雨期施工时，施工单位采取防水和排水措施，防止水从工艺孔进入钢管截面内或直接聚积在构件表面低凹处，以防止构件锈蚀、冬季结冰构件胀裂，必要时应在底部采取排水措施，监理单位应对这些关键部位重点抽检。

28 涂装工程

《钢结构工程施工质量验收规范》GB 50205-201X

13.2.3 防腐涂料、涂装遍数、涂装间隔、涂层厚度均应符合设计文件、涂料产品标准的要求，当设计对涂层厚度无要求时，涂层干漆膜总厚度：室外不应小于 150μm，室内不应小于 125μm。

13.3.1 在施工过程中，钢结构现场连接焊缝、紧固件及其连接节点构件涂层被损伤的部位，应编制专项涂装修补工艺，且应符合设计和涂装工艺评定的要求。

【技术要点说明】

涂料种类很多，性能各异。设计在选用涂料时，根据工程的特点、防腐要求以及涂料的基本特性和适用条件，综合考虑配套选用。表 28-1 是各种大气适应的涂料种类。

涂料在钢构件上成膜后，要受到大气和环境介质的作用，使其逐步老化以至损坏，因此，对各种涂料抵抗环境条件的作用情况必须了解。

表 28-1 与各种大气适应的涂料种类

	城镇大气	工业大气	化工大气	海洋大气	高温大气
酚醛漆	△				
醇酸漆	√	√			
沥青漆			√		
环氧树脂漆			√	△	△
过氯乙烯漆			√	△	
丙烯酸漆		√	√	√	
氯化橡胶漆		√	√	△	
氯磺化聚乙烯漆		√	√	√	△
有机硅漆					√
聚氨酯漆		√	√	√	△

（1）涂层的配套

构件表面的涂装系统应相互兼容，即构件表面的防腐底漆、中间漆和面漆之间搭配应相互兼容，以保证涂装质量。

涂层的配套性包括作用配套、性能配套、硬度配套、烘干温度配套等。涂层中的底漆主要起附着和防锈作用，面漆主要起防腐蚀耐老化作用；中间漆的作用是介于底、面漆两者之间，并能增加漆膜总厚度。所以，它们不能单独使用，只有配套使用，才能发挥最佳的作用，并获得最佳的效果。在使用时，各层漆之间不能发生互溶或"咬底"的现象。

油基性的底漆，则不能用强溶剂型的中间漆或面漆。硬度要基本一致，若面漆的硬度过高，容易开裂；烘干温度也要基本一致，否则有的层次会出现过烘干的现象。

（2）涂层的厚度

确定涂层厚度的主要因素有：钢材表面原始粗糙度、钢材除锈后的表面粗糙度、选用的涂料品种、钢结构使用环境对涂层的腐蚀程度、涂层维护的周期等。

涂层厚度一般是由基本涂层厚度、防护涂层厚度和附加涂层厚度组成。基本涂层厚度是指涂料在钢材表面上形成均匀、致密、连续的膜所需的厚度。防护涂层厚度是指涂层在使用环境中，在维护周期内受到腐蚀、粉化、磨损等所需的厚度。附加涂层厚度是指涂层维修困难和留有安全系数所需的厚度。

涂层厚度要适当。过厚，虽然可增强防护能力，但附着力和机械性能都要降低，而且要增加费用；过薄，易产生肉眼看不见的针孔和其他缺陷，起不到隔离环境的作用。

（3）涂装时间

涂装间隔时间，对涂层质量有很大影响。间隔时间控制适当可增强涂层间的附着力和涂层的综合防护性能。否则可能造成"咬底"或大面积脱落和返锈等现象。由于各种涂料的性能不同，其间隔时间也不一样，可根据涂料产品说明书设定间隔时间。

设计根据上述的分析，综合考虑选择涂料及涂层厚度，强条规定在施工中，对涂料、涂料遍数、涂料间隔、涂料厚度，必须满足设计要求，确保涂层对钢材的保护作用。

为了避免防腐涂料对焊接及螺栓连接质量的影响，制造厂在做防腐涂料时，在焊缝两侧留有一定距离50～100mm不涂装，高强度螺栓连接摩擦面不涂装（否则影响抗滑移系数值）；紧固件表面不涂装，或构件因变形用火焰校正，运输过程中的擦伤等。这部分构件都得不到涂料的保护，但是这些部位都是主结构的一部分，如果这些后补的防护做得不好，同样会影响到结构的使用寿命和安全。工艺要求后涂的或修补的涂装，同样要求有专项修补工艺方案，使这些部位的防腐和主结构其他部位的防腐寿命相等。

施工规范对涂装过程中的环境条件作出的规定仅针对一般的通用部分，具体针对某种涂料会略有差异，应以涂料说明书为准。

其中规范对涂装的环境，温度，湿度，露点温度及时间等作出规定。具体要求如下：

（1）规定环境温度宜在5～38℃之间，相对湿度不应大于85%。这是一般性的规定，各种涂料的施工温度不尽相同，略有差异，应以涂料产品说明书的要求更为确切。一般防腐涂料涂刷时的耐热性只能在40℃以下，当温度超过43℃时，钢材表面涂装的漆膜就容易产生气泡面局部鼓起，使附着力降低；当温度低于0℃时，涂装的漆膜冻结而不易固化。控制温度是为了防止钢材表面有露点凝结而形成冷凝水膜，漆膜附着力差。最佳涂装时间是当日出3h之后，这时附在钢材表面的露点基本干燥，日落后3h之内停止（室内作业不限），此时空气中温度尚未回升，钢材表面尚存余温，不会导致露点的形成。

（2）待涂装的钢材表面存在凝露而不予处理，直接在其上涂装，将导致漆膜粘结力不牢固，附着力降低，影响涂装效果，故要求待涂装钢材表面不得有凝露，当存在凝露时应除去，并采取措施保证待涂装钢材表面干燥。

（3）在下雨、有雾、下雪和刮大风天应停止露天涂装作业，以免雨、雾、雪水渗入漆膜内会造成涂层产生脱皮、气孔、气泡、针孔等缺陷，同时会冲坏涂层。刮大风天，尘土飞扬，渗入漆膜内会影响涂层质量。

（4）涂装后 4h 之内，涂层漆膜表面尚未固化，容易被雨水冲坏和沙尘侵入，故涂装后 4h 之内仍应对涂层进行保护。

（5）无气喷涂易受风力影响，故本条款对无气喷涂作业时的环境风速作出了规定。

配合本条的执行，国家标准《钢结构工程施工规范》GB 50755-2012 也有相应条款，具体条文如下：

13.3.2 钢结构涂装时的环境温度和相对湿度，除应符合涂料产品说明书的要求外，还应符合下列规定：

1 当产品说明书对涂装环境温度和相对湿度未作规定时，环境温度宜为 5℃～38℃，相对湿度不应大于 85%，钢材表面温度应高于露点温度 3℃，且钢材表面温度不应超过 40℃；

2 被施工物体表面不得有凝露；

3 遇雨、雾、雪、强风天气应停止露天涂装，应避免在强烈阳光照射下施工；

4 涂装后 4h 内应采取保护措施，避免淋雨和沙尘侵袭；

5 风力超过 5 级时，室外不宜喷涂作业。

13.3.4 不同涂层间的施工应有适当的重涂间隔时间，最大及最小重涂间隔时间应符合涂料产品说明书的规定，应超过最小重涂间隔再施工，超过最大重涂间隔时应按涂料说明书的指导进行施工。

【实施与检查】

涂装工程的施工应遵守国家现行劳动保护法令和绿色施工，从保障操作人员职业健康安全的角度出发，涂装施工时，应采取相应的环境保护和劳动保护措施。

涂装施工前应编防腐涂装专项施工工艺方案和专项修补工艺方案。涂料施工时，特别要强调一点的是控制涂装时钢材表面温度和空气的相对湿度。表 28-2 是根据环境温度、湿度查对钢材的露点温度，也即钢材可施工的表面温度。

表 28-2　露点值查对表

环境温度 (℃)	相对湿度（%）								
	55	60	65	70	75	80	85	90	95
0	-7.9	-6.8	-5.8	-4.8	-4.0	-3.0	-2.2	-1.4	-0.7
5	-3.3	-2.1	-1.0	0.0	0.9	1.8	2.7	3.4	4.3
10	1.4	2.6	3.7	4.8	5.8	6.7	7.6	8.4	9.3
15	6.1	7.4	8.6	9.7	10.7	11.5	12.5	13.4	14.2
20	10.7	12.0	13.2	14.4	15.4	16.4	17.4	18.3	19.2
25	15.6	16.9	18.2	19.3	20.4	21.3	22.3	23.3	24.1
30	19.9	21.4	22.7	23.9	25.1	26.2	27.2	28.2	29.1
35	24.8	26.3	27.5	28.7	29.9	31.1	32.2	33.1	34.1
40	29.1	30.7	32.2	33.5	34.7	35.9	37.0	38.0	38.9

从表中可以查到钢材表面适合施工的温度。

先行涂装的防腐涂层可能在后续加工、运输和安装过程中出现局部损坏，此时应将损坏处的涂层清除干净，然后补涂。可按如下操作方法进行：

（1）补涂施工应满足已涂装系统的间隔时间要求，以免补涂施工影响补涂区域附近已涂装涂层质量。

（2）涂层表面存在盐分（构件经海上运输）或酸性物质时，应充分清洗干净。

（3）将油污、泥土、灰尘等污物用水冲、布擦或溶剂清洗干净。

（4）表面经清理后，再用钢丝绒等工具对漆膜进行打毛处理，同时对组装符号加以保护。

（5）用干净压缩空气吹干净表面。

（6）涂装方法及涂料系统等应与原涂装要求一致。

钢结构工程中在做涂装工序时，有些部位是暂不涂装或禁止涂装，如高强度螺栓连接、焊缝两侧、拼接部位、钢柱底脚埋入混凝土部分等。在涂装工序施工时，应对这些部位的一定范围内做遮蔽保护，以免误涂影响后道工序。表 28-3 为焊缝两边暂不涂装的区域。

表 28-3　焊缝暂不涂装的区域（mm）

图　示	钢板厚度 t	暂不涂装的区域宽离 b
	$t<50$	50
	$50{\leqslant}t{\leqslant}90$	70
	$t>90$	100

其中，对涂料的施工方法的要求如下：

合理的施工方法对保证涂装质量、施工进度、节约材料和降低成本有很大作用。工程中常用高压无空气喷涂法涂装效果最好、效率最高，对大面积的涂装及施工条件允许的情况下应采用高压无气喷涂法（参照《高压无气喷涂典型工艺》JB/T 350），对于狭长、小面积以及复杂形状构件涂刷法、手工滚涂法、空气喷涂法。各类涂装方法施工机具、要求及优缺点等可参见表 28-4。各种涂料与涂装方法的适应关系如表 28-5 所示。

表 28-4　常用涂料的施工方法

施工方法	适用涂料的特性			被涂物	使用工具或设备	主要优缺点
	干燥速度	黏度	品种			
刷涂法	干性较慢	塑性小	油性漆酚醛漆醇酸漆等	一般构件及建筑物，各种设备管道等	各种毛刷	投资少，施工方法简单，适于各种形状及大小面积的涂装；缺点是装饰性较差，施工效率低

续表

施工方法	适用涂料的特性			被涂物	使用工具或设备	主要优缺点
	干燥速度	黏度	品种			
手工滚涂法	干性较慢	塑性小	油性漆酚醛漆醇酸漆等	一般大型平面的构件和管道等	滚子	投资少、施工方法简单,适用大面积物的涂装;缺点同刷涂法
浸涂法	干性适当,流平性好,干燥速度适中	触变性好	各种合成树脂涂料	小型零件、设备和机械部件	浸漆槽、离心及真空设备	设备投资较少,施工方法简单,涂料损失少,适用于构造复杂构件;缺点是流平性不太好,有流挂现象,污染现场,溶剂易挥发
空气喷涂法	挥发快和干燥适中	黏度小	各种硝基漆、橡胶漆、建筑乙烯漆、聚氨酯漆等	各种大型构件及设备和管道	喷枪、空心压缩机、油水分离器等	设备投资较小,施工方法较复杂,施工效率较涂刷法高;缺点是消耗溶剂量大,污染现象,易引起火灾
空压无气喷涂法	具有高沸点溶剂的涂料	高不挥发分,有触变性	厚浆型涂料和高不挥发分涂料	各种大型钢结构、桥梁、管道车辆和船舶等	高压无气喷枪、空气压缩机等	设备投资较大,施工方法较复杂,效率比空气喷涂法高,能获得厚涂层;缺点是也要损失部分涂料,装饰性较差

表 28-5　各种涂料与相应的施工方法

涂料种类 / 施工方法	酯胶漆	油性调和漆	醇酸调和漆	酚酸漆	醇酸漆	沥青漆	硝基漆	聚氨酯漆	丙烯酸漆	环氧树脂漆	过氯乙烯漆	氯化橡胶漆	氯磺化聚乙烯漆	聚酯漆	乳胶漆
刷涂	1	1	1	1	2	2	4	4	4	3	4	3	2	2	1
滚涂	2	1	1	2	2	3	5	3	3	5	3	3	2	2	2
浸涂	3	4	3	3	3	3	3	3	3	3	3	3	3	1	2
空气喷涂	2	3	2	2	1	2	1	1	1	2	1	1	1	2	2
无气喷涂	2	3	2	2	1	3	1	1	1	2	1	1	1	2	2

注:1—优、2—良、3—中、4—差、5—劣。

检查分涂装前检查、涂料过程中检查、涂装后检查。每项检查重点要求如下：

(1) 涂装前检查

1) 涂装前钢材表面除锈应符合设计要求和国家现行有关标准的规定。处理后的钢材表面不应有焊渣、焊疤、灰尘、油污、水和毛刺等。当设计无要求时，钢材表面除锈等级应符合相关标准的规定。检查数量按构件数抽查 10%，且同类构件不少于 3 件。检查方法用铲刀检查和用现行国家标准《涂装前钢材表面锈蚀等级和除锈等级》规定的图片对照观察检查。

2) 进厂的涂料应检查有否产品合格证，并经复验合格，方可使用。

3) 涂装环境的检查，环境条件应符合前述规定的要求。

(2) 涂装中检查

1) 用湿膜厚度计，测试膜厚度，以控制干膜厚度和漆膜质量。

2) 每道漆都不允许有咬底、剥落、漏涂和起泡等缺陷。

(3) 涂装后检查

1) 漆膜外观，应均匀、平整、丰满和有光泽；颜色应符合设计要求；不允许有咬底、裂纹、剥落、针孔等缺陷。

2) 涂料、涂装遍数、涂层厚度均应符合设计要求。当设计对涂层厚度无要求时，涂层干漆膜总厚度，室外应为 $150\mu m$，室内应为 $125\mu m$。每遍涂层干漆膜厚度的合格质量偏差为 $-5\mu m$。测定厚度的抽查数，桁架、梁等主要构件抽检 20%，最低不少于 5 件；次要构件抽检 10%，最低不少于 3 件；每件应测 3 处。板、梁及箱形梁等构件，每 $10m^2$ 检测 3 处。

检测处涂层总平均厚度，应达到规定值的 90% 以上，其最低值不得低于规定值的 80%，一处测点厚度差不得超过平均值的 30%。计算时，超过规定厚度 20% 的测点值，按规定厚度 120% 计算，不得按实测值计算平均值。

涂层应按《钢结构工程施工质量验收规范》GB 50205‑201X 要求进行验收。其中涂层厚度检测涂层总厚度。当涂装由制造厂和安装单位分别承担时，则可进行分层干膜厚度检测。

随着钢结构技术的发展和应用，在一些防腐要求高的工程中，如桥梁、电视塔等，采用金属热喷涂防腐，现简单介绍如下：

(1) 热喷涂概念

热喷涂技术是表面防护和强化技术之一。所谓热喷涂，就是利用某种热源（如电弧、等离子弧、燃烧火焰等）将粉末状或丝状的金属和非金属涂层材料加热到熔融或半熔融状态，然后借助焰流本身的动力或外加的高速气流雾化，并以一定的速度喷射到经过预处理的基体材料表面，与基体材料结合而形成具有各种功能的表面覆盖涂层的一种技术。

(2) 热喷涂分类及适用范围

金属热喷涂工艺有火焰喷涂法、电弧喷涂法和等离子喷涂法等，如表 28‑6 所示。由于环境条件和操作因素所限，目前工程上应用的热喷涂方法仍以火焰喷涂法为主。该方法用氧气和乙炔焰熔化金属丝，由压缩空气吹送至带喷涂结构表面，即为本条的气喷发。气喷法适用于热喷锌涂层，电弧喷涂法适用于热喷涂铝涂层，等离子喷涂法适用于喷涂耐腐蚀合金涂层。图 28-1 为各种热喷涂方法的热源温度和流速关系。

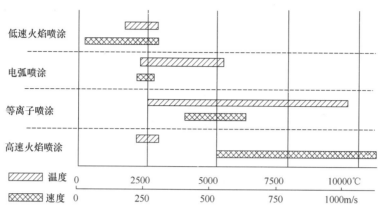

图 28-1 各种热喷涂方法的热源温度和流速

表 28-6 热喷涂工艺分类

热源	温度℃	喷涂方法
火焰	约 3000	粉末火焰喷涂
		丝材火焰喷涂
		陶瓷棒材火焰喷涂
		高速火焰喷涂 (HVOF)
		爆炸喷涂 (D-GUN)
电弧	约 5000	电弧喷涂
等离子弧	10000 以上	大气等离子喷涂 (APS)
		低压等离子喷涂 (LPPS)
		水稳等离子喷涂

《钢结构工程施工质量验收规范》GB 50205－201X

14.4.3 超薄型、薄涂型防火涂料的涂层厚度应符合有关耐火极限的设计要求。厚涂型防火涂料的涂层厚度，80％及以上面积应符合有关耐火极限的设计要求，且最薄处厚度不应低于设计要求的85％。

【技术要点说明】

本条强条明确防火涂料的涂层厚度应符合耐火极限的设计要求。钢材虽然是不燃体，但它却导热。试验表明，未加防火保护的钢构件在火灾温度作用下，只需十几分钟，自身温度就可达540℃以上，钢材的力学性能，如屈服点、抗拉强度、弹性模量等都迅速下降，温度达到600℃时，强度接近于零。而在钢结构表面喷涂防火材料是提高其耐火极限时间的最有效方法之一。设计应根据结构的重要性和使用功能要求，选择符合耐火极限时间要求的涂料品种、涂层厚度，为确保钢结构的使用和安全。

为使涂层与钢材表面牢固结合，钢材表面除锈质量应严格控制，防锈底漆也同样起附着和防锈作用，因此，防火涂装前，应对钢材表面除锈和防锈底漆的涂装质量进行检查，其结果应符合设计及相应规范要求。

防火涂料的选用首先应考虑防火涂料能与底漆和装饰面漆的兼容，其次，钢结构防火涂料必须有国家检测机构的耐火性能检测报告和材料的理化性能检测报告，且有消防监督机关颁发的生产许可证，方可选用。

防火涂料的分类方法很多，但常用的是按厚度及应用场合分类两种方法。钢结构工程常用的防火涂料及适用范围见表28-7。

表 28-7 钢结构工程常见防火涂料的类别及适用范围

类别	组 成	特 点	厚度 (mm)	耐火时限 (h)	适用范围
薄涂型防火涂料（B类）	胶粘剂有机树脂或有机与无机复合物10%~30%；有机和无机绝热材料30%~60%；颜料和化学助剂5%~15%；溶剂和稀释剂10%~25%	附着力强，可以配色，一般不需外保护层	小于7	2.0	工业与民用建筑楼盖与屋盖钢结构，如LB型、SG-1型、SS-1型
超薄型防火涂料（B类）	基料（酚醛、氨基酸、环氧等树脂）15%~35%；聚磷酸铵等膨胀阻燃材料35%~50%；钛白粉等颜料与化学助剂10%~25%；溶剂和稀释剂10%~30%	附着力强，干燥快，可配色，有装饰效果，不需外保护层	1~3	0.5~1.0	工业与民用建筑梁、柱等钢结构，如LF型、SB-2型、ST1-A型
厚涂型防火涂料（H类）	胶结料10%~40%；骨料30%~50%；化学助剂1%~10%；自来水10%~30%	喷涂施工，密度小，物理强度及附着力低，需装饰面层隔护	大于7	1.5~4.0	有装饰面层的民用建筑钢结构柱、梁，如LG型、ST-1型、SG-2型

【实施与检查】

防火涂料进场验收时，应检查合格证，并应附有涂料品名、技术性能、制造批号、贮存期限和使用说明等，并对材料进行见证取样送样复验。

涂料的品种和类型应符合设计和现行国家标准《钢结构防火涂料》GB 14907 的规定。涂料的粘结强度、抗压强度应符合现行国家标准《钢结构防火涂料应用技术规程》CECS24：90 的规定。检验方法应符合现行国家标准《钢结构防火涂料》GB 14907 和《建筑构件耐火试验方法》GB/T 9978 的规定。

涂料在使用前，还应按《民用建筑工程室内环境控制规范》GB 50325 的规定检测有害气体。

涂料的施工可采用喷涂、抹涂或滚涂等方法。薄涂型防火涂料的底涂层（或主涂层）宜采用重力式喷枪喷涂，局部修补和小面积施工时，宜用手工抹涂，面层装饰涂料宜涂刷、喷涂或滚涂。厚涂型涂料宜采用压送式喷涂机喷涂。必须是前一遍干燥后，再进行后一遍的喷涂。喷涂时应避免一次喷涂过多，导致涂料因自重而向下流坠，粘结不牢，涂层产生开裂、脱落，影响涂层的密实性和整体性，降低耐火极限和防火性能。

（1）厚涂型防火涂料施工

1）喷涂应分若干次完成，第一次喷涂以基本盖住钢基材面即可，以后每次喷涂厚度为 5～10mm，一般以 7mm 左右为宜。必须在前一次喷涂基本干燥或固化后再接着喷，通常情况下，每天喷一遍即可。

2）喷涂保护方式，喷涂次数与涂层厚度应根据防火设计要求确定。耐火极限 1～3h，涂层厚度 10～40mm，一般需喷 2～5 次。

3）喷涂时，持枪手紧握喷枪，注意移动速度. 不能在同一位置久留，造成涂料堆积流淌；输送涂料的管道长而笨重，应配一助手帮助移动和托起管道；配料及往挤压泵加料均要连续进行，不得停顿。

4）施工过程中，操作者应采用测厚针检测涂层厚度，直到符合设计规定的厚度，方可停止喷涂。

5）喷涂后的涂层要适当维修，对明显的乳突，应采用抹灰刀等工具剔除，以确保涂层表面均匀。

（2）薄涂型防火涂料施工

1）底层施工操作与质量

①底涂层一般应喷 2～3 遍，每遍间隔 4～24h，待前遍基本干燥后再喷后一遍。头遍喷涂以盖住基底面 70% 即可，二、三遍喷涂每遍厚度不超过 2.5mm 为宜。每喷 1mm 厚的涂层，约耗湿涂料 1.2～1.5kg/m²。

②喷涂时手握喷枪要稳，喷嘴与钢基材面垂直或成 70 度角，喷嘴到喷面距离为 40～60mm。要求回旋转喷涂，注意搭接处颜色一致，厚薄均匀，要防止漏喷、流淌。确保涂层完全闭合，轮廓清晰。

③喷涂过程中，操作人员要携带测厚计随时检测涂层厚度，确保各部位涂层达到设计规定的厚度要求。

④喷涂形成的涂层是粒状表面，当设计要求涂层表面要平整光滑时，待喷完最后一遍应采用抹灰刀或其他适用的工具作抹平处理，使外表面均应平整。

2）面层施工操作与质量

①当底层厚度符合设计规定，并基本干燥后，方可施工面层喷涂料。

②面层喷涂料一般涂饰 1～2 遍。如头遍是从左至右喷，二遍则应从右至左喷，以确保全部覆盖住底涂层。面涂用料为 0.5～1.0kg/m²。

③对于露天钢结构的防火保护，喷好防火的底涂层后，也可选用适合建筑外墙用的面层涂料作为防水装饰层，用量为 1.0kg/m² 即可。

④面层施工应确保各部分颜色均匀一致，接茬平整。

要求在涂层内设置钢丝网或采取其他措施。由于厚涂型涂料厚度较厚，其附着的钢构件在外荷载作用下出现变形时，将会在涂层和钢构件基面之间形成较大的剪切力，有可能破坏涂层与钢构件之间的附着力，措施目的是加强涂层与钢构件基层的粘结强度，提高涂层的延性，保证涂层发生较大变形时，不出现开裂，以及与钢构件基面的粘结失效。

　　按《钢结构工程施工质量验收规范》GB 50205－201X 的相关要求进行验收。对涂层厚度进行测量，用厚度测针（厚度测量仪）和钢尺进行实测，按同一类型防火涂料构件数抽查 10％，且不少于 3 件。

29 安全与环保

29.1 安 全 防 护

《钢结构工程施工规范》GB 50755–2012

16.2.2 多层及高层钢结构施工应采用人货两用电梯登高，对电梯尚未到达的楼层应搭设合理的安全登高设施。

【技术要点说明】

多层及高层钢结构施工时，需设置登高措施，一般情况下可采用施工电梯，既可以供人员上下登高之用，也可以用于运输一些简单施工器械或货物。现场施工电梯一般由总包单位统一设置，可供各专业施工单位（如钢结构施工单位）所用。对于施工电梯尚未到达的楼层，可考虑采用其他形式的登高措施，并应进行结构分析计算，确保登高措施自身安全。

除施工电梯以外，一般可用脚手架钢管搭设或制作专业钢楼梯作为登高措施。搭设时应注意便于周转和重复使用，文明施工，减少安全隐患。楼梯的顶部、底部与结构间连接必须安全、可靠，通道口需悬挂警示牌，并做好周边及楼梯底部安全防护，常见的登高通道安全防护大样图（图 29-1）。

另外，在钢柱等单个构件安装时，常采用外挂钢爬梯（图 29-2）作为作业人员的临时登高措施。

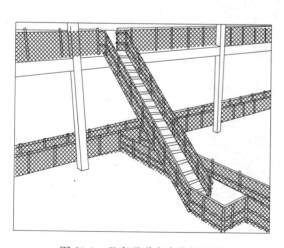

图 29-1 登高通道安全防护示意

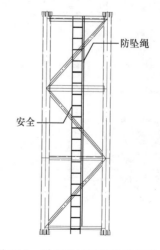

防坠绳

安全

图 29-2 采用外挂钢爬梯登高示意

16.2.3 钢柱吊装松钩时，施工人员宜通过钢挂梯登高，并应采用防坠器进行人身保护。

钢挂梯应预先与钢柱可靠连接，并应随柱起吊。

【技术要点说明】

钢柱安装时尽量将安全爬梯、安全通道或安全绳在地面上铺设固定在构件上，减少高空作业，减小安全隐患。钢柱吊装后采取登高摘钩的方法时，尽量使用防坠器，对登高作业人员进行保护。安全爬梯的承载必须经过安全计算。

钢挂梯的制作及使用可参考以下内容：

（1）钢爬梯的制作采用直径12mm及以上的圆钢（低碳钢）或角钢焊接制作，不宜采用高碳钢或螺纹钢制作。

（2）钢爬梯脚踏横杆两端应弯成90°，与竖杆焊接的部分不宜少于50mm，焊缝须两面满焊。钢爬梯制作须由合格熟练的焊工焊接，并检查验收合格和做好验收资料。

（3）钢爬梯的悬挂固定应采用直径9mm及以上的钢丝绳进行悬挂固定；也可以采用直径12mm及以上圆钢进行固定，不得用铁丝（或叫铅丝）进行绑扎。

（4）钢爬梯在加长连接时应用下爬梯的上端挂钩挂在上爬梯的脚踏横杆上，再用铁丝拧紧固定，注意铁丝不要拧得过紧而损伤。爬梯中间分段进行绑扎固定。

（5）上下爬梯时，须面向梯子，且不宜手持器物。

16.3.2 钢结构施工的平面安全通道宽度不宜小于600mm，且两侧应设置安全护栏或防护钢丝绳。

【技术要点说明】

钢结构工程施工过程中需设置平面通道，以保证作业人员的行走安全，也有利于提高其作业效率。安全通道的搭设需保证在平面内是连续的，不宜出现断头，更不能在通道中间出现通道板断开不连续的现象，以免危害作业人员的安全。一般来说，水平通道宜在楼层上便于行走的地方设置，且宜形成闭合回路，可利用结构梁作为支承构件，用脚手管和木跳板进行搭设。条件允许时，也可采用型钢制作的钢跳板搭设。

图 29-3 楼层间水平通道安全示意

本条规定了钢结构工程施工平面安全通道的基本尺寸和防护要求，旨在保证搭设的安全通道能够有效保障作业人员的基本安全。对于楼层上搭设的安全通道，由于楼面已拉设密目安全网，一定程度上已具备防止坠物的条件，一般仅需设置安全护栏或防护钢丝绳即可，见图29-3。对于楼层以外的平面安全通道，由于通道下面尚无安全网，宜在通道栏杆上设置安全网，以免坠物伤人，见图29-4。

16.4.1 边长或直径为20cm～40cm的洞口应采用刚性盖板固定防护；边长或直径为

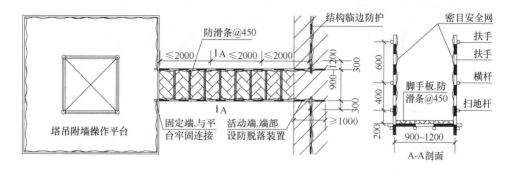

图 29-4 出入塔吊平台的安全通道示意

40cm～150cm 的洞口应架设钢管脚手架、满铺脚手板等；边长或直径在 150cm 以上的洞口应张设密目安全网防护并加护栏。

【技术要点说明】

本条为保证洞口的防护安全，针对不同尺寸的洞口规定了不同的防护措施。对于小型洞口（边长或直径 20～40cm）可直接采用刚性盖板覆盖防护，但要保证刚性盖板与洞口的有效固定，以免施工过程中刚性盖板与洞口脱离，导致不安全。中型洞口（边长或直径为 40～150cm）与大型洞口（边长或直径在 150cm）的防护要求可参见图 29-5、图 29-6。

图 29-5 中型洞口防护示意

图 29-6 大型洞口防护示意

16.4.2 建筑物楼层钢梁吊装完毕后，应及时分区铺设安全网。

【技术要点说明】

安全网主要用来防止人、物坠落，或用来避免、减轻坠物及物击伤害的网具。安全网一般由网体、边绳、系绳等组成。安全网分为大眼网和密目网两类，大眼网用作水平兜网，密目网用作立网。施工现场使用的安全网质量必须符合国家标准《安全网》GB 5725 的规定。悬空楼层应满铺水平网，每隔 10m（2F-3F）高度铺设一次。图 29-7 为某项目楼层安全网的布设示意。

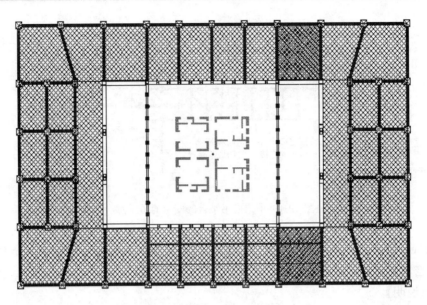

图 29-7　某项目楼层安全网的布设示意

16.4.3　楼层周边钢梁吊装完成后，应在每层临边设置防护栏，且防护栏高度不应低于 1.2m。

【技术要点说明】

钢梁吊装完成后，尚需在楼层临边进行后续施工作业，为保证安全，尚需在楼层临边设置安全防护栏，防护栏一般采用钢丝绳、脚手管等材料制成，可参考如下内容设置（图 29-8）：

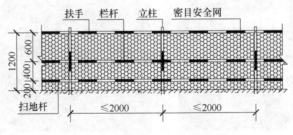

图 29-8　临边防护栏杆的构造

（1）用于临边作业防护的钢管栏杆及立柱可采用 A48×（2.75～3.5）mm 的管材，以扣件或焊接固定。

（2）防护栏杆采用钢管扣件搭设，也可采用配装式栏杆。防护栏杆由扫地杆、横杆、扶手及立柱组成，扫地杆离地 200mm，栏杆离地高度为 0.5m～0.6m，扶手离地高度为 1.2m，柱按不大于 2m 设置。

16.4.4　搭设临边脚手架、操作平台、安全挑网等应可靠固定在结构上。

【技术要点说明】

临边脚手架、操作平台、安全挑网等临边防护措施，必须与主体结构有效连接，保证可靠，一般可采取夹具、栓接、焊接等方式连接。图 29-9 为临边安全挑网及栏杆示意。

图 29-9 外挑网及楼层临边防护

16.5.2 起重吊装机械应安装限位装置，并应定期检查。

【技术要点说明】

起重设备的限位装置是保证吊装作业过程中起重设备始终处于允许的工作状态范围，是保证起重设备安全的一种有效手段，需根据起重机的规定设置相应的限位器，并应定期检查限位器的工作情况，如有损坏必须维修或更换。

下面对限位器的基本知识做简要介绍：

限位器是位置限制器的简称，是用来限制各机构运转时越过范围的一种安全防护装置。包括上升位置限制器、运行极限位置限制器、偏斜调整及显示装置以及缓冲器等。

（1）上升（下降）位置限制器

1）上升极限位置限制器用于限制取物装置的起升高度，当吊具起升到上极限位置时，限位器切断电源，防止吊钩等取物装置继续上升拉断钢丝绳而发生重物失落事故。

2）下降极限位置限制器是当取物装置下降到最低位置时，切断电源，使运行停止，以保证钢丝绳在卷筒上缠绕余留的安全圈不少于两圈。下降极限位置限制器可只设置在操作人员无法判断下降位置的起重机上和其他特殊要求的设备上。

（2）运行极限位置限制器

运行极限位置限制器由限位开关和安全尺撞块组成。当起重机运行到极限位置后，安全尺触动限位开关的传动柄，带动限位开关内的闭合触头分开而切断电源，运行机构将停止运转。起重机将在允许的制动距离内停车，即可避免硬性碰撞挡体对运行的起重机产生过度的冲击碰撞。凡是有轨道的各类起重机，均应设置极限位置限制器。

（3）偏斜调整和显示装置

大跨度的门式起重机和装卸桥的两边支腿，在运行过程中，由于种种原因会发生相对超前和滞后的现象，起重机的主梁与前进方向发生偏斜，这种偏斜轻则发生大车啃轨，重则会导致桥架被扭坏，甚至发生倒塌事故。为了防止以上情况的发生，应设置偏斜限制器、偏斜指示器或偏斜调整装置等，来保证起重机支腿在运行中不出现超偏现象，即通过机械和电器限位器的联锁，将超前或滞后的支腿调整到正常位置，以防桥架被扭坏。

（4）缓冲器

当运行极限位置限制器或制动装置发生故障时，由于惯性的原因，运行到终点的起重机或小车，将在运行终点与设置在该位置的止挡体相撞。设置缓冲器的目的就是吸收起重机或起重小车的运行功能，以减缓冲击。缓冲器设置在起重机或起重小车与止挡体相碰撞的位置。在同一轨道上运行的起重机之间以及在同一桥架上的双小车之间也应设置缓冲器。

16.5.3 安装和拆除塔式起重机时，应有专项技术方案。

【技术要点说明】

本条规定安装和拆除塔吊要有专项技术方案，特别是高层内爬式塔吊的拆除，在布设塔吊时就要进行考虑。塔式起重机安拆专项方案包括以下内容：

（1）编制依据

简述安拆专项施工方案编制所依据的相关标准、规范及图纸（国标图集）、施工组织设计等。

（2）工程概况

简要描述钢结构工程概况，主要说明与起重机安拆相关的工程信息，在此基础上分析安拆工作的难点和相应对策。

（3）起重机性能及要求

简要说明一下待安拆的起重机外形尺寸、性能和要求等相关信息。

（4）安装前的准备工作

人、机、料等的准备工作。

（5）安拆要求及注意事项

简要说明安拆过程的一般要求和注意事项。

（6）安装程序

主要说明塔式起重机的安装流程。

（7）顶升加节

对顶升加节方法和注意事项进行说明。

（8）拆卸程序

主要说明塔式起重机的拆卸流程。

（9）安全保障措施

主要说明安拆过程中的一些安全措施（如塔式起重机的附着架等）、安全管理要求等。

（10）应急措施

主要说明塔式起重机安拆过程中可能出现的紧急情况，并给出应急措施。

16.5.4 群塔作业应采取防止塔吊相互碰撞措施。

【技术要点说明】

钢结构工程施工过程中可能存在群塔吊装的情况，此时必须采取措施防止群塔相互碰撞。

（1）群塔作业应遵循的原则

1）低塔让高塔原则：一般情况下，主要位置的塔吊、施工繁忙的塔吊应安装的较高，次要位置的塔吊安装的较低，施工中，低位塔吊应关注相关的高位塔吊运行情况，在查明情况后再进行动作。

2）后塔让先塔原则：塔吊同时在交叉作业区运行时，后进入该区域的塔吊应避让先进入该区域的塔吊。

3）动塔让静塔原则：塔吊在交叉作业区施工时，有动作的塔吊应避让正停在某位置施工的塔吊。

4）荷重先行原则：两塔同时施工在交叉作业区时，无吊载的塔吊应避让有吊载的塔吊，吊载较轻或所吊构件较小的塔吊应避让吊载较重或吊物尺寸较大的塔吊。

5）客塔让主塔原则：在明确划分施工区域后，闯入非本塔吊施工区域的塔吊应主动避让，该区域塔吊。

（2）群塔作业可能的碰撞形式及其防撞措施

1）水平方向低位塔吊的起重臂与高位塔吊塔身之间碰撞

此部位的防碰撞，塔吊在现场的定位是关键，通过严格控制塔吊之间的位置关系，可预防低位塔吊的起重臂端部碰撞高位塔吊塔身，塔吊定位必须保证任意两塔间距离均大于较低的塔吊臂长 2m 以上，方能保证不发生此部位防碰撞。

2）低位塔吊的起重臂与高位塔吊起重钢丝绳之间碰撞

一般须对每一台塔吊的工作区进行合理划分，尽量避免或减少出现塔吊交叉工作区。如发现较矮的塔机起重臂进入相互覆盖范围区时，较高的塔机回转时小车要停在相互覆盖范围区外，当较高的塔机起重臂对准装卸点时，司机要观察较低的塔机起重臂确认不会发生碰撞后，才能将小车进入覆盖范围区进行装卸，装卸完成须将小车开离相互覆盖范围区，才能回转起重臂。当司机观察现场发现相互覆盖范围区内起重臂可能发生碰撞时，司机须要控制起重臂离开相互覆盖区范围，这样才能最大限度避免发生碰撞事故。

同时，项目须配备有操作证的、经验丰富的信号工，塔吊租赁公司要配备操作熟练、有责任心的塔司为现场服务，作业时，时刻关注本塔吊及相关的塔吊，确保低塔的起重臂不碰撞高塔的起升钢丝绳；另外，塔吊在每次使用后或在非工作状态下，必须将塔吊的吊钩升至顶端，同时将起重小车行走到起重臂根部。当现场风速达到 6 级风，相当风速达到 10.8～13.8m/s 时，塔吊须停止作业。

3）高位塔吊的起重臂下端与低位塔吊的起重臂上端防碰撞措施

此类碰撞一般可通过控制相互影响的两台塔吊之间的高差予以避免。根据现行国家标准《塔式起重机安全规程》GB 5144 规定，"两台起重机之间的最小架设距离应保证处于低位的起重机的臂架端部与另一台起重机的塔身之间至少有 2m 的距离"。

16.5.6 采用非定型产品的吊装机械时，必须进行设计计算，并应进行安全验算。

【技术要点说明】

一般来说，钢结构工程施工采用的吊装机械基本上都是定型产品，如汽车式起重机、履带式起重机、塔式起重机和轮胎式起重机等。对于定型产品，已有计算保证和实践保障，只要严格按照起重机使用说明和国家相关安全操作规范进行吊装作业，可以保证安全性。但实际工程是比较复杂的，由于种种限制，可能存在已有的起重机定型产品不能满足现场吊装要求而必须采用非定型产品的情况（例如，昆明新机场钢结构工程就自行设计了实腹式组合门型桅杆起重机用于工程吊装)。此时需根据使用要求自行设计吊装机械。

考虑到吊装机械的设计对专业性要求较高,建议非定型产品的吊装机械在起重机生产厂家的协助下完成设计。设计完成的非定型吊装机械必须附有详细的安全计算报告,实际投入使用时也宜采用小型构件试吊,合格后进行正式吊装作业。

16.6.1 吊装区域应设置安全警戒线,非作业人员严禁入内。
【技术要点说明】

当进行构件吊装作业时,需暂时性封闭吊装作业影响区,禁止非作业人员进入,以免吊至高空的重物由于种种意外而掉落伤人。安全警戒线的设置应至少覆盖吊装机械的作业范围,并宜有适当富裕(即比吊装机械的吊臂旋转半径稍大)。吊装时,在满足作业条件的情况下,起重作业人员也应尽量远离被吊构件,非作业人员严禁入内。

16.6.3 当风速达到10m/s时,宜停止吊装作业;当风速达到15m/s时,不得吊装作业。
【技术要点说明】

吊装作业时,现场的风力是一个关键的且危险的影响因素,需予以重点控制。风速过大,将导致被吊物在高空出现大幅摆动,影响起重机械的受力状态,极有可能出现安全事故。故本条规定,当风速达到10m/s时,宜停止吊装作业;当风速达到15m/s时,不得吊装作业。

16.6.4 高空作业使用的小型手持工具和小型零部件应采取防止坠落措施。
【技术要点说明】

本条制订的目的在于防止高空坠物,从而引发安全事故,尤其对于高层、超高层及高耸钢结构施工更应重点防控。工程中可按以下方法进行控制:

(1)高处作业人员必须配备工具袋,小件工具须放入工具袋中;严禁把连接板、螺栓等放置在梁、柱及平台边缘上。

(2)重量较大或长度较长的工具必须系安全绳,安全绳须与固定物可靠连接。

(3)严格遵守文明施工要求,做到工完场清,废料集中运送至地面。

16.6.8 压型钢板表面有水、冰、霜或雪时,应及时清除,并应采取相应的防滑保护措施。
【技术要点说明】

压型金属板本身的防滑性能不佳,而表面沾有水、霜、露、甚至积雪时,更降低了压型金属板的防滑性能。实际工程中,所有在压型金属板上行走的作业人员应配有防滑鞋,行走时应严格使用安全带,并及时清除压型金属板上的水、霜、露、积雪,擦干板面。

29.2 施 工 环 境 保 护

《钢结构工程施工规范》GB 50755-2012

16.8.1 施工期间应控制噪声,应合理安排施工时间,并应减少对周边环境的影响。
【技术要点说明】

钢结构施工主要噪声源有焊接气刨、安装锤击、构件倒运和吊装等,噪声是施工现场常见的一种环境污染形式，处于市内的建筑场地尤其需注意控制噪声污染，力求最大限度减少对周围环境的影响。主要技术要点如下：

（1）通过合理安排施工时间（如不进行夜间施工，或在夜间仅进行一些低噪声工序的施工）、采用低噪声、低振动的机具、采取隔声与隔振措施等多种手段避免或减少施工噪声。

（2）施工现场噪声排放不得超过现行国家标准《建筑施工场界环境噪声排放标准》GB 12523 的规定。

16.8.2 施工区域应保持清洁。

【技术要点说明】

施工现场的清洁既可达到保护环境的要求，还可方便现场施工，提升施工现场的文明形象。保持现场清洁主要技术要点：

（1）合理规划和控制构件的堆放与储存；

（2）加强现场文明施工的督察力度；

（3）规范建筑垃圾的堆放并及时清理；

（4）通过地面硬化处理和洒水等手段控制现场扬尘等。

16.8.3 夜间施工灯光应向场内照射；焊接电弧应采取防护措施。

【技术要点说明】

钢结构施工现场不可避免地存在大量焊接作业，需采取措施以减少对周围环境的光污染。主要技术要点有：

（1）夜间室外照明灯加设灯罩，透光方向集中在施工范围。

（2）电焊作业、切割作业等可能引起强光的施工工序应采取遮挡措施（如封闭焊接作业棚），避免强光外泄。

16.8.4 夜间施工应做好申报手续，应按政府相关部门批准的要求施工。

【技术要点说明】

夜间施工应按相关要求办理申报手续，并经批准后方可组织施工。夜间施工尤其应注意减少施工光线、施工噪声等的控制，采取相应的措施，力求避免或减少其对周围环境的影响。

16.8.5 现场油漆涂装和防火涂料施工时，应采取防污染措施。

【技术要点说明】

油漆和防火涂料均存在一定的毒性，其施工应注意对环境的影响。防污染措施主要技术要点如下：

（1）涂装材料按产品说明书的要求进行存储；

（2）涂料施工现场不允许堆放易燃物品，并应远离易燃物品仓库；涂料施工现场，严禁烟火，并有明显的禁止烟火的宣传标志，同时备有消防水源或消防器材；

（3）料施工中使用擦过溶剂和涂料的棉纱、棉布等物品应存放在带盖的铁桶内，并定期处理掉，严禁向下水道倾倒涂料和溶剂；

（4）施工现场应做好通风，减少有毒气体的浓度；

（5）涂装施工前，做好对周围环境和其他半成品的遮蔽保护工作，防止污染环境。

16.8.6 钢结构安装现场剩下的废料和余料应妥善分类收集，并应统一处理和回收利用，不得随意搁置、堆放。

【技术要点说明】

从绿色施工和发展循环经济的角度出发，一方面有利于保持施工现场的清洁，另一方面也可尽可能地减少资源浪费。主要技术要点如下：

（1）废料应分类收集管理，统一处理；

（2）剩余材料应回收管理，回收入库时，应核对品种、规格和数量，并分类管理。

第 六 篇

砌体结构工程施工

30　概　述

30.1　总　体　情　况

砌体结构施工篇分为材料、砖砌体工程、混凝土小型空心砌块砌体工程、石砌体工程、配筋砌体工程、冬期与雨期施工以工程案例共七章，共涉及 5 项标准、19 条强制性条文(表 30-1)。

表 30-1　砌体结构工程施工篇涉及的标准及强条数汇总表

序号	标准名称	标准编号	强制性条文数量
1	《砌体结构工程施工质量验收规范》	GB 50203-2011	12
2	《混凝土结构工程施工质量验收规范》	GB 50204-2015	1
3	《砌体结构工程施工规范》	GB 50924-2014	3
4	《墙体材料应用统一技术规范》	GB 50574-2010	2
5	《砌体结构加固设计规范》	GB 50702-2011	1

30.2　主　要　内　容

按强制性条文内容，大体可分为以下七类：

一、材料

材料包括砌体结构工程所用水泥、钢筋的基本要求，作为对各种类型砌体工程的共同材料基础，同时后续各章还会对各种砌体砌块等提出要求。

例如，《砌体结构工程施工质量验收规范》GB 50203-2011 第 4.0.1 条；《混凝土结构工程施工质量验收规范》GB 50204-2015 第 5.2.1 条等。

二、砖砌体工程

砖砌体工程包括砖和砂浆的强度要求、砖砌体转角处和交接处的砌筑和接槎质量要求。

例如，《砌体结构工程施工质量验收规范》GB 50203-2011 第 5.2.1、5.2.3 条；《砌体结构工程施工规范》GB 50924-2014 第 6.2.4 条。

三、混凝土小型空心砌块砌体工程

混凝土小型空心砌块砌体工程包括小砌块质量要求，反砌施工，小砌块和芯柱混凝土、砌筑砂浆的强度，小砌块墙体转角处、纵横墙交接处及临时间断处的砌筑要求。

例如，《砌体结构工程施工质量验收规范》GB 50203-2011 第 6.1.8、6.1.10、6.2.1、6.2.3 条。

四、石砌体工程

石砌体工程包括挡土墙泄水孔施工，石材及砂浆强度要求。

例如，《砌体结构工程施工质量验收规范》GB 50203-2011 第 7.1.10、7.2.1 条；《砌体结构工程施工规范》GB 50924-2014 第 8.3.5 条。

五、配筋砌体工程

配筋砌体工程包括钢筋的品种、规格、数量和设置部位及构造柱、芯柱、组合砌体构件、配筋砌体剪力墙构件的混凝土及砂浆的强度要求。

例如，《砌体结构工程施工质量验收规范》GB 50203-2011 第 8.2.1、8.2.2 条。

六、冬期与雨期施工

冬期与雨期施工包括冬期施工所用材料要求。

例如，《砌体结构工程施工质量验收规范》GB 50203-2011 第 10.0.4 条。

七、工程案例

列举了四个工程案例，并结合强制性条文分析事故原因。

30.3　其 他 说 明

由于标准制修订工作不同步等原因，导致个别专用标准的强制性条文与通用标准或基础标准不一致，甚至不协调或冲突时，本书不纳入该专用标准的相关条文。

31　材　料

《砌体结构工程施工质量验收规范》GB 50203－2011

4.0.1　水泥使用应符合下列规定：

1　水泥进场时应对其品种、等级、包装或散装仓号、出厂日期等进行检查，并应对其强度、安定性进行复验，其质量必须符合现行国家标准《通用硅酸盐水泥》**GB 175** 的有关规定。

《砌体结构加固设计规范》GB 50702－2011

4.2.3　砌体结构加固工程中，严禁使用过期水泥、受潮水泥、品种混杂的水泥以及无出厂合格证和未经进场检验合格的水泥。

【技术要点说明】

　　水泥是混凝土、砂浆的最主要组分，其性能直接影响砌体结构芯柱混凝土、砂浆的质量，故对进场水泥的质量提出了严格要求。水泥进场时应按照现行国家标准《通用硅酸盐水泥》GB 175 的有关规定，对其品种、等级、包装或散装仓号、出厂日期等进行检查。

　　水泥的强度和安定性是水泥的两项极为重要的质量指标。水泥强度与砌筑砂浆、混凝土直接相关，即水泥强度低可导致砌筑砂浆、混凝土低，进而影响结构安全，甚至会使建筑物倒塌或破损，出现重大质量安全事故。安定性不合格的水泥是废品，严格禁止出厂和使用。一旦使用了安定性不合格的水泥，砌筑砂浆轻者达不到设计强度，重者砂浆变酥，几乎没有强度；混凝土浇筑后凝结缓慢，无强度，随后在构件表面出现不规则裂纹，模板拆除时就可能发生断裂或破坏。

　　以上 2 本规范虽均对水泥的进场检验进行了规定，但其内容详细程度文字表述不同。其中，《砌体结构工程施工质量验收规范》GB 50203－2011 条文内容详细，更便于执行。

　　水泥进场复验时，水泥强度应分别进行 3d 和 28d 的抗压强度和抗折强度试验，试验结果应满足《通用硅酸盐水泥》GB 175 的规定，试验按照国家标准《水泥胶砂强度检验方法》GB/ 17671 的有关规定进行；水泥的安定性试验按照国家标准《水泥标准稠度用水量、凝结时间、安定性检验方法》GB/T 1346 的有关规定进行，如果水泥中氧化镁的含量（质量分数）大于 6.0％时，需进行水泥压蒸安定性试验并合格，并按照国家标准《水泥压蒸安定性试验方法》GB/T 750 的有关规定进行。

【实施与检查】

　　水泥进场时，施工单位应根据设计和施工要求，检查其产品合格证、出厂检验报告，核对其品种、等级、包装或散装仓号、出厂日期等，并应按现行国家标准《通用硅酸盐水泥》GB 175 等标准的有关规定对水泥的强度和安定性进行复验。并按建设部建建［2000］221 号《房屋建筑工程和市政基础设施工程实行见证取样和送检的规定》的要求进行见证取样和送检。

　　施工单位现场质量管理人员和班组长应注意避免水泥混用现象。

　　检查数量：同一生产厂家、同一等级、同一品种、同一批号且连续进场的水泥，袋装不超过 200t 为一批，散装不超过 500t 为一批，每批抽样不少于一次。

　　检验方法：检查产品合格证、出厂检验报告和进场复验报告。水泥强度降低时砌筑砂浆的配合比设计资料。经常了解施工现场水泥使用状况。

《砌体结构工程施工质量验收规范》GB 50203 - 2011

4.0.1　水泥使用应符合下列规定：

　　2　当在使用中对水泥质量有怀疑或水泥出厂超过三个月(快硬硅酸盐水泥超过一个月)时，应复查试验，并按复验结果使用。

《砌体结构工程施工规范》GB 50924 - 2014

4.2.2　当在使用中对水泥质量受不利环境影响或水泥出厂超过 3 个月、快硬硅酸盐水泥超过 1 个月时，应进行复验，并应按复验结果使用。

【技术要点说明】

　　水泥出厂超过三个月(快硬硅酸盐水泥超过一个月)，或因存放不当等原因，水泥质量可能产生受潮结块等品质下降，直接影响砂浆或混凝土强度，甚至砌体结构质量。

【实施与检查】

　　为了保证砌体结构质量，施工现场使用的水泥应随进随用，不应超期存放。

　　如果水泥已经过期，应进行复验加以判断。当复验结果表明水泥品质未下降时可以继续使用；当复验结果表明水泥强度有轻微下降时可在一定条件下使用。当复验结果表明水泥安定性或凝结时间出现不合格时，不得在工程上使用。

　　水泥强度降低时应检查砌筑砂浆的配合比设计资料。

《混凝土结构工程施工质量验收规范》GB 50204 - 2015

5.2.1　钢筋进场时，应按国家现行相关标准的规定抽取试件作屈服强度、抗拉强度、伸长率、弯曲性能和重量偏差检验，检验结果应符合相应标准的规定。

　　检查数量：按进场批次和产品的抽样检验方案确定。

　　检验方法：检查质量证明文件和抽样检验报告。

【技术要点说明】

　　钢筋对建筑结构的承载能力至关重要，其钢筋质量性能的优劣直接关系到建筑结构的安全；另外对钢筋的强度、延伸率提出要求，是为了保证建筑结构的抗震性能。

　　为了确保砌体结构钢筋的质量，提出了钢筋材料应符合相关标准要求，并应按现行国家标准《混凝土结构工程施工质量验收规范》GB 50204 的规定进行检验，合格后方可使用。

　　砌体结构工程施工规范及有关技术规程也都对钢筋作了要求，具体如下：

　　《砌体结构工程施工规范》GB 50924 - 2014 第 4.5.1 条：砌体结构工程使用的钢筋，应符合设计要求及国家现行标准《钢筋混凝土用钢　第 1 部分：热轧光圆钢筋》GB

1499.1、《钢筋混凝土用钢 第 2 部分：热轧带肋钢筋》GB 1499.2 及《冷拔低碳钢丝应用技术规程》JGJ 19 的规定。

《砌体结构加固设计规范》GB 50702 - 2011 第 4.3.1 条：砌体结构加固用的钢筋，其品种、性能和质量应符合下列规定：

1 应采用 HRB335 级和 HRBF335 级的热轧或冷轧带肋钢筋；也可采用 HPB300 级的热轧光圆钢筋。

2 钢筋的质量应分别符合现行国家标准《钢筋混凝土用钢 第 1 部分：热轧光圆钢筋》GB 1499.1、《钢筋混凝土用钢 第 2 部分：热轧带肋钢筋》GB 1499.2 和《钢筋混凝土用余热处理钢筋》GB13014 的有关规定。

3 钢筋的性能设计值应按现行国家标准《混凝土结构设计规范》GB 50010 的有关规定采用。

4 不得使用无出厂合格证、无标志或未经进场检验的钢筋以及再生钢筋。

《凝土小型空心砌块建筑技术规程》JGJ/T 14 - 2011 第 8.1.11 条：钢筋进场应有产品合格证，并按规定取样复检，合格后方可使用。

【实施与检查】

钢筋进场时，检查产品合格证和出厂检验报告，并按《钢筋混凝土用钢 第 1 部分：热轧光圆钢筋》GB 1499.1、《钢筋混凝土用钢 第 2 部分：热轧带肋钢筋》GB 1499.2、《钢筋混凝土用余热处理钢筋》GB 13014、《钢筋混凝土用钢 第 3 部分：钢筋焊接网》GB 1499.3、《冷轧带肋钢筋》GB 13788、《高延性冷轧带肋钢筋》YB/T 4620、《冷轧扭钢筋》JG 190 及《冷轧带肋钢筋混凝土结构技术规程》JGJ 95、《冷轧扭钢筋混凝土构件技术规程》JGJ 115、《冷拔低碳钢丝应用技术规程》JGJ 19 等国家现行标准的规定抽样作力学性能（包括屈服强度、抗拉强度、伸长率、弯曲性能）和重量检验，并以进场复验报告结果作为材料能否在工程中应用的判断依据。

钢筋进场的抽样检验时，若有关标准中对进场检验作了具体规定，应按照执行；否则检验的批量应按下列规定确定：

1 对同一厂家、同一牌号、同一规格的钢筋，当一次进场的数量大于该产品的出厂检验批量时，应划分为若干出场检验批量，按出厂检验的抽样方案执行。

2 对同一厂家、同一牌号、同一规格的钢筋，当一次进场的数量小于或等于该产品的出厂检验批量时，应作为一个检验批量，然后按出厂检验的抽样方案执行。

3 对不同时间进场的同批钢筋，当确有可靠依据时，可按一次进场的钢筋处理。

《墙体材料应用统一技术规范》GB 50574 - 2010

3.1.4 墙体不应采用非蒸压硅酸盐砖(砌块)及非蒸压加气混凝土制品。

3.1.5 应用氯氧镁墙材制品时应进行吸潮返卤、翘曲变形及耐水性试验，并应在其试验指标满足使用要求后用于工程。

【技术要点说明】

近年来的调查及工程实践证明，由于非蒸压硅酸盐砖(砌块)生产线工艺及机械装备均较简陋，且制品的最终水化生成物与蒸压制品相差较大，是导致墙体建筑劣化、影响建筑物耐久性的主要原因，甚至危及建筑物的使用安全，致使拆楼事件时有发生。

　　鉴于上述情况，《墙体材料应用统一技术规范》做出规定：墙体不应采用非蒸压硅酸盐砖(砌块)及非蒸压加气混凝土制品。

　　工程中砖进场验收时，一般除砖强度等级进行抽样复检外，对砖的抗风化性能、尺寸偏差、外观质量不进行检查并验收。其结果将极易导致不合格产品(砖)在工程中使用的现象，致使建筑物质量下降，影响耐久性，甚至发生质量事故。对此，应规范砖质量的进场检查与验收行为，使砖的产品质量符合设计要求及国家现行有关产品标准的要求。

　　另外，实践证明，以氯氧镁为原材料生产的制品，出现了较多的工程质量问题：由于在原材料、生产配方以及在生产工艺上存在问题，容易造成氯氧镁制品吸潮返卤和翘曲变形。当制品出现吸潮反卤后，表面出现水珠或变湿、翘曲变形导致墙体开裂，严重影响装饰质量和使用效果，降低了产品强度，缩短了制品的使用寿命，尤其在高温潮湿环境下更为严重。因此提出对氯氧镁墙材制品进行吸潮返卤、翘曲变形及耐水性试验

【实施与检查】

　　砖(砌块)进场时应核对其品种，并当应用氯氧镁墙材制品时，应按国家现行相关标准规定进行吸潮返卤、翘曲变形及耐水性试验，并以进场复验报告结果作为材料能否在工程中应用的判断依据。

32 砖砌体工程

《砌体结构工程施工质量验收规范》GB 50203－2011

5.2.1 砖和砂浆的强度等级必须符合设计要求。

【技术要点说明】

正常施工条件下，即采用的原材料质量合格，工人操作规范，施工过程控制较好的施工状态下，砖砌体的强度取决于砖和砂浆的强度等级。为保证结构的受力性能和使用安全，砖和砂浆的强度等级必须符合设计要求。

一、砖强度等级评定可按下列步骤执行：

1 取样、试样制备

（1）取样

每一生产厂家，烧结普通砖、混凝土实心砖每 15 万块，烧结多孔砖、混凝土多孔砖、蒸压灰砂砖及蒸压粉煤灰砖每 10 万块各为一验收批，不足上述数量时按 1 批计，抽检量为 1 组。

（2）试样制备

试样切断或锯成两个半截砖，断开的半截砖长不得小于 100mm，见图 32-1。如果不足 100mm，应另取备用试样补足。

在试样制备平台上，将已断开的半截砖放入室温的净水中浸 10～20min 后取出，并以断口相反方向叠放，两者中间用厚度不超过 5mm 的水泥净浆粘结。水泥净浆采用强度等级为 32.5MPa 的普通硅酸盐水泥调制，要求稠度适宜。上下两面用厚度不超过 3mm 的同种水泥净浆抹平。制成的试件上下两面须互相平行，并垂直于侧面，见图 32-2。试件应放在温度不低于 10℃ 的不通风室内养护 3d，再进行试验。

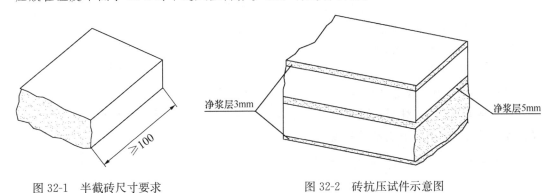

图 32-1 半截砖尺寸要求   图 32-2 砖抗压试件示意图

2 主要仪器设备

（1）材料试验机 试验机的示值误差不大于±1%，其下加压板应为球绞支座，预期最大破坏荷载应在量程的 20%～80% 之间。

(2)抗压试件制备平台　试件制备平台必须平整水平，可用金属或其他材料制作。

(3)水平尺　规格为 250mm～300mm。

(4)钢直尺　分度值为 1mm。

3　试验步骤

(1)测量每个试件连接面或受压面的长、宽尺寸各两个，分别取其平均值，精确至 1mm。

(2)分别将 10 块试件平放在加压板的中央，垂直于受压面加荷，应均匀平稳，不得发生冲击或振动。加荷速度为 (5 ± 0.5)kN/s，直至试件破坏为止，分别记录最大破坏荷载 F(单位为 N)。

4　抗压强度计算

(1)按照以下公式分别计算 10 块砖的抗压强度值，精确至 0.1MPa。

$$f_{mc}=\frac{F}{LB}$$

式中：f_{mc}——抗压强度(MPa)；

　　　F——最大破坏荷载(N)；

　　　L——受压面(连接面)的长度(mm)；

　　　B——受压面(连接面)的宽度(mm)。

(2)按以下公式计算 10 块砖强度变异系数、抗压强度的平均值和标准值。

$$\delta=\frac{s}{\overline{f}_{mc}}$$

$$\overline{f}_{mc}=\sum_{i=1}^{10}f_{mc,i}$$

$$s=\sqrt{\frac{1}{9}\sum_{i=1}^{10}(f_{mc,i}-\overline{f}_{mc})^2}$$

式中：δ——砖强度变异系数，精确至 0.01MPa；

　　$\overline{f}_{mc}$——10 块砖抗压强度的平均值，精确至 0.1MPa；

　　　s——10 块砖抗压强度的标准差，精确至 0.01MPa；

　$f_{mc,i}$——分别为 10 块砖的抗压强度值($i=1$～10)，精确至 0.1MPa。

5　强度等级评定

(1)平均值－标准值方法评定

当变异系数 $\delta\leqslant0.21$ 时，按实际测定的砖抗压强度平均值和强度标准值，根据标准中强度等级规定的指标，评定砖的强度等级。

样本量 $n=10$ 时的强度标准值按下式计算：

$$f_k=\overline{f}_{mc}-1.8s$$

式中：f_k——10 块砖抗压强度的标准值，精确至 0.1MPa。

(2)平均值－最小值方法评定

当变异系数 $\delta>0.21$ 时，按抗压强度平均值、单块最小值评定砖的强度等级。单块抗压强度最小值精确至 0.1MPa。

二、砂浆强度等级评定可按下列步骤进行：

砂浆强度等级是以边长为 70.7mm 的立方体试件，在标准养护条件(温度 20℃、相对湿度为 90% 以上)下，用标准试验方法测得 28d 龄期的抗压强度值(单位为 MPa)确定。砌筑砂浆按抗压强度划分为 M20、M15、M10、M7.5、M5、M2.5 等六个强度等级。一般情况下，多层建筑物墙体选用 M2.5～M15 的砌筑砂浆；砖石基础、检查井、雨水井等砌体，常采 M5 砂浆；工业厂房、变电所、地下室等砌体选用 M2.5～M10 的砌筑砂浆；二层以下建筑常用 M2.5 以下砂浆；简易平房、临时建筑可选用石灰砂浆；一般高速公路修建排水沟使用 M7.5 强度等级的砌筑砂浆。

1 取样、制作和组批

在砂浆搅拌机出料口或在湿拌砂浆的储存容器出料口随机取样制作砂浆试件(现场搅拌的砂浆，同盘砂浆只应作 1 组试件)。试模应为 70.7mm×70.7mm×70.7mm 的带底试模，应符合现行行业标准《混凝土试模》JG 237 的规定选择，应具有足够的刚度并拆装方便。试模的内表面应机械加工，其不平度应为每 100mm 不超过 0.05mm，组装后各相邻面的不垂直度不应超过±0.5mm。

立方体抗压强度试件的制作步骤为：

(1)采用立方体试件，每组试件应为 3 个；

(2)采用黄油等密封材料涂抹试模的外接缝，试模内应涂刷薄层机油或隔离剂。应将拌制好的砂浆一次性装满砂浆试模，成型方法应根据稠度而确定。当稠度大于 50mm 时，宜采用人工插捣成型，当稠度不大于 50mm 时，宜采用振动台振实成型；

1)人工插捣：应采用捣棒均匀地由边缘向中心按螺旋方式插捣 25 次，插捣过程中当砂浆沉落低于试模口时，应随时添加砂浆，可用油灰刀插捣数次，并用手将试模一边抬高 5mm～10mm 各振动 5 次，砂浆应高出试模顶面 6mm～8mm；

2)机械振动：将砂浆一次装满试模，放置到振动台上，振动时试模不得跳动，振动 5s～10s 或持续到表面泛浆为止，不得过振；

3)应待表面水分稍干后，再将高出试模部分的砂浆沿试模顶面刮去并抹平。

同一类型、强度等级的砌筑砂浆的试件不应少于 3 组；同一验收批的砂浆只有 1 组或 2 组试件时，每组试件抗压强度平均值应大于或等于设计强度等级值的 1.10 倍；对于建筑结构的安全等级为一级或设计使用年限为 50 年及以上的房屋，同一验收批砂浆试件的数量不得少于 3 组。

2 标准养护

试件制作后应在温度为 20±5℃的环境下静置 24±2h，对试件进行编号、拆模。当气温较低时，或者凝结时间大于 24h 的砂浆，可适当延长时间，但不应超过 2d。试件拆模后应立即放入温度为 20±2℃，相对湿度为 90% 以上的标准养护室中养护。养护期间，试件彼此间隔不得小于 10mm，混合砂浆、湿拌砂浆试件上面应覆盖，防止有水滴在试件上。

从搅拌加水开始计时，标准养护龄期应为 28d，也可根据相关标准要求增加 7d 或 14d。

3　强度试验及计算

(1)立方体试件抗压强度试验应按下列步骤进行：

1)试件从养护地点取出后应及时进行试验。试验前应将试件表面擦拭干净，测量尺寸，并检查其外观，并应计算试件的承压面积。当实测尺寸与公称尺寸之差不超过 1mm 时，可按照公称尺寸进行计算。

2)将试件安放在试验机的下压板或下垫板上，试件的承压面应与成型时的顶面垂直，试件中心应与试验机下压板或下垫板中心对准。开动试验机，当上压板与试件或上垫板接近时，调整球座，使接触面均衡受压。承压试验应连续而均匀地加荷，加荷速度应为 0.25～1.5kN/s，砂浆强度不大于 2.5MPa 时，宜取下限。当试件接近破坏而开始迅速变形时，停止调整试验机油门，直至试件破坏，然后记录破坏荷载。

(2)强度计算

1)砂浆立方体抗压强度应按下式计算：

$$f_{m,cu} = K \frac{N_u}{A}$$

式中：$f_{m,cu}$——砂浆立方体抗压强度(MPa)，应精确至 0.1MPa；

$\qquad N_u$——试件破坏荷载(N)；

$\qquad A$——试件承压面积(mm^2)；

$\qquad K$——换算系数，取 1.35。

2)立方体抗压强度试验的试验结果应以三个试件测值的算术平均值作为该组试件的砂浆立方体抗压强度平均值(f_2)，精确至 0.1MPa；当三个测值的最大值或最小值中有一个与中间值的差值超过中间值的 15% 时，应把最大值及最小值一并舍去，取中间值作为该组试件的抗压强度值；当两个测值与中间值的差值均超过中间值的 15% 时，该组试验结果应为无效。

4　强度合格评定

砂浆抗压强度合格评定采用平均值和最小值双控，即必须同时满足：①同一验收批砂浆试件强度平均值应大于或等于设计强度等级值的 1.10 倍；②同一验收批砂浆试件强度的最小一组平均值应大于或等于设计强度等级值的 85%。

【实施与检查】

对进入施工现场的砖进行强度等级复验，并检查其试验报告单；对砂浆进行配合比设计和砂浆浆试件强度等级检验，并检查其试验报告单。砖的强度等级按相应产品标准规定评定；砂浆强度等级按现行国家标准《砌体结构工程施工质量验收规范》GB 50203－2011 第 4.0.12 条的有关规定进行评定。砖和砂浆的强度等级必须符合设计要求。根据检验结果填写检验批验收记录。

当施工中或验收时出现下列情况，可采用现场检验方法对砂浆或砌体强度进行实体检测，并判定其强度：

1　砂浆试件缺乏代表性或试件数量不足；

2　对砂浆试件的试验结果有怀疑或有争议；

3　砂浆试件的试验结果，不能满足设计要求；

4 发生工程事故，需要进一步分析事故原因。

【专题说明】

从本篇工程案例之案例一、案例二、案例三看出，该两幢砌体结构房屋倒塌的一个重要原因是砖和砌筑砂浆的强度太低：在案例一中，基础砖墙质量十分低劣，砖强度等级现场检测都明显低于 MU7.5，不符合设计 MU10 的要求；砂浆强度现场判定为 0.4MPa 以下。在案例二中，砂浆未进行配合比设计，地下杂物间砂浆强度实体检测结果为 2.7MPa，其余均低于 1.0MPa。在案例三中，混凝土及砂浆无配比、无计量、无试件，要求的 M5.0 混合砂浆和 C20 混凝土均达不到要求，混凝土采用回弹仪测试，其强度在 C15 左右，砂浆强度也只有 2MPa 左右。

欲确保砌筑砂浆强度质量，必须把好配置砂浆原材料质量、配合比设计、拌制时各组分材料质量计量、搅拌时间、砂浆使用时间这些关键。下面引用作者搜集的西安地区两类砂浆试件强度进行分析。

第一类砂浆试件是具有较严格管理的情况，某房地产开发企业基于在建工程量大，施工企业多的状况，特邀请省建筑工程质量检测中心在施工现场设立试验分站，直接为该工程服务；另一类是广泛收集西安地区多个建筑施工企业委托省建筑工程质量检测中心试验的数据。

结果显示，这两类砌筑砂浆试件强度存在巨大的差异，从试验结得到：

第一类砂浆配合比合理，试件抗压强度平均值比设计值高 20% 左右，低于设计值的数量十分有限，仅占全部统计量（206 组）的 3.9%，不同强度等级砂浆抗压强度分布的变异系数为 0.04～0.18。

第二类砂浆配合比不合理，最大值达到了设计值的 4 倍以上，而低于设计值的试件组数（286 组）占 7.7%，最低强度仅为设计强度的一半，试件抗压强度极不均匀，强度分布的变异系数为 0.40～0.56。这说明在这些砂浆中存在未进行配合比设计或拌制时各组分计量随意的情况。

国家标准《砌体结构工程施工质量验收规范》GB 50203－2011 的编制组曾在 2008 年"5·12"汶川大地震发生后进行砌体结构房屋震害调查，发现有的倒塌砌体房屋砌筑砂浆强度很低。图 32-3 为在废墟处拾取的砂浆块，用手可将其捏成粉状。

图 32-3 砌筑砂浆用手可捏成粉状

5.2.3 砖砌体的转角处和交接处应同时砌筑，严禁无可靠措施的内外墙分砌施工。在抗震设防烈度为 **8** 度及 **8** 度以上地区，对不能同时砌筑而又必须留置的临时间断处应砌成斜槎，普通砖砌斜槎水平投影长度不应小于高度的2/3，多孔砖砌体的斜槎长高比不应小于1/2。斜槎高度不得超过一步脚手架的高度。

《砌体结构工程施工规范》GB 50924-2014

6.2.4 砖砌体的转角处和交接处应同时砌筑。在抗震设防烈度8度及以上地区，对不能同时砌筑的临时间断处应砌成斜槎，其中普通砖砌体的斜槎水平投影长度不应小于高度（h）的2/3（图6.2.4），多孔砖砌体的斜槎长高比不应小于1/2。斜槎高度不得超过一步脚手架高度。

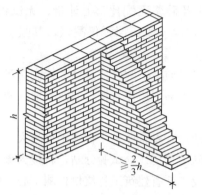

图6.2.4 砖砌体斜槎砌筑示意图

【技术要点说明】

砖砌体转角处和交接处的砌筑和接槎质量，是保证砖砌体结构整体性能和抗震性能的关键之一。有关试验研究表明，对砌体的转角处和交接处同时砌筑的连接性能最佳；留踏步槎（斜槎）的次之；留直槎并按规定加拉结钢筋的再次之；仅留直槎不加设拉结钢筋的最差，上述不同砌筑和留槎形式试的水平抗拉力之比为1.00、0.93、0.85、0.72。因此，除在留置构造柱处外，砌体的转角处和交接处应同时砌筑。

《砌体结构工程施工质量验收规范》针对砌体结构设时取用的抗震设防烈度大小不同及砌筑方法对结构受力影响的大小，分别对抗震设防烈度8度及8度以上地区和对非抗震设防及在抗震设防烈为6度、7度地区砖砌体的转角处和交接处的砌筑要求作了不同的规定。但应注意留直槎时应做成凸槎。

为了尽量减少砌体的临时间断处对结构整体性的不利影响，条文规定斜槎高度不得超过一步脚手架高度（图32-4）。

图32-4 临时间断处留置斜槎

【实施与检查】

施工前，施工单位应加强对质量管理人员和操作工人进行技术交底；施工中应按照条文规定加强自检和监理人员现场抽查，并填写检验批验收记录。

检查检验批质量验收记录；在对砌体工程的观感质量进行检查时，对砌体的转角处和纵横墙交接处全面观察检查。

【专题说明】

地震震害表明，在地震荷载作用下，墙体总是首先在最薄弱的部位开裂，形成初始开裂状态，伴随着地震荷载的反复作用，进而使墙体的初始裂缝迅速发展，最后导致墙体破坏和房屋倒塌。砌体结构房屋中墙体最薄弱的部位是墙体转角处和内外墙连接处。其中，墙体转角处为纵横墙的交汇点，地震作用下其应力状态复杂，较易破坏。此外，发生扭转时，墙角处位移反应较其他部位大，也容易受到破坏；内外墙连接处也是房屋的薄弱部位，极易被拉开。如施工质量不良，将导致在地震时纵墙和山墙外闪（图32-5）。

陕西省建筑科学研究院曾进行过砖砌体接槎形式对墙体受力性能的试验研究，通过室内模拟试验得到以下结论：①纵横墙同时砌筑的整体连接性能最好；②留斜槎的整体性能次之，较纵、横墙同时砌筑时低7％左右；③留直槎并设拉结筋的整体性比留斜槎的整体性要差，较纵、横墙同时砌筑时低15％左右；④只留直槎不加设连接钢筋的接槎性能最差，较纵、横墙同时砌筑时低28％。如对于施工现场，以上的差别应加大。

图32-5　纵横墙连接不牢造成纵墙外闪

规范针对砌体结构设计时取用的地震设防裂度大小的不同，分别对在工程施工中，有时在砖砌体的转角处和交接处需要临时间断。对此，应砌成斜槎。因为斜槎砌筑与同时砌筑对墙体的整体性和结构受力差异并不明显。

在保证施工质量的前提下，留直槎加设拉结钢筋时，其连接性能较留斜槎时降低不太多，加之作用于房屋的地震力又较地震烈度8度时大大减小。

必须指出，所留直槎必须为凸槎（阳槎），即接槎留在墙外的直槎，也称为小马牙槎（一皮砖挑出和一皮砖收进相间的形式）。接槎留在墙内即为阴槎，这种接槎补砌时不能保证质量，且不易检查，隐患很多。

纵横墙连接不牢，将导致房屋结构整体性差，可能在施工和使用中发生严重质量安全事故。本篇第十一章工程质量与安全案例之案例三看到，倒塌的房屋砌体砌筑质量极差，碎砖集中使用，纵横墙交接处直槎到顶。

33 混凝土小型空心砌块砌体工程

《砌体结构工程施工质量验收规范》GB 50203-2011

6.1.8 承重墙体使用的小砌块应完整、无破损、无裂缝。

【技术要点说明】

小砌块壁薄肋窄、孔洞大，且块体大，单个砌块如果存在破损、裂缝等质量缺陷，当用其砌筑墙体后，除对砌体强度将产生不利影响外，小砌块的原有裂缝也容易发展。此外，外墙容易渗水，故规定承重墙体使用的小砌块应完整、无破损、无裂缝。

现行国家标准《普通混凝土小型空心砌块》GB 8239、《轻集料混凝土小型空心砌块》GB/T 15229 对小砌块的外观质量包括"掉角缺棱"和"裂纹延伸投影的累计尺寸"规定见表 33-1。由此可见，承重墙体应使用普通混凝土小砌块的优等品和轻集料混凝土小砌块的一等品。

表 33-1 小砌块外观质量

项目名称		普通混凝土小型砌块			轻集料混凝土小型砌块	
		优等品	一等品	合格品	一等品	合格品
掉角缺棱	个数（个），不多于	0	2	2	0	2
	三个方向投影尺寸的最小值（mm），不大于	0	20	30	0	30
裂纹延伸的投影尺寸累计（mm），不大于		0	20	30	0	30

【实施与检查】

施工前，施工单位应加强对质量管理人员和操作工人进行技术交底；施工中应按照本条文规定进行自检和监理人员现场检查，如发现已上墙的不完整、有破和裂缝的小砌块，应予拆换。

6.1.10 小砌块应将生产时的底面朝上反砌于墙上。

【技术要点说明】

由小砌块的生产工艺所决定，小砌块内孔孔壁有一定斜度，以便向上抽出芯模，这就使小砌块的壁和肋的厚度稍有变化。因此，为保证水平灰缝砂浆饱满度及墙体受力，故强调应将小砌块生产时的底面朝上砌筑。

【实施与检查】

施工前，施工单位应加强对质量管理人员和操作工人进行技术交底；施工中应自检和监理人员应现场检查。

6.2.1 小砌块和芯柱混凝土、砌筑砂浆的强度等级必须符合设计要求。

【技术要点说明】

在正常施工条件下，小砌块砌体的强度取决于小砌块和砌筑砂浆的强度等级；芯柱混凝土强度等级也是砌体力学性能能否满足要求最基本的条件。因此，为保证结构的受力性能和使用安全，小砌块和芯柱混凝土、砌筑砂浆的强度等级必须符合要求。

其中，芯柱混凝土施工操作要点有以下几点：

(1) 芯柱钢筋应与基础或基础梁中的预埋钢筋连接上，上下楼层的钢筋可在楼板面上搭接，搭接长度不应小于 40d （d 为钢筋直径）。

(2) 浇筑混凝土前，应清除孔洞内的砂浆等杂物，并用水冲洗，校正好钢筋位置且绑扎或固定后，方可浇筑混凝土。

(3) 当砌筑砂浆强度大于 1MPa 时，方可浇灌芯柱混凝土。

(4) 在浇灌芯柱混凝土前应先注入适量与芯柱混凝土相同的去石水泥砂浆，再浇灌混凝土。

(5) 砌完一个楼层高后，应连续浇筑芯柱混凝土，芯柱与圈梁应整体现浇。

【实施与检查】

检验方法为检查小砌块和芯柱混凝土、砌筑砂浆试件试验报告。

小砌块和砌筑砂浆的强度检验可参照《砌体结构工程施工质量验收规范》GB 50203 - 2011 第 5.2.1 条实施指南执行。但砌块的抽检数量为每一生产厂家，每 1 万块小砌块为一检验批，不足 1 万按一批计，抽检数量为 1 组；用于多层以上建筑的基础和底层的小砌块抽检数量不应少于 2 组。砂浆试件的抽检数量为每一检验批且不超过 250m³ 砌体的各类、各强度等级的普通砌筑砂浆，每台搅拌机应至少抽检一次。验收批的预拌砂浆、蒸压加气混凝土砌块专用砂浆，抽检可为 3 组。

芯柱混凝土强度检验可按以下要求执行：

(1) 取样：取样应在灌注混凝土的现场进行，每灌注一层楼高度或 25m³ 混凝土为一批次，进行坍落度检测，并制作试件进行抗压强度性能检测。

(2) 现场检验判定：灌孔混凝土抗压强度试件，其强度等级 Cb20、Cb25、Cb30、Cb35、Cb40 的 28d 抗压强度，经计算评定后应满足相应的普通混凝土强度等级 C20、C25、C30、C35、C40 的强度验收条件。

6.2.3 墙体转角处和纵横交接处应同时砌筑。临时间断处应砌斜槎，斜槎水平投影长度不应小于斜槎高度。施工洞口可预留直槎，但在洞口砌筑和补砌时，应在直槎上下搭砌的小砌块孔洞用强度等级不低于 C20 （或 Cb20） 的混凝土灌实。

【技术要点说明】

《砌体结构设计规范》GB 50003 - 2011 第 6.2.2 条与《砌体结构工程施工质量验收规范》GB 50203 - 2011 第 6.2.3 条等效。《砌体结构设计规范》GB 50003 - 2011 第 6.2.2 条：墙体转角处和纵横墙交接处应沿竖向每隔 400～500mm 设拉结钢筋，其数量为每 120mm 墙厚不少于 1 根直径 6mm 的钢筋；或采用焊接钢筋网片，埋入长度从墙的转角或交处算起，对实心砖墙每边不小于 500mm，对多孔砖墙和砌块不小于 700mm。

小砌块墙体转角处、纵横墙交接处及临时间断处的砌筑要求与砖墙砌体相同，即墙体转角处和纵横墙交接处应同时砌筑；临时间断处应砌斜槎。此外，临时施工洞口可预留直槎，但必须按照条文规定采取在直槎处小砌块孔洞内灌实混凝土的措施。这是保证砌体的结构整体性能和抗震性能的关键之一。

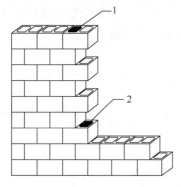

图 33-1　施工临时洞口直槎
砌筑示意图

1—先砌洞口灌孔混凝土（随砌随灌）；
2—后砌洞口灌孔混凝土（随砌随灌）

小砌块墙体转角处、纵横墙交接处受力复杂、整体性较差，临时间断处经补砌后其墙体整体性也有所削弱。故墙体转角处和纵横墙交接处应同时砌筑；临时间断处应砌斜槎。

小砌块墙体砌筑时，因为小砌块的孔洞大、壁薄、肋窄，如不采取措施在施工洞口预留直槎，将导致水平灰缝不平直，洞口补砌补砌困难，且易造成已砌相邻砌块松动，致使砌体整体性受到严重影响。对此，一般可采用在临时洞口两侧设置钢筋混凝土构造柱。构造柱断面可为墙厚度×190mm，混凝土强度等级为C20，水平拉结筋按构造要求设置。本条文提出了小砌块墙体施工洞口可预留直槎的另一种施工方案，即在即在洞口砌筑和补砌时，应在直槎上下搭砌的小砌块孔洞内用强度等级不低于C20（或Cb20）的混凝土灌实（图 33-1）。采取这一措施有以下优点：操作方便、节省钢筋、施工临时洞口整体性得到加强。

【实施与检查】

施工前，施工单位应加强对质量管理人员和操作工人进行技术交底；施工中应按照规范条文规定进行自检和监理人员现场检查。

34　石砌体工程

《砌体结构工程施工质量验收规范》GB 50203 - 2011

7.1.10　挡土墙的泄水孔当设计无规定时，施工应符合下列规定：

　　1　泄水孔应均匀设置，在每米高度上间隔 2m 左右设置一个泄水孔；

　　2　泄水孔与土体间铺设长宽各为 300mm、厚 200mm 的卵石或碎石作疏水层。

《砌体结构工程施工规范》GB 50924 - 2014

8.3.5　挡土墙必须按设计规定留设泄水孔；当设计无规定时，其施工应符合下列规定：

　　1　泄水孔应在挡土墙的竖向和水平方向均匀设置，在挡土墙每米高度范围内设置的泄水孔水平间距不应大于 2m；

　　2　泄水孔直径不应小于 50mm；

　　3　泄水孔与土体间铺设长宽不小于 300mm 、厚不小于 200mm 的卵石或碎石疏水层。

【技术要点说明】

　　挡土墙泄水孔的作用是自然泄出挡土墙里面的积水，保障土方的稳定性，减少挡土墙所受压力，保证挡土墙的安全。

　　挡土墙泄水孔的设计，通常在墙身的适当高度布置一排或数排泄水孔，泄水孔的进水口部分应设置粗粒料反滤层（采用 300 mm 厚的砂加卵石或人工合成材），以防孔道淤塞。

　　挡土墙的泄水孔未设置或设置不当，会使其墙后渗入的表水或地下水不易排出，导致挡土墙的土压力增加，且渗入基础的积水易造成墙体倒塌或基础沉陷，影响房屋的结构安全和施安全。对在施工场地周围砌筑的石砌体挡土墙，由于不属于房屋设计内容，设计单位一般也不专门进行详细的施工图设计，因此当设计对泄水孔的设置要求不明确时，应按条文规定执行。

【实施与检查】

　　施工前，施工单位应加强对质量管理人员和操作工人进行技术交底；施工中按照本条文规定加强自检和监理人员现场检查。

7.2.1　石材及砂浆强度等级必须符合设计要求。

【技术要点说明】

　　对石砌体工程，在正常施工条件下，石材及砂浆的强度直接与砌体强度相关，即根据《砌体结构设计规范》GB 50003，砌体强度值由石材及砂浆的强度确定。因此，为保证结构的受力性能和使用安全，在进行工程验收时规定"石材及砂浆强度等级必须符合设计要求"。

　　砌筑用石材的抗压强度是以边长为 70mm 的立方体抗压强度值来表示，根据抗压强度值的大小，天然石材强度等级分为 MU100、MU80、MU60、MU50、MU40、MU30、MU20、MU15、MU10 等 9 个等级。抗压强度取三个试件破坏强度的平均值。试件也可采用表 34-1 所列边长尺寸的立方体，但应对其试验结果乘以相应的换算系数后方可作为石材的强度等级。

表 34-1　石材强度换算系数

立方体边长（mm）	200	150	100	70	50
换算系数	1.43	1.28	1.14	1.00	0.86

【实施与检查】

抽检数量：同一产地的同类石材抽检不应少于 1 组。砂浆试件的抽检数量执行本规范第 4.0.12 条的有关规定。

检验方法：对料石检查其产品质量证明书，石材的强度报告单，符合设计要求后方可采用；砂浆检查检验批砂浆试件强度试验报告单，砂浆强度等级按现行国家标准《砌体结构工程施工质量验收规范》GB 50203－2011 第 4.0.12 条的有关规定进行评定。

35　配筋砌体工程

《砌体结构工程施工质量验收规范》GB 50203 - 2011

8.2.1　钢筋的品种、规格、数量和设置部位应符合设计要求。

【技术要点说明】

配筋砌体中，钢筋的品种、规格、数量和设置部位，是影响结构性能的重要因素，因此在施工中应严格把关。对钢筋而言，除应遵守现行国家标准《混凝土结构工程施工质量验收规范》GB 50204 有关规定外，在砌体工程施工中，钢筋的品种、规格、数量和设置部位应符合设计要求。其中，钢筋的设置部位应符合设计要求，主要是防止施工中钢筋被漏放，特别是对芯柱部位，由于在配筋砌块砌体剪力墙中，芯柱设置较多，有时按设计图纸并非每一小砌块孔洞都进行混凝土灌注，芯柱钢筋也有间隔配筋的情形，因此，施工中稍有不慎，并容易造成钢筋漏放。故在施工时应对钢筋设置部位，认真对照设计图纸进行逐一检查，并做好隐蔽工程验收。

【实施与检查】

检查钢筋的合格证书、钢筋性能进场复验试验报告，对照施工图检查已安装好的钢筋的品种、规格、数量和设置部位，检查钢筋隐蔽工程记录。

8.2.2　构造柱、芯柱、组合砌体构件、配筋砌体剪力墙构件的混凝土及砂浆的强度等级应符合设计要求。

【技术要点说明】

在配筋砌体中，构造柱、芯柱、组合砌体构件、配筋砌体剪力墙等均是砌体结构的重要组成部分，参与共同工作，其力学性能除与钢筋的品种、规格、数量和设置部位有关之外，还与该类构件所用混凝土及砂浆的强度密切有关。因此为确保配筋砌体结构的安全，必须保证该类构件的混凝土及砂浆的强度等级应符合设计要求。

【实施与检查】

抽检数量：每检验批砌体，试件不应少于 1 组，验收批砌体试件不得少于 3 组。

砂浆检查检验批砂浆试件强度试验报告单，砂浆强度等级按现行国家标准《砌体结构工程施工质量验收规范》GB 50203 - 2011 第 4.0.12 条的有关规定进行评定。

36   冬期与雨期施工

《砌体结构工程施工质量验收规范》GB 50203 - 2011

10.0.4   冬期施工所用材料应符合下列规定：

1   石灰膏、电石膏等应防止受冻，如遭冻结，应经融化后使用；

2   拌制砂浆用砂，不得含有冰块和大于 10mm 的冻结块；

3   砌体用块体不得遭水浸冻。

【技术要点说明】

石灰膏、电石膏等处于冻结状态下很难在砂浆中拌和均匀，这不仅起不到改善砂浆和易性的作用，还会降低砂浆强度。

砂浆用砂有一定的含水率，在冬期施工中有可能冻结成一定直径的砂块，且可能混有冰块，从而影响砂浆的均匀性和强度。

常温下，砖或其他块材表面的污物的清除比较容易，但当其遭受水浸冰后，块材表面的污物较难清除干净，会直接影响块材与砂浆间的粘结，进而降低砌体的整体性和强度。

综上所述，为保证冬期施工中砌体的施工质量，对冬期施工所用材料做了有关规定。

冬期施工对所用材料的质量要求及措施归纳如下：

（1）冬期施工中对石灰膏、电石膏的质量要求

石灰膏、电石膏是制备水泥混合砂浆常用的无机掺加料，其作用是改善砂浆的和易性、保水性。冬期施工中，如所采用的石灰膏或电石膏遭冻结，并未经融化而使用，会在砂浆中存在冻结块，影响使用效果，砂浆起不到应有的塑化作用，致使其工作性能、砂浆强度降低。因此，为了保证砌体结构的设计强度，确保施工质量，在冬期施工中应采取措施防止石灰膏、电石膏受冻，如遭冻结，应经融化后使用，其塑化作用方不受影响。

（2）冬期施工中对砂的质量要求

砂有一定的含水率，在雨天或下雪时，砂的含水率很大，如天气寒冷很容易在砂中混有冰块和砂浆冻块。冰块和大于 10mm 的砂浆冻块会直接影响砂浆的均匀性，并降低砂浆强度。因此拌制砂浆时，砂不得含有冰块和大于 10mm 的冻结块。如有，可采用破碎、过筛或加热等方法，去除这些冰块和冻结砂块。

（3）冬期施工中对块体的质量要求

在施工现场，砌体工程所用的砖、小砌体等块体一般均置在室外，在冬期施工期间，它们可能会遭水浸冻的块体表面会形成一层冰膜，它将降低砂浆与块体间的粘结强度。此外，采用遭水浸冻的砖、小砌块砌筑，不仅会迅速降低砂浆的温度，对砂浆初期强度增长不利，而且还会使灰缝砂浆中多余的施工用水得不到释放，从而也大大影响砂浆的密实性和强度增长。因此，遭水浸冻的块体不得使用，当然，遭水浸冻后的砖或小砌块如解冻后强度损失及质量损失符合产品标准的技术指标，仍然可以在砌体工程中使用。

（4）对胶凝材料的要求

1）水泥宜采用普通硅酸盐水泥。由于普通硅酸盐水泥具有快硬早强、水化热高及抗冻性好的特性，且市场供应量大又较经济，因此适宜在冬期施工中采用。

2）为保证砂浆能在负温度下持续硬化（砂浆拌制掺加有防冻剂），发展强度，特规定不得使用无水泥拌制的砂浆。

（5）对砂浆拌和的要求

1）拌和砂浆宜采用两步投料法。两步投料法就是对搅拌的物料分两次投料进行搅拌。一般情况下，在搅拌砂浆时，先投入主要的干混料和一小部分水，先进行预搅拌，等大体搅拌均匀后再投入其余的水、水泥和外加剂等组分，搅拌均匀。这种投料法有利于提高砂浆的强度。当水温超过 60 ℃时，应将砂子与水先进行拌制，再加入水泥进行搅拌。

2）防止水泥出现假凝现象。

水泥假凝是水泥用水调和几分钟后发生的一种不正常的早期固化或过早变硬现象。假凝时没有明显的放热现象，且经剧烈搅拌后浆体又可恢复塑性，并达到正常凝结。一般认为假凝是由于水泥粉磨时过热，使二水石膏脱水成半水石膏，当水泥和水后，立即形成硫酸钙的过饱和溶液，使石膏析晶，形成假凝。水泥假凝对强度影响不大，却给施工带来许多的困难。

解决假凝的方法：注意水泥的温度、冬期施工的投料顺序和水温，就能有效解决假凝现象。水的温度不得超过80℃，砂的温度不得超过40℃，且采用两步投料法。

3）砂浆稠度应适当加大。冬期施工中，对烧结普通砖、烧结多孔砖、蒸压灰砂砖、蒸压粉煤灰砖、烧结空心砖、吸水率较大的轻骨料混凝土小型空心砌块在气温高于0℃条件下砌筑时，应喷水湿润，且应随喷随砌；在负温条件下砌筑时，不应浇（喷）水湿润，但应增大砂浆稠度。砂浆稠度增大幅度根据不同块体的吸水特性确定，即对吸水率大和初始吸水速度快的块体砂浆调度应加大多一点，反之亦然，砂浆稠度增大幅度可比常温时大 10～30mm，但不宜超过 130mm。

（6）对砌筑时砂浆温度的要求

在冬期施工中，砌筑砂浆的制备应充分考虑环境温度的影响，结合所用原材料的特性，采取措施，确保配合比的正确执行和原材料特性的充分发挥，尽量提高拌制砂浆的出机温度，保证砂浆的使用温度，即要求砌筑时砂浆温度不应低于5℃，以方便砌筑操作和有利砂浆强度增长。

（7）对留置砂浆试件的要求

砌筑砂浆试件的留置，除应按常温规定要求外，尚应增加 1 组与砌体同条件养护的试件，用于检验转入常温 28d 的强度。砌筑砂浆试件强度的验收应以标准养护 28d 的试件强度为准。

留置的一组与砌体同条件养护的试件的作用，主要是为施工单位控制冬期施工的砌体质量，检查砌筑砂浆所掺用防冻剂的使用效果及砌筑砂浆的强度增长情况，作为内控的一种手段，不作为验评条件。如发现砂浆强度有异常，可进行砌体实体检测，以便进行相应处理。

【实施与检查】

施工单位应制订冬期施工措施。现场观察检查。

37 工程案例

【案例一】某县五层住宅楼倒塌事故

1997年7月12日上午9时30分左右,某县使用中的五层住宅楼倒塌,造成当时楼内39人中36人死亡,3人受伤。

事故原因分析:

1 主要原因:

1)基础砖墙质量十分低劣(砖强度等级现场检测都明显低于MU7.5,不符合设计MU10;断砖集中使用;砂浆强度现场判定为0.4MPa以下;违反了现行国家标准《砌体结构工程施工质量验收规范》GB 50203关于"砖和砂浆的强度等级必须符合设计要求"的规定。

2)擅自变更设计(把原设计的实地坪改为架空板,基础内侧未回填土)。

2 其他原因:

1)楼房倒塌前几天,城遭洪灾,楼房长时间积水浸泡;

2)施工企业质量管理失控,无施工组织设计,现场管理人员和工人质量意识差,技术水平低下,施工中存在严重违反工艺、工序标准现象;

3)建设单位质量管理混乱,不按基建程序办事,现场管理人员素质达不到要求;

4)质量监督机构工作失职,人员素质低;

5)开发区不按基建程序管理工程建设;

6)设计造价太低,违背客观规律。

【案例二】某县商品房整体坍塌事故

某县商品房系七层砖混结构下部有1.8m高的杂物间,于1995年4月6日正施工七层楼面混凝土时,突然整体坍塌,造成多人伤亡事故。

事故原因分析:

1 施工盲目赶进度;

2 砌体质量低劣、砂浆强度低(未设计配合比、地下杂物间强度2.7MPa、其余均低于1.0MPa)、混凝土强度低;违反了国家标准《砌体结构工程施工质量验收规范》GB 50203关于砖、砂浆和混凝土的强度等级必须符合设计要求的规定。

3 楼板负筋少50%~80%、拆模时间早;

4 立项、设计、施工都未按基建程序管理。

【案例三】某市北马镇村综合楼倒塌事故

某市北马镇村综合楼建筑面积1450m²,是一栋左四层右两层砖混结构。在主体基本完工进入装修施工时，于 1994 年 8 月 18 日下午 3 时倒塌（中间四层和两层部分一塌到底），造成死亡 2 人伤 3 人的事故。

事故原因分析：

1 设计缺陷

1）该工程无正当设计图纸；

2）房屋开间大（除楼梯间外，均为 9m），横墙均为 240mm 厚，不满足设计要求；

3）部分窗间墙仅有 1m，且在安装门窗时又有所破坏，实际宽度仅为 0.6m 左右；

4）基础宽度仅为 1m 达不到设计规范要求；

5）楼板采用已作废的图纸，生产亦不符合质量要求。

2 施工质量问题

1）混凝土及砂浆无配比、无计量、无试件，要求的 M5.0 混合砂浆和 C20 混凝土均达不到要求，混凝土采用回弹仪测试，其强度在 C15 左右，砂浆强度也只有 2MPa 左右；

2）钢筋主要系本地小钢厂生产的钢筋，仅少量购进外地产品，均无任何化验单和产品合格证，其中现场抽检的 $\phi10$、$\phi18$、$\phi20$ 及方钢 17 钢中，只有 $\phi10$ 的架立筋合格，ϕ 架立、$\phi20$ 属高碳钢，不允许使用，梁主筋也不得使用方钢；

3）梁中箍筋间距为 600mm，$\phi6.5$ 箍筋抽检不合格；

4）楼板采用三年前就已淘汰的图集，且板内 $\phi4$ 低碳冷拔钢筋抽检不合格楼板安装未堵孔；

5）南北横墙轴线偏移高达 10cm 左右，砌体砌筑质量极差（碎砖集中使用，纵横墙交接处直槎到顶）；

6）混凝土露筋严重，振捣不实，大面积蜂窝麻面，现浇板、柱中掺杂碎砖块；

7）后安装门窗时，使本来就不足的承重窗间墙的宽度大为减少，最小为 50cm。

综上，该工程违反了国家标准《砌体结构工程施工质量验收规范》GB 50203 关于砂浆、混凝土、钢筋强度等级等的规定。

3 施工管理松懈、混乱、工程质量完全失控

1）在无正当设计图纸的情况下施工，既不报主管部门审批，也不报监督；

2）图纸擅自套用，不经设计部门审核，且改动原图中的钢筋型号，加大梁的箍筋间距，购进的钢筋不进行复验；

3）施工机具无专业人员负责，上岗人员无证，安装后无检查验收；

4）整个施工过程中技术管理极端松弛，无任何施工资料，原材料无合格证，使用不合格钢筋，钢筋不作进场复验，混凝土不做试配，采用 1：2：3 的糊涂比例。

【案例四】石砌挡土墙质量事故

2005 年某地工业园区内长 150m、高 6m 的石砌挡土墙建成不久便发生墙体外凸超过 20cm、墙体位移、下沉及开裂。

事故原因分析：

1 工程设计存在缺陷。为降低成本，任意套用其他单位已建挡土墙的设计图纸，经验算，挡土墙抗倾覆、抗滑移安全系数达不到设计规范的要求。

2 挡土墙内侧填土施工未按每30cm松土厚度分层夯实，且未填至墙顶部，导致墙内侧因地面水或雨水渗透造成土的含水量提高，自重剧增。同时，水的渗流也产生一定的动水压力，竖向裂缝中的积水还会产生静水压力。

3 施工组砌方法错误，导致墙身整体性差。砌体没有注意上下错缝、内外搭砌，竖向缝普遍存在通缝；采用外面侧立石块中间填心的错误砌筑方法；砌体未按3皮～4皮为一层分层砌筑。

4 未按要求设置泄水孔，违反《砌体结构工程施工质量验收规范》GB 50203-2011第7.1.10条。

第 七 篇

木结构工程施工

38 概述

　　木结构施工篇分为概述、方木与原木结构、胶合木结构、轻型木结构和木结构的防护共五章，主要涉及《木结构工程施工质量验收规范》GB 50206－2012。《木结构工程施工质量验收规范》GB 50206－2012 对木结构工程施工质量的验收方法和验收标准作出规定，将直接影响木结构安全的主控项目归结为三个方面：一是结构形式、结构布置和构件的截面尺寸，二是构件材料的材质标准和强度等级，三是木结构节点连接。关于该三方面的条文，在方木与原木结构、胶合木结构和轻型木结构三个分项工程中各含三条，强制性条文为第 4.2.1、4.2.2、4.2.12、5.2.1、5.2.2、5.2.7、6.2.1、6.2.2、6.2.11 条，另加木结构的防护分项工程中第 7.1.4 条作为强制性条文，共计 10 条。

39　方木与原木结构

《木结构工程施工质量验收规范》GB 50206－2012

4.2.1　方木、原木结构的形式、结构布置和构件尺寸应符合设计文件的规定。

　　检查数量：检验批全数。

　　检验方法：实物与施工设计图对照、丈量。

【技术要点说明】

　　结构形式、结构布置和构件尺寸等是直接影响结构安全的因素，因此严格要求木、原木结构的形式、结构布置和构件尺寸符合设计文件的规定。20世纪80年代以前，方木、原木结构在我国主要以结合砖墙承重的木屋盖体系，其中最主要的承重构件是木屋架（桁架）。目前，方木、原木结构泛指木结构梁柱体系等凡采用方木、原木制作的木结构。井干式和穿斗式木结构也可以划归此列。

　　本条的技术要点是强调木结构工程施工严格执行设计文件的规定，避免施工中随意更改设计，以造成结构安全隐患的情况发生。设计文件应包括工程施工图、设计变更和设计单位签发的技术联系单等。

【实施与检查】

　　本条实施的核心在于严格要求按设计文件施工，并要求按检验批全数检查，以保证工程施工质量，确保安全。重点检查是否按照完备的设计文件的情况下进行施工，以及在施工过程中随意调整、更改结构的形式、布置和构件的截面尺寸。

　　我国现阶段使用方木、原木所建木结构工程，以梁柱结构体系和木屋盖结构体系较多，这类结构体系中各类支撑构件往往按构造设计，对保证结构体系和传力路径的完整性至关重要。忽视支撑构件的设置是木结构工程事故发生的重要原因之一，执行该条时对此也应特别注意。

4.2.2　结构用木材应符合设计文件的规定，并应具有产品质量合格证书。

　　检查数量：检验批全数。

　　检验方法：实物与设计文件对照，检查质量合格证书、标识。

【技术要点说明】

　　构件所用材料的质量是否符合设计文件的规定，是直接影响结构安全的重要因素，是保证工程质量的关键之一，因此本条作为强制性条文需严格执行。所谓结构用木材应符合设计文件的规定，是指木材的树种（包括树种组合）或强度等级符合规定，即要求施工用材与设计文件的规定一致，不得采用设计文件规定以外的木材。

　　我国将结构用方木（含板材）、原木划分为Ⅰa、Ⅱa、Ⅲa等三个质量等级，并规定了各质量等级的用途（见《木结构工程施工质量验收规范》GB 50206－2012第4.2.4条），而木材的强度指标并不与质量等级挂钩，即同一树种三个质量等级的木材具有相同的强度指标。换言之，我国方木、原木的强度等级是根据树种确定的，木材的"出身"决定其强度等级。《木结构设计规范》GB 50005 将针叶材方木、原木划分为 TC17、TC15、TC13 和 TC11 等 4 个强度等级，每一等级又划分为 A、B 两组，实际上为 8 个强度等级；将阔叶材方木、原木划分为 TB20、TB17、TB15、TB13 和 TB11 等 5 个强度等级，其中的数字代表木材的抗弯强度设计值。

【实施与检查】

　　木材进场检验时要求实物与设计文件一致，关键也就在于识别木材的树种。对于具有一定经验的质检员，能凭肉眼识别出树种。如果做不到这一点，那就要通过弦向静曲强度见证检验（见《木结构工程施工质量验收规范》GB 50206 - 2012 第 4.2.3 条），确定木材的强度等级，确认其与设计文件一致。

　　执行该条时，还需确认木材的树种是已纳入国家标准《木结构设计规范》GB 50005适用范围内，且要求具有产品质量合格证书。

4.2.12　钉连接、螺栓连接节点的连接件（钉、螺栓）的规格、数量，应符合设计文件的规定。

　　　　检查数量：检验批全数。

　　　　检验方法：目测、丈量。

【技术要点说明】

　　木结构节点连接施工质量是控制工程质量、保证结构安全的关键因素，因此节点连接中螺栓或钉的规格、数量是不允许出现偏差的主控项目。木结构中螺栓与钉的工作原理是类似的，即螺杆或钉杆受弯，销槽承压工作。节点连接的承载力取决于该类连接件的规格和数量，因此要求与设计文件一致。

【实施与检查】

　　要求检验批全数检查，不得漏检。检查时尚应注意设计文件对连接件材质等级以及是否需要防腐蚀处理等要求。

40 胶合木结构

《木结构工程施工质量验收规范》GB 50206-2012

5.2.1 胶合木结构的结构形式、结构布置和构件截面尺寸，应符合设计文件的规定。

检查数量：检验批全数检查。

检验方法：实物与设计文件对照、丈量。

【技术要点说明】

胶合木结构的常见结构形式包括屋盖、梁柱体系、框架、刚架、拱以及空间结构等形式。胶合木结构的结构形式、结构布置和构件尺寸是否符合设计文件规定，是影响结构安全的第一因素，因此本条作为强制性条文执行。该条的技术要点是强调木结构工程施工严格执行设计文件的规定，避免施工中随意更改设计造成结构安全隐患的情况发生。设计文件应包括工程施工图、设计变更和设计单位签发的技术联系单等。

【实施与检查】

执行本条的核心仍然在于严格要求按设计文件施工，并要求按检验批全数检查，杜绝施工过程中随意调整、更改结构的形式、布置和构件的截面尺寸的现象发生，以保证工程施工质量，确保安全。

5.2.2 结构用层板胶合木的类别、强度等级和组坯方式，应符合设计文件的规定，并应有质量合格证书和产品标识，同时应满足产品标准规定的胶缝完整性检验和层板指接强度检验合格证书。

检查数量：检验批全数检查。

检验方法：实物与证明文件对照。

【技术要点说明】

层板胶合木的类别是指《木结构工程施工质量验收规范》GB 50206-2012第5.1.2条中规定的三类层板胶合木，即普通层板胶合木、目测分等层板胶合木和机械分等层板胶合木。所谓组坯方式，是指后两类层板胶合木按层板的不同组合布置方式，分为同等组合胶合木、对称异等组合胶合木和非对称异等组合胶合木。普通层板胶合木是我国自20世纪六七十年代发展起来的胶合木产品，实际上采用的是同等组合的组坯方式。

在保证制作质量的前提下，胶合木构件的承载力取决于胶合木的类别、强度等级和组坯方式，这些是直接影响结构安全的因素，是不允许出现偏差的主控项目，因此本条作为强制性条文执行。胶合木的制作或胶合质量，直接影响胶合木受弯或压弯构件的工作性能，因此除检查质量合格证明文件，尚应检查胶缝完整性和层板指接强度检验合格报告，这些是证明胶合木质量可靠性的重要依据。

【实施与检查】

执行本条应注意以下几点：

（1）胶合木产品应具有产品质量合格证书和产品标识。

（2）应具有胶缝完整性检验合格报告和层板指接强度检验合格报告。胶缝完整性和指接强度检验是产品生产过程中控制产品质量的必要措施，该两项检验合格报告可由生产厂家提供。如果缺少胶缝完整性检验合格报告，尚可在胶合木进场时委托有资质的检验机构作见证检验，检验合格的标准见国家标准《结构用集成材》GB/T 26899。

（3）普通层板胶合木的强度与同树种的方木、原木相同，因此同树种方木、原木的强度等级即普通层板胶合木的强度等级。

（4）目测分等层板和机械分等层板胶合木，其同等组合层板胶合木分为 TCT30、TCT27、TCT24、TCT21 和 TCT18 等 5 个强度等级；对称异等组合胶合木分为 TCYD30、TCYD27、TCYD24、TCYD21 和 TCYD18 等 5 个强度等级；非对称异等组合胶合木分为 TCYF28、TCYF25、TCYF23、TCYF20 和 TCYF27 等 5 个强度等级，其中的数字皆指胶合木构件的抗弯强度设计值，详见《木结构设计规范》GB 50005 和《胶合木结构技术规范》GB/T 50708。

（5）进口胶合木和我国部分厂家按国外标准生产的胶合木，其强度等级与上述强度等级不同，检查时确认与设计文件的规定一致即可。

5.2.7　各连接节点的连接件类别、规格和数量应符合设计文件的规定。桁架端节点齿连接胶合木端部的受剪面及螺栓连接中的螺栓位置，不应与漏胶胶缝重合。

检查数量：检验批全数。

检验方法：目测、丈量。

【技术要点说明】

胶合木结构中连接节点的施工质量是直接影响结构安全的因素，因而是控制施工质量的关键，不允许出现偏差。连接中避开漏胶胶缝，是为避免沿有缺陷的胶缝剪坏或劈裂。

【实施与检查】

（1）要求检验批全数检查，不得漏检。检查时尚应注意设计文件对连接件材质等级以及是否需要防腐蚀处理等要求。

（2）国外适用于胶合木结构的连接件，种类颇多，除螺栓连接，还有木铆钉、方头（六角头）螺钉以及剪板、裂环等。其中方头螺钉和剪板连接已纳入《胶合木结构技术规范》GB/T 50708。执行本条的关键是保证施工采用的连接件符合设计文件的要求，连接件的种类、规格不得随意替换。

41 轻型木结构

《木结构工程施工质量验收规范》GB 50206－2012

6.2.1 轻型木结构的承重墙（包括剪力墙）、柱、楼盖、屋盖布置、抗倾覆措施及屋盖抗掀起措施等，应符合设计文件的规定。

　　检查数量：检验批全数。

　　检验方法：实物与设计文件对照。

【技术要点说明】

　　轻型木结构不仅用于别墅式住宅建筑，也用于办公楼、公寓、学校等公共建筑，其结构安全应予同样重视。轻型木结构中剪力墙、楼、屋盖布置，以及由于质量轻所采取的抗倾覆及屋盖掀起措施等，是否符合设计文件规定，是直接影响结构安全的因素，是不允许出现偏差的主控项目。

【实施与检查】

　　（1）轻型木结构一般体量较小，且很多情况下可按构造设计，因此施工单位往往忽视设计文件，凭经验建造。该条强调按设计文件施工，通过保证剪力墙、楼、屋盖布置、抗倾覆和抗掀起措施与设计文件一致，保证结构安全。

　　（2）承重墙检查内容包括承重墙的位置、间距、宽度、门窗洞口的尺寸与位置等应与设计文件一致。

　　（3）楼、屋盖又称横隔，与剪力墙构成轻型木结构板壁式结构体系，检查时注意楼盖搁栅和屋盖椽条的布置方向、跨度以及楼、屋盖的悬挑等与设计文件一致。尚应注意屋面坡度小于1∶3时，椽条的工作原理类似于斜梁；屋面坡度大于1∶3时，椽条与天棚搁栅构成类似于拱的体系，其椽条的工作原理类似于压弯构件。这两种情况下，椽条与顶梁板的连接要求也是不同的。

　　（4）抗倾覆措施一般指将剪力墙锚固于基础或下层楼盖的称为"hold-down"的锚固装置或单纯的锚固螺栓，有时也采用沿墙高通长设置的钢拉杆。起抵抗屋盖掀起作用的是椽条与顶梁板之间的钉连接，但为抗强风，设计人员也可能在椽条和顶梁板间采用金属板连接。总之，应检查这些措施，保证符合设计文件的规定。

6.2.2 进场规格材应有产品质量合格证书和产品标识。

　　检查数量：检验批全数。

　　检验方法：实物与证书对照。

【技术要点说明】

　　规格材是轻型木结构中最基本和最重要的受力杆件，作为一种标准化、工业化生产且具有不同强度等级的木产品，必须由专业厂家生产才能保证产品质量，因此本条要求进场规格材应具有产品质量合格证书和产品标识。

在欧美等国家和地区，规格材等木产品的标识是经过严格的质量认证的，等同于产品质量合格证书。这些标识一旦经我国相关机构认证，在我国也将等同于产品质量合格证书。但我国目前尚没有具有资质的认证机构。

【实施与检查】

我国目前所用规格材，主要靠从北美（主要是加拿大）进口。在加拿大，规格材是一种技术成熟的大批量生产的木产品，每一块规格材上都有产品标识（stamp），表明了产品的生产厂家、认证机构、树种、强度等级等信息。执行该条时可对照产品标识与产品质量合格证书，进行进场验收。

现场调查确曾发现，有的施工企业自行制作板材充当正品规格材使用，无法保证工程安全。应严格执行该条，杜绝此类情况发生。

6.2.11 轻型木结构各类构件间连接的金属连接件的规格、钉连接的用钉规格与数量，应符合设计文件的规定。

检查数量：检验批全数。

检验方法：目测、丈量。

【技术要点说明】

木结构的安全性，取决于构件的质量和构件间的连接质量，因此，本条严格要求金属连接件和钉连接用钉的规格、数量符合设计文件的规定，不允许出现偏差。轻型木结构中抗风抗震等锚固措施所用螺栓等连接件，也在本条的执行范围之内。

【实施与检查】

轻型木结构中节点连接使用最多的是钉连接，包括墙体和楼、屋盖中构成木骨架的各规格材构件间的钉连接和墙面板、楼面板及屋面板（亦统称覆面板）与木骨架间的钉连接。执行该条时需重点检查：

（1）上述连接部位连接用钉的数量和规格；

（2）剪力墙与基础间锚固螺栓的螺栓间距（决定螺栓的数量）和规格；

（3）剪力墙抗风抗震等锚固措施连接件的规格和数量。

尚需注意，覆面板与木骨架的钉连接间距，沿覆面板边缘与木骨架连接的钉间距与覆面板中间与木骨架连接的钉间距要求是不同的。调查中曾发现，有的施工企业对这种钉连接间距的不同要求区分不清，发生用钉不足或过量的现象。实施该条时，应避免发生这类现象，既保证安全，也应避免浪费。

42　木结构的防护

《木结构工程施工质量验收规范》GB 50206－2012

7.1.4　阻燃药剂、防火涂料以及防腐、防虫药剂，不得危及人畜安全，不得污染环境。

【技术要点说明】

　　木材防腐、防虫蛀及防火和阻燃处理所使用的药剂，与人畜安全和环境保护密切相关，木结构防护工程施工决不允许污染环境，危害人畜安全。该条是木结构防护工程施工的原则性规定。

【实施与检查】

　　阻燃处理在木结构工程中并不多见，相对较多的是对木材采取防腐、防虫蛀处理措施。木结构防护工程施工一般有以下两种情况。一种情况是木构件防腐、防虫蛀由专业厂家完成，木构件进场后可能进行必要的锯切加工。这种情况需按规定对木构件合理存放以及对锯切废料正确处理。另一种情况是对木构件进行现场防腐处理，特别是对木构件锯切及创伤部位进行防腐修补。这种情况需要防腐药剂进场，因此需要正确选择、保存管理药剂和正确施工操作。两种情况，都应注意所使用的药剂符合设计文件的规定。

第 八 篇

施 工 安 全

43　概　述

施工安全篇分为概述、施工安全管理、施工现场临时用电、高处施工作业、施工现场消防、施工机械使用、模板工程、建筑拆除工程施工、环境保护及劳动防护共十章。

施工安全篇涉及的标准及强条数汇总表

序号	标　准　名　称
1	《建设工程施工现场供用电安全规范》GB 50194－2014
2	《土方与爆破工程施工及验收规范》GB 50201－2012
3	《岩土工程勘察安全规范》GB 50585－2010
4	《建筑施工企业安全生产管理规范》GB 50656－2011
5	《坡屋面工程技术规范》GB 50693－2011
6	《建设工程施工现场消防安全技术规范》GB 50720－2011
7	《建筑机械使用安全技术规程》JGJ 33－2012
8	《施工现场临时用电安全技术规范》JGJ 46临时用电安
9	《建筑施工安全检查标准》JGJ 59－2011
10	《建筑施工高处作业安全技术规范》JGJ 80－91
11	《龙门架及井架物料提升机安全技术规范》JGJ 88－2010
12	《钢框胶合板模板技术规程》JGJ 96－2011
13	《建筑施工门式钢管脚手架安全技术规范》JGJ 128－2010
14	《建筑施工扣件式钢管脚手架安全技术规范》JGJ 130－2011
15	《建设工程施工现场环境与卫生标准》JGJ 146－2013
16	《建筑拆除工程安全技术规范》JGJ 147－2004
17	《施工现场机械设备检查技术规程》JGJ 160－2008
18	《建筑施工模板安全技术规范》JGJ 162－2008
19	《建筑施工木脚手架安全技术规范》JGJ 164－2008
20	《地下建筑工程逆作法技术规程》JGJ 165－2010
21	《建筑施工碗扣式钢管脚手架安全技术规范》JGJ 166－2008
22	《建筑施工土石方工程安全技术规范》JGJ 180－2009
23	《液压升降整体脚手架安全技术规程》JGJ 183－2009
24	《建筑施工作业劳动防护用品配备及使用标准》JGJ 184－2009
25	《液压爬升模板工程技术规程》JGJ 195－2010
26	《建筑施工塔式起重机安装、使用、拆卸安全技术规程》JGJ 196－2010
27	《建筑施工工具式脚手架安全技术规范》JGJ 202－2010

序号	标 准 名 称
28	《建筑施工升降机安装、使用、拆卸安全技术规程》JGJ 215 - 2010
29	《建筑施工承插型盘扣式钢管支架安全技术规程》JGJ 231 - 2010
30	《建筑施工竹脚手架安全技术规范》JGJ 254 - 2011
31	《建筑施工起重吊装工程安全技术规范》JGJ 276 - 2012
32	《建筑塔式起重机安全监控系统应用技术规程》JGJ 332 - 2014
33	《建筑工程施工现场标志设置技术规程》JGJ 348 - 2014

　　本篇纳入了 2015 年 12 月 31 日前新发布的房屋建筑国家标准和行业标准中关于施工安全的强制性条文，但未对强制性条文进行释义。

44　施工安全管理

《建筑施工企业安全生产管理规范》GB 50656－2011

3.0.9　施工企业严禁使用国家明令淘汰的技术、工艺、设备、设施和材料。

5.0.3　施工企业应建立和健全与企业安全生产组织相对应的安全生产责任体系，并应明确各管理层、职能部门、岗位的安全生产责任。

10.0.6　施工企业应根据施工组织设计、专项安全施工方案（措施）编制和审批权限的设置，分级进行安全技术交底，编制人员应参与安全技术交底、验收和检查。

12.0.3　施工企业的工程项目部应根据企业安全生产管理制度，实施施工现场安全生产管理，应包括下列内容：

　　6　确定消防安全责任人，制订用火、用电、使用易燃易爆材料等各项消防安全管理制度和操作规程，设置消防通道、消防水源，配备消防设施和灭火器材，并在施工现场入口处设置明显标志；

15.0.4　施工企业安全检查应配备必要的检查、测试器具，对存在的问题和隐患，应定人、定时间、定措施组织整改，并应跟踪复查直至整改完毕。

《建筑施工安全检查标准》JGJ 59－2011

4.0.1　建筑施工安全检查评定中，保证项目应全数检查。

5.0.3　当建筑施工安全检查评定的等级为不合格时，必须限期整改达到合格。

《建筑工程施工现场标志设置技术规程》JGJ 348－2014

3.0.2　建筑工程施工现场的下列危险部位和场所应设置安全标志：

　　1　通道口、楼梯口、电梯口和孔洞口；

　　2　基坑和基槽外围、管沟和水池边沿；

　　3　高差超过 1.5m 的临边部位；

　　4　爆破、起重、拆除和其他各种危险作业场所；

　　5　爆破物、易燃物、危险气体、危险液体和其他有毒有害危险品存放处；

　　6　临时用电设施；

　　7　施工现场其他可能导致人身伤害的危险部位或场所。

45　施工现场临时用电

《施工现场临时用电安全技术规范》JGJ 46–2005

1.0.3　建筑施工现场临时用电工程专用的电源中性点直接接地的220/380V三相四线制低压电力系统，必须符合下列规定：

　　1　采用三级配电系统；

　　2　采用TN-S接零保护系统；

　　3　采用二级漏电保护系统。

3.1.4　临时用电组织设计及变更时，必须履行"编制、审核、批准"程序，由电气工程技术人员组织编制，经相关部门审核及具有法人资格企业的技术负责人批准后实施。变更用电组织设计时应补充有关图纸资料。

3.1.5　临时用电工程必须经编制、审核、批准部门和使用单位共同验收，合格后方可投入使用。

3.3.4　临时用电工程定期检查应按分部、分项工程进行，对安全隐患必须及时处理，并应履行复查验收手续。

5.1.1　在施工现场专用变压器的供电的TN-S接零保护系统中，电气设备的金属外壳必须与保护零线连接。保护零线应由工作接地线、配电室（总配电箱）电源侧零线或总漏电保护器电源侧零线处引出（图5.1.1）。

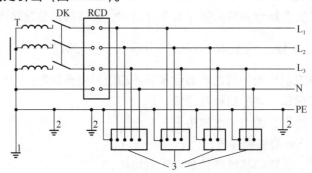

图5.1.1　专用变压器供电时TN-S接零保护系统示意
1—零工作接地；2—作接地线重复接地；3—重电气设备金属外壳
（正常不带电的外露可导电部分）；L_1、L_2、L_3—相线；N线工作零线；PE零保护零线；DK零总电源隔离开关；RCD隔总漏电保护器
（兼有短路、过载、漏电保护功能的漏电断路器）；T漏变压器

5.1.2　当施工现场与外电线路共用同一供电系统时，电气设备的接地、接零保护应与原系统保持一致。不得一部分设备做保护接零，另一部分设备做保护接地。

　　采用TN系统做保护接零时，工作零线（N线）必须通过总漏电保护器，保护零线

（PE 线）必须由电源进线零线重复接地处或总漏电保护器电源侧零线处，引出形成局部 TN-S 接零保护系统（图 5.1.2）。

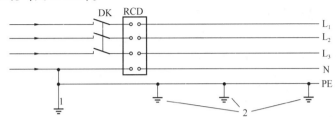

图 5.1.2　三相四线供电时局部 TN-S 接零保护系统保护零线引出示意

1—零保护线重复接地；2—重复接线重复接地；L_1、L_2、L_3 复相线；N 线工作零线；PE 零保护零线；DK 零总电源隔离开关；RCD 隔总漏电保护器（兼有短路、过载、漏电保护功能的漏电断路器）

5.1.10　PE 线上严禁装设开关或熔断器，严禁通过工作电流，且严禁断线。

5.3.2　TN 系统中的保护零线除必须在配电室或总配电箱处做重复接地外，还必须在配电系统的中间处和末端处做重复接地。

　　在 TN 系统中，保护零线每一处重复接地装置的接地电阻值不应大于 10Ω。在工作接地电阻值允许达到 10Ω 的电力系统中，所有重复接地的等效电阻值不应大于 10Ω。

5.4.7　做防雷接地机械上的电气设备，所连接的 PE 线必须同时做重复接地，同一台机械电气设备的重复接地和机械的防雷接地可共用同一接地体，但接地电阻应符合重复接地电阻值的要求。

6.1.6　配电柜应装设电源隔离开关及短路、过载、漏电保护电器。电源隔离开关分断时应有明显可见分断点。

6.1.8　配电柜或配电线路停电维修时，应挂接地线，并应悬挂"禁止合闸、有人工作"停电标志牌。停送电必须由专人负责。

6.2.3　发电机组电源必须与外电线路电源连锁，严禁并列运行。

6.2.7　发电机组并列运行时，必须装设同期装置，并在机组同步运行后再向负载供电。

7.2.1　电缆中必须包含全部工作芯线和用作保护零线或保护线的芯线。需要三相四线制配电的电缆线路必须采用五芯电缆。

　　五芯电缆必须包含淡蓝、绿/黄二种颜色绝缘芯线。淡蓝色芯线必须用作 N 线；绿/黄双色芯线必须用作 PE 线，严禁混用。

7.2.3　电缆线路应采用埋地或架空敷设，严禁沿地面明设，并应避免机械损伤和介质腐蚀。埋地电缆路径应设方位标志。

8.1.3　每台用电设备必须有各自专用的开关箱，严禁用同一个开关箱直接控制 2 台及 2 台以上用电设备（含插座）。

8.1.11　配电箱的电器安装板上必须分设 N 线端子板和 PE 线端子板。N 线端子板必须与金属电器安装板绝缘；PE 线端子板必须与金属电器安装板做电气连接。进出线中的 N 线必须通过 N 线端子板连接；PE 线必须通过 PE 线端子板连接。

8.2.10　开关箱中漏电保护器的额定漏电动作电流不应大于 30mA，额定漏电动作时间不应大于 0.1s。

使用于潮湿或有腐蚀介质场所的漏电保护器应采用防溅型产品，其额定漏电动作电流不应大于 15mA，额定漏电动作时间不应大于 0.1s。

8.2.11 总配电箱中漏电保护器的额定漏电动作电流应大于 30mA，额定漏电动作时间应大于 0.1s，但其额定漏电动作电流与额定漏电动作时间的乘积不应大于 30mA 定漏。

8.2.15 配电箱、开关箱的电源进线端严禁采用插头和插座做活动连接。

8.3.4 对配电箱、开关箱进行定期维修、检查时，必须将其前一级相应的电源隔离开关分闸断电，并悬挂"禁止合闸、有人工作"停电标志牌，严禁带电作业。

9.7.3 对混凝土搅拌机、钢筋加工机械、木工机械、盾构机械等设备进行清理、检查、维修时，必须首先将其开关箱分闸断电，呈现可见电源分断点，并关门上锁。

10.2.2 下列特殊场所应使用安全特低电压照明器：

1 隧道、人防工程、高温、有导电灰尘、比较潮湿或灯具离地面高度低于 2.5m 等场所的照明，电源电压不应大于 36V；

2 潮湿和易触及带电体场所的照明，电源电压不得大于 24V；

3 特别潮湿场所、导电良好的地面、锅炉或金属容器内的照明，电源电压不得大于 12V。

10.2.5 照明变压器必须使用双绕组型安全隔离变压器，严禁使用自耦变压器。

10.3.11 对夜间影响飞机或车辆通行的在建工程及机械设备，必须设置醒目的红色信号灯，其电源应设在施工现场总电源开关的前侧，并应设置外电线路停止供电时的应急自备电源。

《施工现场机械设备检查技术规程》JGJ 160－2008

3.1.5 发电机组电源必须与外电线路电源连锁，严禁与外电线路并列运行；当 2 台及 2 台以上发电机组并列运行时，必须装设同步装置，并应在机组同步后再向负载供电。

3.3.2 施工现场临时用电的电力系统严禁利用大地和动力设备金属结构体作相线或工作零线。

3.3.4 用电设备的保护地线或保护零线应并联接地，严禁串联接地或接零。

3.3.5 每台用电设备应有各自专用的开关箱，严禁用同一个开关箱直接控制 2 台及 2 台以上用电设备（含插座）。

3.3.12 开关箱中必须安装漏电保护器，且应装设在靠近负荷的一侧，额定漏电动作电流不应大于 30mA，额定漏电动作时间不应大于 0.1s；潮湿或腐蚀场所应采用防溅型产品，其额定漏电动作电流不应大于 15mA，额定漏电动作时间不应大于 0.1s。

《建设工程施工现场供用电安全规范》GB 50194－2014

4.0.4 发电机组电源必须与其他电源互相闭锁，严禁并列运行。

8.1.10 保护导体（PE）上严禁装设开关或熔断器。

8.1.12 严禁利用输送可燃液体、可燃气体或爆炸性气体的金属管道作为电气设备的接地保护导体（PE）。

10.2.4 严禁利用额定电压 220V 的临时照明灯具作为行灯使用。

10.2.7 行灯变压器严禁带入金属容器或金属管道内使用。

11.2.3 在易燃、易爆区域内进行用电设备检修或更换工作时，必须断开电源，严禁带电作业。

11.4.2 在潮湿环境中严禁带电进行设备检修工作。

46　高处施工作业

《建筑施工高处作业安全技术规范》 JGJ 80 - 91

2.0.7　雨天和雪天进行高处作业时,必须采取可靠的防滑、防寒和防冻措施。凡水、冰、霜、雪均应及时清除。

对进行高处作业的高耸建筑物,应事先设置避雷设施。遇有六级以上强风、浓雾等恶劣气候,不得进行露天攀登与悬空高处作业。暴风雪及台风暴雨后,应对高处作业安全设施逐一加以检查,发现有松动、变形、损坏或脱落等现象,应立即修理完善。

2.0.9　防护棚搭设与拆除时,应设警戒区,并应派专人监护。严禁上下同时拆除。

3.1.1　对临边高处作业,必须设置防护措施,并符合下列规定:

一、基坑周边,尚未安装栏杆或栏板的阳台、料台与挑平台周边,雨篷与挑檐边,无外脚手的屋面与楼层周边及水箱与水塔周边等处,都必须设置防护栏杆。

三、分层施工的楼梯口和梯段边,必须安装临时护栏。顶层楼梯口应随工程结构进度安装正式防护栏杆。

四、井架与施工用电梯和脚手架等与建筑物通道的两侧边,必须设防护栏杆。地面通道上部应装设安全防护棚。双笼井架通道中间,应予分隔封闭。

五、各种垂直运输接料平台,除两侧设防护栏杆外,平台口还应设置安全门或活动防护栏杆。

3.1.3　搭设临边防护栏杆时,必须符合下列要求:

一、防护栏杆应由上、下两道横杆及栏杆柱组成,上杆离地高度为 1.0~1.2m,下杆离地高度为 0.5~0.6m。坡度大于 1:2.2 的屋面,防护栏杆应高 1.5m,并加挂安全立网。除经设计计算外,横杆长度大于 2m 时,必须加设栏杆柱。

三、栏杆柱的固定及其与横杆的连接,其整体构造应使防护栏杆在上杆任何处,能经受任何方向的 1000N 外力。当栏杆所处位置有发生人群拥挤、车辆冲击或物件碰撞等可能时,应加大横杆截面或加密柱距。

四、防护栏杆必须自上而下用安全立网封闭,或在栏杆下边设置严密固定的高度不低于 180mm 的挡脚板或 400mm 的挡脚笆。挡脚板与挡脚笆上如有孔眼,不应大于 25mm。板与笆下边距离底面的空隙不应大于 10mm。

接料平台两侧的栏杆,必须自上而下加挂安全立网或满扎竹笆。

五、当临边的外侧面临街道时,除防护栏杆外,敞口立面必须采取满挂安全网或其他可靠措施作全封闭处理。

3.2.1　进行洞口作业以及在因工程和工序需要而产生的,使人与物有坠落危险或危及人身安全的其他洞口进行高处作业时,必须按下列规定设置防护设施:

一、板与墙的洞口,必须设置牢固的盖板、防护栏杆、安全网或其他防坠落的防护设施。

二、电梯井口必须设防护栏杆或固定栅门；电梯井内应每隔两层并最多隔 10m 设一道安全网。

三、钢管桩、钻孔桩等桩孔上口，杯形、条形基础上口，未填土的坑槽，以及人孔、天窗、地板门等处，均应按洞口防护设置稳固的盖件。

四、施工现场通道附近的各类洞口与坑槽等处，除设置防护设施与安全标志外，夜间还应设红灯示警。

3.2.2 洞口根据具体情况采取设防护栏杆、加盖件、张挂安全网与装栅门等措施时，必须符合下列要求：

四、边长在 1500mm 以上的洞口，四周设防护栏杆，洞口下张设安全平网。

六、位于车辆行驶道旁的洞口、深沟与管道坑、槽，所加盖板应能承受不小于当地额定卡车后轮有效承载力 2 倍的荷载。

八、下边沿至楼板或底面低于 800mm 的窗台等竖向洞口，如侧边落差大于 2m 时，应加设 1.2m 高的临时护栏。

九、对邻近的人与物有坠落危险性的其他竖向的孔、洞口，均应予以盖设或加以防护，并有固定其位置的措施。

4.1.5 梯脚底部应坚实，不得垫高使用。梯子的上端应有固定措施。立梯不得有缺档。

4.1.6 梯子如需接长使用，必须有可靠的连接措施，且接头不得超过 1 处。连接后梯梁的强度，不应低于单梯梯梁的强度。

4.1.8 固定式直爬梯应用金属材料制成。梯宽不应大于 500mm，支撑应采用不小于 L70×6 的角钢，埋设与焊接均必须牢固。梯子顶端的踏棍应与攀登的顶面齐平，并加设 1～1.5m 高的扶手。

使用直爬梯进行攀登作业时，攀登高度超过 8m，必须设置梯间平台。

4.1.9 作业人员应从规定的通道上下，不得在阳台之间等非规定通道进行攀登，也不得任意利用吊车臂架等施工设备进行攀登。

上下梯子时，必须面向梯子，且不得手持器物。

4.2.1 悬空作业处应有牢靠的立足处，并必须视具体情况，配置防护栏网、栏杆或其他安全设施。

4.2.3 构件吊装和管道安装时的悬空作业，必须遵守下列规定：

二、悬空安装大模板、吊装第一块预制构件、吊装单独的大中型预制构件时，必须站在操作平台上操作。吊装中的大模板和预制构件以及石棉水泥板等屋面板上，严禁站人和行走。

三、安装管道时必须有已完结构或操作平台为立足点，严禁在安装中的管道上站立和行走。

4.2.4 模板支撑和拆卸时的悬空作业，必须遵守下列规定：

一、支模应按规定的作业程序进行，模板未固定前不得进行下一道工序。严禁在连接件和支撑件上攀登上下，并严禁在上下同一垂直面上装、拆模板。结构复杂的模板，装、拆应严格按照施工组织设计的措施进行。

　　三、支设悬挑形式的模板时，应有稳固的立足点。支设临空构筑物模板时，应搭设支架或脚手架。模板上有预留洞时，应在安装后将洞盖没。混凝土板上拆模后形成的临边或洞口，应进行防护。

　　拆模高处作业，应配置登高用具或搭设支架。

4.2.5　钢筋绑扎时的悬空作业，必须遵守下列规定：

　　一、绑扎钢筋和安装钢筋骨架时，必须搭设脚手架和马道。

　　二、绑扎圈梁、挑梁、挑檐、外墙和边柱等钢筋时，应搭设操作台架和张挂安全网。悬空大梁钢筋的绑扎，必须在满铺脚手板的支架或操作平台上操作。

4.2.6　混凝土浇筑时的悬空作业，必须遵守下列规定：

　　一、浇筑离地 2m 以上框架、过梁、雨篷和小平台时，应设操作平台，不得直接站在模板或支撑件上操作。

　　二、浇筑拱形结构，应自两边拱脚对称地相向进行。浇筑储仓，下口应先行封闭，并搭设脚手架以防人员坠落。

　　三、特殊情况下如无可靠的安全设施，必须系好安全带并扣好保险钩，并架设安全网。

4.2.8　悬空进行门窗作业时，必须遵守下列规定：

　　一、安装门、窗，油漆及安装玻璃时，严禁操作人员站在樘子、阳台栏板上操作。门、窗临时固定，封填材料未达到强度，以及电焊时，严禁手拉门、窗进行攀登。

　　二、在高处外墙安装门、窗，无外脚手时，应张挂安全网。无安全网时，操作人员应系好安全带，其保险钩应挂在操作人员上方的可靠物件上。

　　三、进行各项窗口作业时，操作人员的重心应位于室内，不得在窗台上站立，必要时应系好安全带进行操作。

5.1.1　移动式操作平台，必须符合下列规定：

　　三、装设轮子的移动式操作平台，轮子与平台的接合处应牢固可靠，立柱底端离地面不得超过 80mm。

　　五、操作平台四周必须按临边作业要求设置防护栏杆，并应布置登高扶梯。

5.1.2　悬挑式钢平台，必须符合下列规定：

　　一、悬挑式操作钢平台应按现行的相应规范进行设计，其结构构造应能防止左右晃动，计算书及图纸应编入施工组织设计。

　　二、悬挑式钢平台的搁支点与上部拉结点，必须位于建筑物上，不得设置在脚手架等施工设备上。

　　四、应设置 4 个经过验算的吊环。吊运平台时应使用卡环，不得使吊钩直接钩挂吊环。吊环应用甲类 3 号沸腾钢制作。

　　五、钢平台安装时，钢丝绳应采用专用的挂钩挂牢，采取其他方式时卡头的卡子不得少于 3 个。建筑物锐角利口围系钢丝绳处应加衬软垫物，钢平台外口应略高于内口。

　　六、钢平台左右两侧必须装置固定的防护栏杆。

　　七、钢平台吊装，需待横梁支撑点电焊固定，接好钢丝绳，调整完毕，经过检查验收，方可松卸起重吊钩，上下操作。

八、钢平台使用时，应有专人进行检查，发现钢丝绳有锈蚀损坏应及时调换，焊缝脱焊应及时修复。

5.1.3　操作平台上应显著地标明容许荷载值。操作平台上人员和物料的总重量，严禁超过设计的容许荷载。应配备专人加以监督。

5.2.1　支模、粉刷、砌墙等各工种进行上下立体交叉作业时，不得在同一垂直方向上操作。下层作业的位置，必须处于依上层高度确定的可能坠落范围半径之外。不符合以上条件时，应设置安全防护层。

5.2.3　钢模板部件拆除后，临时堆放处离楼层边沿不应小于1m，堆放高度不得超过1m。楼层边口、通道口、脚手架边缘等处，严禁堆放任何拆下物件。

5.2.5　由于上方施工可能坠落物件或处于起重机把杆回转范围之内的通道，在其受影响的范围内，必须搭设顶部能防止穿透的双层防护廊。

《坡屋面工程技术规范》GB 50693－2011

3.3.12　坡屋面工程施工应符合下列规定：

1　屋面周边和预留孔洞部位必须设置安全护栏和安全网或其他防止坠落的防护措施；

2　屋面坡度大于30％时，应采取防滑措施；

3　施工人员应戴安全帽，系安全带和穿防滑鞋；

4　雨天、雪天和五级风衣及以上时不得施工；

5　施工现场应设置消防设施，并应加强火源管理。

47　施工现场消防

《建设工程施工现场消防安全技术规范》GB 50720 - 2011

3.2.1　易燃易爆危险品库房与在建工程的防火间距不应小于**15m**，可燃材料堆场及其加工场、固定动火作业场与在建工程的防火间距不应小于**10m**，其他临时用房、临时设施与在建工程的防火间距不应小于**6m**。

4.2.1　宿舍、办公用房的防火设计应符合下列规定：

　　1　建筑构件的燃烧性能等级应为**A**级。当采用金属夹芯板材时，其芯材的燃烧性能等级应为**A**级。

4.2.2　发电机房、变配电房、厨房操作间、锅炉房、可燃材料库房及易燃易爆危险品库房的防火设计应符合下列规定：

　　1　建筑构件的燃烧性能等级应为**A**级。

4.3.3　既有建筑进行扩建、改建施工时，必须明确划分施工区和非施工区。施工区不得营业、使用和居住；非施工区继续营业、使用和居住时，应符合下列规定：

　　1　施工区和非施工区之间应采用不开设门、窗、洞口的耐火极限不低于**3.0h**的不燃烧体隔墙进行防火分隔。

　　2　非施工区内的消防设施应完好和有效，疏散通道应保持畅通，并应落实日常值班及消防安全管理制度。

　　3　施工区的消防安全应配有专人值守，发生火情应能立即处置。

　　4　施工单位应向居住和使用者进行消防宣传教育，告知建筑消防设施、疏散通道的位置及使用方法，同时应组织疏散演练。

　　5　外脚手架搭设不应影响安全疏散、消防车正常通行及灭火救援操作，外脚手架搭设长度不应超过该建筑物外立面周长的**1/2**。

5.1.4　施工现场的消火栓泵应采用专用消防配电线路。专用消防配电线路应自施工现场总配电箱的总断路器上断接入，且应保持不间断供电。

5.3.5　临时用房的临时室外消防用水量不应小于表**5.3.5**的规定。

表 5.3.5　临时用房的临时室外消防用水量

临时用房的建筑面积之和	火灾延续时间（h）	消火栓用水量（L/s）	每支水枪最小流量（L/s）
1000m² ＜面积≤5000m²	1	10	5
面积＞5000m²		15	5

5.3.6　在建工程的临时室外消防用水量不应小于表**5.3.6**的规定。

表5.3.6 在建工程的临时室外消防用水量

在建工程（单体）体积	火灾延续时间（h）	消火栓用水量（L/s）	每支水枪最小流量（L/s）
10000m³＜体积≤30000m³	1	15	5
体积＞30000m³	2	20	5

5.3.9 在建工程的临时室内消防用水量不应小于表5.3.9的规定。

表5.3.9 在建工程的临时室内消防用水量

建筑高度、在建工程体积（单体）	火灾延续时间（h）	消火栓用水量（L/s）	每支水枪最小流量（L/s）
24m＜建筑高度≤50m 或 30000m³＜体积≤50000m³	1	10	5
建筑高度＞50m 或 体积＞50000m³	1	15	5

6.2.1 用于在建工程的保温、防水、装饰及防腐等材料的燃烧性能等级应符合设计要求。

6.2.3 室内使用油漆及其有机溶剂、乙二胺、冷底子油等易挥发产生易燃气体的物资作业时，应保持良好通风，作业场所严禁明火，并应避免产生静电。

6.3.1 施工现场用火应符合下列规定：

3 焊接、切割、烘烤或加热等动火作业前，应对作业现场的可燃物进行清理；作业现场及其附近无法移走的可燃物应采用不燃材料对其覆盖或隔离。

5 裸露的可燃材料上严禁直接进行动火作业。

9 具有火灾、爆炸危险的场所严禁明火。

6.3.3 施工现场用气应符合下列规定：

1 储装气体的罐瓶及其附件应合格、完好和有效；严禁使用减压器及其他附件缺损的氧气瓶，严禁使用乙炔专用减压器、回火防止器及其他附件缺损的乙炔瓶。

48 施工机械使用

《建筑机械使用安全技术规程》JGJ 33-2012

2.0.1 特种设备操作人员应经过专业培训、考核合格取得建设行政主管部门颁发的操作证，并应经过安全技术交底后持证上岗。

2.0.2 机械必须按出厂使用说明书规定的技术性能、承载能力和使用条件，正确操作，合理使用，严禁超载、超速作业或任意扩大使用范围。

2.0.3 机械上的各种安全防护和保险装置及各种安全信息装置必须齐全有效。

2.0.21 清洁、保养、维修机械或电气装置前，必须先切断电源，等机械停稳后再进行操作。严禁带电或采用预约停送电时间的方式进行检修。

4.1.11 建筑起重机械的变幅限位器、力矩限制器、起重量限制器、防坠安全器、钢丝绳防脱装置、防脱钩装置以及各种行程限位开关等安全保护装置，必须齐全有效，严禁随意调整或拆除。严禁利用限制器和限位装置代替操纵机构。

4.1.14 在风速达到9.0m/s及以上或大雨、大雪、大雾等恶劣天气时，严禁进行建筑起重机械的安装拆卸作业。

4.5.2 桅杆式起重机专项方案必须按规定程序审批，并应经专家论证后实施。施工单位必须指定安全技术人员对桅杆式起重机的安装、使用和拆卸进行现场监督和监测。

5.1.4 作业前，必须查明施工场地内明、暗铺设的各类管线等设施，并应采用明显记号标识。严禁在离地下管线、承压管道1m距离以内进行大型机械作业。

5.1.10 机械回转作业时，配合人员必须在机械回转半径以外工作。当需在回转半径以内工作时，必须将机械停止回转并制动。

5.5.6 作业中，严禁人员上下机械，传递物件，以及在铲斗内、拖把或机架上坐立。

5.10.20 装载机转向架未锁闭时，严禁站在前后车架之间进行检修保养。

5.13.7 夯锤下落后，在吊钩尚未降至夯锤吊环附近前，操作人员严禁提前下坑挂钩。从坑中提锤时，严禁挂钩人员站在锤上随锤提升。

7.1.23 桩孔成型后，当暂不浇注混凝土时，孔口必须及时封盖。

8.2.7 料斗提升时，人员严禁在料斗下停留或通过；当需在料斗下方进行清理或检修时，应将料斗提升至上止点，并必须用保险销锁牢或用保险链挂牢。

10.3.1 木工圆锯机上的旋转锯片必须设置防护罩。

12.1.4 焊割现场及高空焊割作业下方，严禁堆放油类、木材、氧气瓶、乙炔瓶、保温材料等易燃、易爆物品。

12.1.9 对承压状态的压力容器和装有剧毒、易燃、易爆物品的容器，严禁进行焊接或切割作业。

《龙门架及井架物料提升机安全技术规范》JGJ 88-2010

5.1.5 钢丝绳在卷筒上应整齐排列，端部应与卷筒压紧装置连接牢固。当吊笼处于最低位置时，卷筒上的钢丝绳不应少于 3 圈。

5.1.7 物料提升机严禁使用摩擦式卷扬机。

6.1.1 当荷载达到额定起重量的 90% 时，起重量限制器应发出警示信号；当荷载达到额定起重量的 110% 时，起重量限制器应切断上升主电路电源。

6.1.2 当吊笼提升钢丝绳断绳时，防坠安全器应制停带有额定起重量的吊笼，且不应造成结构损坏。自升平台应采用渐进式防坠安全器。

8.3.2 当物料提升机安装高度大于或等于 30m 时，不得使用缆风绳。

9.1.1 安装、拆除物料提升机的单位应具备下列条件：

　　1 安装、拆除单位应具有起重机械安拆资质及安全生产许可证；

　　2 安装、拆除作业人员必须经专门培训，取得特种作业资格证。

11.0.2 物料提升机必须由取得特种作业操作证的人员操作。

11.0.3 物料提升机严禁载人。

《施工现场机械设备检查技术规程》JGJ 160-2008

6.1.17 塔式起重机的主要承载结构件出现下列情况之一时应报废：

　　1 塔式起重机的主要承载结构件失去整体稳定性，且不能修复时；

　　2 塔式起重机的主要承载结构件，由于腐蚀而使结构的计算应力提高，当超过原计算应力的 15% 时；对无计算条件的，当腐蚀深度达原厚度的 10% 时；

　　3 塔式起重机的主要承载结构件产生无法消除裂纹影响时。

6.5.3 动臂式和尚未附着的自升式塔式起重机，塔身上不得悬挂标语牌。

6.5.7 塔式起重机安装到设计规定的基本高度时，在空载无风状态下，塔身轴心线对支撑面的侧向垂直度偏差不应大于 0.4%；附着后，最高附着点以下的垂直度偏差不应大于 0.2%。

6.5.16 塔式起重机金属结构、轨道及所有电气设备的金属外壳、金属管线，安全照明的变压器低压侧等应可靠接地，接地电阻不应大于 4Ω；重复接地电阻不应大于 10Ω。

6.5.20 当塔式起重机的起重力矩大于相应工况下的额定值并小于额定值的 110% 时，应切断上升和幅度增大方向的电源，但机构可作下降和减小幅度方向的运动。

6.5.21 塔式起重机的吊钩装置起升到下列规定的极限位置时，应自动切断起升的动作电源：

　　1 对于动臂变幅的塔式起重机，吊钩装置顶部至臂架下端的极限距离应为 800mm；

　　2 对于上回转的小车变幅的塔式起重机，吊钩装置顶部至小车架下端的极限位置应符合下列规定：

　　　　1）起升钢丝绳的倍率为 2 倍率时，其极限位置应为 1000mm；

　　　　2）起升钢丝绳的倍率为 4 倍率时，其极限位置应为 700mm。

　　3 对于下回转的小车变幅的塔式起重机，吊钩装置顶部至小车架下端的极限位置应符合下列规定：

　　1）起升钢丝绳的倍率为 2 倍率时，其极限位置应为 800mm；

　　2）起升钢丝绳的倍率为 4 倍率时，其极限位置应为 400mm。

6.5.22 塔式起重机应安装起重量限制器。当起重量大于相应挡位的额定值并小于额定值的 110％时，应切断上升方向的电源，但机构可作下降方向的运动。

6.6.14 施工升降机安全防护装置必须齐全，工作可靠有效。

6.6.15 施工升降机防坠安全器必须灵敏有效、动作可靠，且在检定有效期内。

6.7.1 卷扬机不得用于运送人员。

6.9.2 严禁使用倒顺开关作为物料提升机卷扬机的控制开关。

6.9.5 附墙架与物料提升机架体之间及建筑物之间应采用刚性连接；附墙架及架体不得与脚手架连接。

6.11.4 吊篮的安全锁应灵敏可靠，当吊篮平台下滑速度大于 25m/min 时，安全锁应在不超过 100mm 距离内自动锁住悬吊平台的钢丝绳；安全锁应在有效检定期内。

6.12.3 附着整体升降脚手架应具有安全可靠的防倾斜装置、防坠落装置以及保证架体同步升降和监控升降载荷的控制系统。

8.9.7 严禁使用未安装减压器的氧气瓶。

《建筑施工塔式起重机安装、使用、拆卸安全技术规程》JGJ 196－2010

2.0.3 塔式起重机安装、拆卸作业应配备下列人员：

　　1 持有安全生产考核合格证书的项目负责人和安全负责人、机械管理人员；

　　2 具有建筑施工特种作业操作资格证书的建筑起重机械安装拆卸工、起重司机、起重信号工、司索工等特种作业操作人员。

2.0.9 有下列情况之一的塔式起重机严禁使用：

　　1 国家明令淘汰的产品；

　　2 超过规定使用年限经评估不合格的产品；

　　3 不符合国家现行相关标准的产品；

　　4 没有完整安全技术档案的产品。

2.0.14 当多台塔式起重机在同一施工现场交叉作业时，应编制专项方案，并应采取防碰撞的安全措施。任意两台塔式起重机之间的最小架设距离应符合下列规定：

　　1 低位塔式起重机的起重臂端部与另一台塔式起重机的塔身之间的距离不得小于 2m；

　　2 高位塔式起重机的最低位置的部件（或吊钩升至最高点或平衡重的最低部位）与低位塔式起重机中处于最高位置部件之间的垂直距离不得小于 2m。

2.0.16 塔式起重机在安装前和使用过程中，发现有下列情况之一的，不得安装和使用：

　　1 结构件上有可见裂纹和严重锈蚀的；

　　2 主要受力构件存在塑性变形的；

　　3 连接件存在严重磨损和塑性变形的；

　　4 钢丝绳达到报废标准的；

　　5　安全装置不齐全或失效的。

3.4.12　塔式起重机的安全装置必须齐全，并应按程序进行调试合格。

3.4.13　连接件及其防松防脱件严禁用其他代用品代用。连接件及其防松防脱件应使用力矩扳手或专用工具紧固连接螺栓。

4.0.2　塔式起重机使用前，应对起重司机、起重信号工、司索工等作业人员进行安全技术交底。

4.0.3　塔式起重机的力矩限制器、重量限制器、变幅限位器、行走限位器、高度限位器等安全保护装置不得随意调整和拆除，严禁用限位装置代替操纵机构。

5.0.7　拆卸时应先降节、后拆除附着装置。

《建筑施工升降机安装、使用、拆卸安全技术规程》JGJ 215-2010

4.1.6　有下列情况之一的施工升降机不得安装使用：

　　1　属国家明令淘汰或禁止使用的；

　　2　超过由安全技术标准或制造厂家规定使用年限的；

　　3　经检验达不到安全技术标准规定的；

　　4　无完整安全技术档案的；

　　5　无齐全有效的安全保护装置的。

4.2.10　安装作业时必须将按钮盒或操作盒移至吊笼顶部操作。当导轨架或附墙架上有人员作业时，严禁开动施工升降机。

5.2.2　严禁施工升降机使用超过有效标定期的防坠安全器。

5.2.10　严禁用行程限位开关作为停止运行的控制开关。

5.3.9　严禁在施工升降机运行中进行保养、维修作业。

《建筑施工起重吊装工程安全技术规范》JGJ 276-2012

3.0.1　起重吊装作业前，必须编制吊装作业的专项施工方案，并应进行安全技术措施交底；作业中，未经技术负责人批准，不得随意更改。

3.0.19　暂停作业时，对吊装作业中未形成稳定体系的部分，必须采取临时固定措施。

3.0.23　对临时固定的构件，必须在完成了永久固定，并经检查确认无误后，方可解除临时固定措施。

《建筑塔式起重机安全监控系统应用技术规程》JGJ 332-2014

3.1.1　塔机安全监控系统应具有对塔机的起重量、起重力矩、起升高度、幅度、回转角度、运行行程信息进行实时监视和数据存储功能。当塔机有运行危险趋势时，塔机控制回路电源应能自动切断。

3.1.2　在既有塔机升级加装安全监控系统时，严禁损伤塔机受力结构。

3.1.3　在既有塔机升级加装安全监控系统时，不得改变塔机原有安全装置及电气控制系统的功能和性能。

49 模板工程

《建筑施工门式钢管脚手架安全技术规范》JGJ 128 - 2010

6.1.2 不同型号的门架与配件严禁混合使用。

6.3.1 门式脚手架剪刀撑的设置必须符合下列规定：

1 当门式脚手架搭设高度在 **24m** 及以下时，在脚手架的转角处、两端及中间间隔不超过 **15m** 的外侧立面必须各设置一道剪刀撑，并应由底至顶连续设置；

2 当脚手架搭设高度超过 **24m** 时，在脚手架全外侧立面上必须设置连续剪刀撑；

3 对于悬挑脚手架，在脚手架全外侧立面上必须设置连续剪刀撑。

6.5.3 在门式脚手架的转角处或开口型脚手架端部，必须增设连墙件，连墙件的垂直间距不应大于建筑物的层高，且不应大于 **4.0m**。

6.8.2 门式脚手架与模板支架的搭设场地必须平整坚实，并应符合下列规定：

1 回填土应分层回填，逐层夯实；

2 场地排水应顺畅，不应有积水。

7.3.4 门式脚手架连墙件的安装必须符合下列规定：

1 连墙件的安装必须随脚手架搭设同步进行，严禁滞后安装；

2 当脚手架操作层高出相邻连墙件以上两步时，在连墙件安装完毕前必须采用确保脚手架稳定的临时拉结措施。

7.4.2 拆除作业必须符合下列规定：

1 架体的拆除应从上而下逐层进行，严禁上下同时作业。

2 同一层的构配件和加固杆件必须按先上后下、先外后内的顺序进行拆除。

3 连墙件必须随脚手架逐层拆除，严禁先将连墙件整层或数层拆除后再拆架体。拆除作业过程中，当架体的自由高度大于两步时，必须加设临时拉结。

4 连接门架的剪刀撑等加固杆件必须在拆卸该门架时拆除。

7.4.5 门架与配件应采用机械或人工运至地面，严禁抛投。

9.0.3 门式脚手架与模板支架作业层上严禁超载。

9.0.4 严禁将模板支架、缆风绳、混凝土泵管、卸料平台等固定在门式脚手架上。

9.0.7 在门式脚手架使用期间，脚手架基础附近严禁进行挖掘作业。

9.0.8 满堂脚手架与模板支架的交叉支撑和加固杆，在施工期间禁止拆除。

9.0.14 在门式脚手架或模板支架上进行电、气焊作业时，必须有防火措施和专人看护。

9.0.16 搭拆门式脚手架或模板支架作业时，必须设置警戒线、警戒标志，并应派专人看守，严禁非作业人员入内。

《建筑施工扣件式钢管脚手架安全技术规范》JGJ 130‐2011

3.4.3 可调托撑受压承载力设计值不应小于 **40kN**，支托板厚不应小于 **5mm**。

6.2.3 主节点处必须设置一根横向水平杆，用直角扣件扣接且严禁拆除。

6.3.3 脚手架立杆基础不在同一高度上时，必须将高处的纵向扫地杆向低处延长两跨与立杆固定，高低差不应大于 **1m**。靠边坡上方的立杆轴线到边坡的距离不应小于 **500mm**（图 **6.3.3**）。

6.3.5 单排、双排与满堂脚手架立杆接长除顶层顶步外，其余各层各步接头必须采用对接扣件连接。

6.4.4 开口型脚手架的两端必须设置连墙件，连墙件的垂直间距不应大于建筑物的层高，并且不应大于 **4m**。

6.6.3 高度在 **24m** 及以上的双排脚手架应在外侧全立面连续设置剪刀撑；高度在 **24m** 以下的单、双排脚手架，均必须在外侧两端、转角及中间间隔不超过 **15m** 的立面上，各设置一道剪刀撑，并应由底至顶连续设置（图 **6.6.3**）。

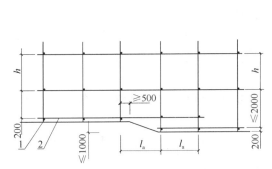

图 6.3.3 纵、横向扫地杆构造
1—横向扫地杆；2—纵向扫地杆

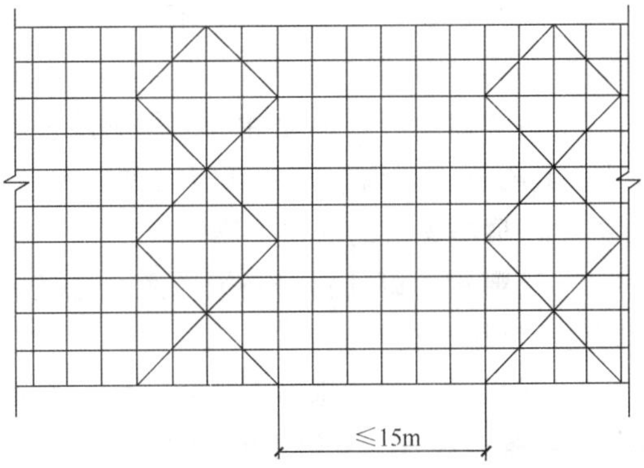

图 6.6.3 高度 24m 以下剪刀撑布置

6.6.5 开口型双排脚手架的两端均必须设置横向斜撑。

7.4.2 单、双排脚手架拆除作业必须由上而下逐层进行，严禁上下同时作业；连墙件必须随脚手架逐层拆除，严禁先将连墙件整层或数层拆除后再拆脚手架；分段拆除高差大于两步时，应增设连墙件加固。

7.4.5 卸料时各构配件严禁抛掷至地面。

8.1.4 扣件进入施工现场应检查产品合格证，并应进行抽样复试，技术性能应符合现行国家标准《钢管脚手架扣件》**GB15831** 的规定。扣件在使用前应逐个挑选，有裂缝、变形、螺栓出现滑丝的严禁使用。

9.0.1 扣件式钢管脚手架安装与拆除人员必须是经考核合格的专业架子工。架子工应持证上岗。

9.0.4 钢管上严禁打孔。

9.0.5 作业层上的施工荷载应符合设计要求，不得超载。不得将模板支架、缆风绳、泵送混凝土和砂浆的输送管等固定在架体上；严禁悬挂起重设备，严禁拆除或移动架体上安全防护设施。

9.0.7　满堂支撑架顶部的实际荷载不得超过设计规定。

9.0.13　在脚手架使用期间，严禁拆除下列杆件：

　　1　主节点处的纵、横向水平杆，纵、横向扫地杆；

　　2　连墙件。

9.0.14　当在脚手架使用过程中开挖脚手架基础下的设备基础或管沟时，必须对脚手架采取加固措施。

《建筑施工木脚手架安全技术规范》JGJ 164－2008

1.0.3　当选材、材质和构造符合本规范的规定时，脚手架搭设高度应符合下列规定：

　　1　单排架不得超过 20m；

　　2　双排架不得超过 25m，当需超过 25m 时，应按本规范第 5 章进行设计计算确定，但增高后的总高度不得超过 30m。

3.1.1　杆件、连墙件应符合下列规定：

　　1　立杆、斜撑、剪刀撑、抛撑应选用剥皮杉木或落叶松。其材质性能应符合现行国家标准《木结构设计规范》GB 50005 中规定的承重结构原木Ⅲa材质等级的质量标准。

　　2　纵向水平杆及连墙件应选用剥皮杉木或落叶松。横向水平杆应选用剥皮杉木或落叶松。其材质性能均应符合现行国家标准《木结构设计规范》GB 50005 中规定的承重结构原木Ⅱa材质等级的质量标准。

3.1.3　连接用的绑扎材料必须选用 8 号镀锌钢丝或回火钢丝，且不得有锈蚀斑痕；用过的钢丝严禁重复使用。

6.1.2　单排脚手架的搭设不得用于墙厚在 180mm 及以下的砌体土坯和轻质空心砖墙以及砌筑砂浆强度在 M1.0 以下的墙体。

6.1.3　空斗墙上留置脚手眼时，横向水平杆下必须实砌两皮砖。

6.1.4　砖砌体的下列部位不得留置脚手眼：

　　1　砖过梁上与梁成 60°角的三角形范围内；

　　2　砖柱或宽度小于 740mm 的窗间墙；

　　3　梁和梁垫下及其左右各 370mm 的范围内；

　　4　门窗洞口两侧 240mm 和转角处 420mm 的范围内；

　　5　设计图纸上规定不允许留洞眼的部位。

6.2.2　剪刀撑的设置应符合下列规定：

　　1　单、双排脚手架的外侧均应在架体端部、转折角和中间每隔 15m 的净距内，设置纵向剪刀撑，并应由底至顶连续设置；剪刀撑的斜杆应至少覆盖 5 根立杆（图 6.2.2-1a）。斜杆与地面倾角应在 45°～60°之间。当架长在 30m 以内时，应在外侧立面整个长度和高度上连续设置多跨剪刀撑（图 6.2.2-1b）。

　　2　剪刀撑的斜杆的端部应置于立杆与纵、横向水平杆相交节点处，与横向水平杆绑扎应牢固。中部与立杆及纵、横向水平杆各相交处均应绑扎牢固。

　　3　对不能交圈搭设的单片脚手架，应在两端端部从底到上连续设置横向斜撑如图

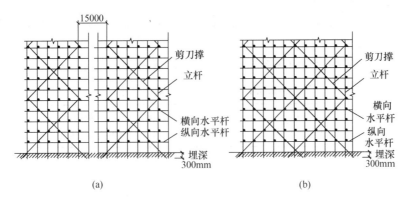

图 6.2.2-1 剪刀撑构造图（一）

（a）间隔式剪刀撑；（b）连续式剪刀撑

6.2.2-2a。

4 斜撑或剪刀撑的斜杆底端埋入土内深度不得小于 **0.3m**（图 **6.2.2-2b**）。

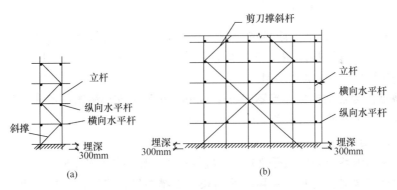

图 6.2.2-2 剪刀撑构造图（二）

（a）斜撑的埋设；（b）剪刀撑斜杆的埋设

6.2.3 对三步以上的脚手架，应每隔 **7** 根立杆设置 **1** 根抛撑，抛撑应进行可靠固定，底端埋深应为 **0.2m～0.3m**。

6.2.4 当脚手架架高超过 **7m** 时，必须在搭架的同时设置与建筑物牢固连接的连墙件。连墙件的设置应符合下列规定：

1 连墙件应既能抗拉又能承压，除应在第一步架高处设置外，双排架应两步三跨设置一个；单排架应两步两跨设置一个；连墙件应沿整个墙面采用梅花形布置。

2 开口形脚手架，应在两端端部沿竖向每步架设置一个。

3 连墙件应采用预埋件和工具化、定型化的连接构造。

6.2.6 在土质地面挖掘立杆基坑时，坑深应为 **0.3m～0.5m**，并应于埋杆前将坑底夯实，或按计算要求加设垫木。

6.2.7 当双排脚手架搭设立杆时，里外两排立杆距离应相等。杆身沿纵向垂直允许偏差应为架高的 **3/1000**，且不得大于 **100mm**，并不得向外倾斜。埋杆时，应采用石块卡紧，再分层回填夯实，并应有排水措施。

6.2.8 当立杆底端无法埋地时，立杆在地表面处必须加设扫地杆。横向扫地杆距地表面应为100mm，其上绑扎纵向扫地杆。

6.3.1 满堂脚手架的构造参数应按表6.3.1的规定选用。

表6.3.1 满堂脚手架的构造参数

用途	控制荷载	立杆纵横间距（m）	纵向水平杆竖向步距（m）	横向水平杆设置	作业层横向水平杆间距（m）	脚手板铺设
装修架	2kN/m²	≤1.2	1.8	每步一道	0.60	满铺、铺稳、铺牢，脚手板下设置大网眼安全网
结构架	3kN/m²	≤1.5	1.4	每步一道	0.75	

8.0.5 上料平台应独立搭设，严禁与脚手架共用杆件。

8.0.8 不得在各种杆件上进行钻孔、刀削和斧砍。每年均应对所使用的脚手板和各种杆件进行外观检查，严禁使用有腐朽、虫蛀、折裂、扭裂和纵向严重裂缝的杆件。

《建筑施工碗扣式钢管脚手架安全技术规范》JGJ 166-2008

3.2.4 采用钢板热冲压整体成型的下碗扣，钢板应符合现行国家标准《碳素结构钢》GB/T 700中Q235A级钢的要求，板材厚度不得小于6mm，并应经600℃~650℃的时效处理。严禁利用废旧锈蚀钢板改制。

3.3.8 可调底座底板的钢板厚度不得小于6mm，可调托撑钢板厚度不得小于5mm。

3.3.9 可调底座及可调托撑丝杆与调节螺母啮合长度不得少于6扣，插入立杆内的长度不得小于150mm。

5.1.4 受压杆件长细比不得大于230，受拉杆件长细比不得大于350。

6.1.4 双排脚手架首层立杆应采用不同的长度交错布置，底层纵、横向横杆作为扫地杆距地面高度应小于或等于350mm，严禁施工中拆除扫地杆，立杆应配置可调底座或固定底座（见图6.1.4）。

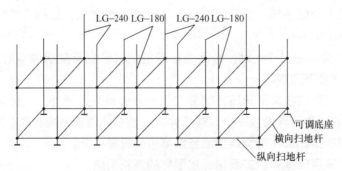

图6.1.4 首层立杆布置示意

6.1.5 双排脚手架专用外斜杆设置（见图6.1.5）应符合下列规定：

    1 斜杆应设置在有纵、横向横杆的碗扣节点上；

2 在封圈的脚手架拐角处及一字形脚手架端部应设置竖向通高斜杆；

3 当脚手架高度小于或等于 **24m** 时，每隔 **5** 跨应设置一组竖向通高斜杆；当脚手架高度大于 **24m** 时，每隔 **3** 跨应设置一组竖向通高斜杆；斜杆应对称设置；

4 当斜杆临时拆除时，拆除前应在相邻立杆间设置相同数量的斜杆。

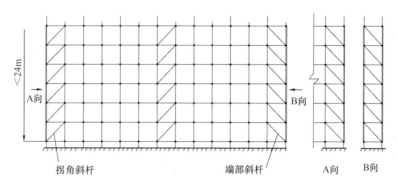

图 6.1.5 专用外斜杆设置示意

6.1.6 当采用钢管扣件作斜杆时应符合下列规定：

1 斜杆应每步与立杆扣接，扣接点距碗扣节点的距离不应大于 **150mm**；当出现不能与立杆扣接时，应与横杆扣接，扣件扭紧力矩应为 **40 N·m～65N·m**；

2 纵向斜杆应在全高方向设置成八字形且内外对称，斜杆间距不应大于 **2** 跨（见图 **6.1.6**）。

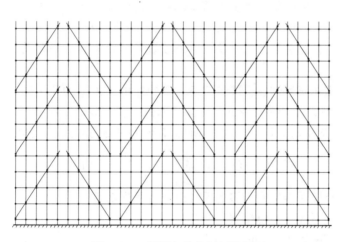

图 6.1.6 钢管扣件作斜杆设置

6.1.7 连墙件的设置应符合下列规定：

1 连墙件应呈水平设置，当不能呈水平设置时，与脚手架连接的一端应下斜连接；

2 每层连墙件应在同一平面，其位置应由建筑结构和风荷载计算确定，且水平间距不应大于 **4.5m**；

3 连墙件应设置在有横向横杆的碗扣节点处，当采用钢管扣件做连墙件时，连墙件应与立杆连接，连接点距碗扣节点距离不应大于 **150mm**；

4 连墙件应采用可承受拉、压荷载的刚性结构，连接应牢固可靠。

6.1.8 当脚手架高度大于 24m 时，顶部 24m 以下所有的连墙件层必须设置水平斜杆，水平斜杆应设置在纵向横杆之下（见图 6.1.8）。

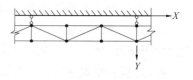

图 6.1.8 水平斜杆设置示意

6.2.2 模板支撑架斜杆设置应符合下列要求：

1 当立杆间距大于 1.5m 时，应在拐角处设置通高专用斜杆，中间每排每列应设置通高八字形斜杆或剪刀撑；

2 当立杆间距小于或等于 1.5m 时，模板支撑架四周从底到顶连续设置竖向剪刀撑；中间纵、横向由底至顶连续设置竖向剪刀撑，其间距应小于或等于 4.5m；

3 剪刀撑的斜杆与地面夹角应在 45°～60°之间，斜杆应每步与立杆扣接。

6.2.3 当模板支撑架高度大于 4.8m 时，顶端和底部必须设置水平剪刀撑，中间水平剪刀撑设置间距应小于或等于 4.8m。

7.2.1 脚手架基础必须按专项施工方案进行施工，按基础承载力要求进行验收。

7.3.7 连墙件必须随双排脚手架升高及时在规定的位置处设置，严禁任意拆除。

7.4.6 连墙件必须在双排脚手架拆到该层时方可拆除，严禁提前拆除。

9.0.5 严禁在脚手架基础及邻近处进行挖掘作业。

《液压升降整体脚手架安全技术规程》JGJ 183－2009

3.0.1 液压升降整体脚手架架体及附着支承结构的强度、刚度和稳定性必须符合设计要求，防坠落装置必须灵敏、制动可靠，防倾覆装置必须稳固、安全可靠。

7.1.1 液压升降整体脚手架的每个机位必须设置防坠落装置，防坠落装置的制动距离不得大于 80mm。

7.2.1 液压升降整体脚手架在升降工况下，竖向主框架位置的最上附着支承和最下附着支承之间的最小间距不得小子 2.8m 或 1/4 架体高度；在使用工况下，竖向主框架位置的最上附着支承和最下附着支承之间的最小间距不得小于 5.6m 或 1/2 架体高度。

《建筑施工工具式脚手架安全技术规范》JGJ 202－2010

4.4.2 附着式升降脚手架结构构造的尺寸应符合下列规定：

1 架体高度不得大于 5 倍楼层高；

2 架体宽度不得大于 1.2m；

3 直线布置的架体支承跨度不得大于 7m，折线或曲线布置的架体，相邻两主框架支撑点处的架体外侧距离不得大于 5.4m；

4 架体的水平悬挑长度不得大于 2m，且不得大于跨度的 1/2；

5 架体全高与支承跨度的乘积不得大于 $110m^2$。

4.4.5 附着支承结构应包括附墙支座、悬臂梁及斜拉杆，其构造应符合下列规定：

1 竖向主框架所覆盖的每个楼层处应设置一道附墙支座；

2 在使用工况时，应将竖向主框架固定于附墙支座上；

3 在升降工况时，附墙支座上应设有防倾、导向的结构装置；

4 附墙支座应采用锚固螺栓与建筑物连接，受拉螺栓的螺母不得少于两个或应采用弹簧垫圈加单螺母，螺杆露出螺母端部的长度不应少于3扣，并不得小于10mm，垫板尺寸应由设计确定，且不得小于100mm应由设计确定，且不得小于100mm×100mm×10mm；

5 附墙支座支承在建筑物上连接处混凝土的强度应按设计要求确定，且不得小于C10。

4.4.10 物料平台不得与附着式升降脚手架各部位和各结构构件相连，其荷载应直接传递给建筑工程结构。

4.5.1 附着式升降脚手架必须具有防倾覆、防坠落和同步升降控制的安全装置。

4.5.3 防坠落装置必须符合下列规定：

1 防坠落装置应设置在竖向主框架处并附着在建筑结构上，每一升降点不得少于一个防坠落装置，防坠落装置在使用和升降工况下都必须起作用；

2 防坠落装置必须采用机械式的全自动装置，严禁使用每次升降都需重组的手动装置；

3 防坠落装置技术性能除应满足承载能力要求外，还应符合表4.5.3的规定。

表4.5.3 防坠落装置技术性能

脚手架类别	制动距离（mm）
整体式升降脚手架	≤体式
单片式升降脚手架	≤片升

4 防坠落装置应具有防尘、防污染的措施，并应灵敏可靠和运转自如；

5 防坠落装置与升降设备必须分别独立固定在建筑结构上；

6 钢吊杆式防坠落装置，钢吊杆规格应由计算确定，且不应小于φ吊杆式防。

5.2.11 悬挂吊篮的支架支撑点处结构的承载能力，应大于所选择吊篮各工况的荷载最大值。

5.4.7 悬挂机构前支架严禁支撑在女儿墙上、女儿墙外或建筑物挑檐边缘。

5.4.10 配重件应稳定可靠地安放在配重架上，并应有防止随意移动的措施。严禁使用破损的配重件或其他替代物。配重件的重量应符合设计规定。

5.4.13 悬挂机构前支架应与支撑面保持垂直，脚轮不得受力。

5.5.8 吊篮内的作业人员不应超过2个。

6.3.1 在提升状况下，三角臂应能绕竖向桁架自由转动；在工作状况下，三角臂与竖向桁架之间应采用定位装置防止三角臂转动。

6.3.4 每一处连墙件应至少有2套杆件，每一套杆件应能够独立承受架体上的全部荷载。

6.5.1 防护架的提升索具应使用现行国家标《重要用途钢丝绳》GB 8918规定的钢丝绳。钢丝绳直径不应小于12.5mm。

6.5.7 当防护架提升、下降时，操作人员必须站在建筑物内或相邻的架体上，严禁站在防护架上操作；架体安装完毕前，严禁上人。

6.5.10 防护架在提升时，必须按照"提升一片、固定一片、封闭一片"的原则进行，严禁提前拆除两片以上的架体、分片处的连接杆、立面及底部封闭设施。

6.5.11 在每次防护架提升后，必须逐一检查扣件紧固程度；所有连接扣件拧紧力矩必须达到 40 N 护架～65 N 护架。

7.0.1 工具式脚手架安装前，应根据工程结构、施工环境等特点编制专项施工方案，并应经总承包单位技术负责人审批、项目总监理工程师审核后实施。

7.0.3 总承包单位必须将工具式脚手架专业工程发包给具有相应资质等级的专业队伍，并应签订专业承包合同，明确总包、分包或租赁等各方的安全生产责任。

8.2.1 高处作业吊篮在使用前必须经过施工、安装、监理等单位的验收，未经验收或验收不合格的吊篮不得使用。

《建筑施工承插型盘扣式钢管支架安全技术规程》JGJ 231-2010

3.1.2 插销外表面应与水平杆和斜杆杆端扣接头内表面吻合，插销连接应保证锤击自锁后不拔脱，抗拔力不得小于 3kN。

6.1.5 模板支架可调托座伸出顶层水平杆或双槽钢托梁的悬臂长度（图 6.1.5）严禁超过 650mm，且丝杆外露长度严禁超过 400mm，可调托座插入立杆或双槽钢托梁长度不得小于 150mm。

9.0.6 严禁在模板支架及脚手架基础开挖深度影响范围内进行挖掘作业。

9.0.7 拆除的支架构件应安全地传递至地面，严禁抛掷。

《建筑施工竹脚手架安全技术规范》JGJ 254-2011

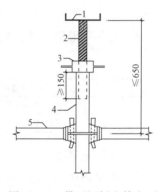

图 6.1.5 带可调托座伸出顶层水平杆的悬臂长度
1—可调托座；2—螺杆；
3—调节螺母；4—立杆；
5—水平杆

3.0.2 严禁搭设单排竹脚手架。双排竹脚手架的搭设高度不得超过 24m，满堂架搭设高度不得超过 15m。

4.2.5 竹杆的绑扎材料严禁重复使用。

6.0.3 拆除竹脚手架时，应符合下列规定：

　　1 拆除作业必须由上而下逐层进行，严禁上下同时作业，严禁斩断或剪断整层绑扎材料后整层滑塌、整层推倒或拉倒；

　　2 连墙件必须随竹脚手架逐层拆除，严禁先将整层或数层连墙件拆除后再拆除架体；分段拆除时高差不应大于 2 步。

6.0.7 拆下的竹脚手架各种杆件、脚手板等材料，应向下传递或用索具吊运至地面，严禁抛掷至地面。

8.0.6 当搭设、拆除竹脚手架时，必须设置警戒线、警戒标志，并应派专人看护，非作业人员严禁入内。

8.0.8 当双排脚手架搭设高度达到三步架高时，应随搭随设连墙件、剪刀撑等杆件，且不得随意拆除。当脚手架下部暂不能设连墙件时应设置抛撑。

8.0.12 在竹脚手架使用期间，严禁拆除下列杆件：

　　1 主节点处的纵、横向水平杆，纵、横向扫地杆；

　　2 顶撑；

3 剪刀撑；

4 连墙件。

8.0.13 在竹脚手架使用期间，不得在脚手架基础及其邻近处进行挖掘作业。

8.0.14 竹脚手架作业层上严禁超载。

8.0.21 工地应设置足够的消防水源和临时消防系统，竹材堆放处应设置消防设备。

8.0.22 当在竹脚手架上进行电焊、机械切割作业时，必须经过批准且有可靠的安全防火措施，并应设专人监管。

8.0.23 施工现场应有动火审批制度，不应在竹脚手架上进行明火作业。

《钢框胶合板模板技术规程》JGJ 96－2011

3.3.1 吊环应采用HPB235钢筋制作，严禁使用冷加工钢筋。

4.1.2 模板及支撑应具有足够的承载能力、刚度和稳定性。

6.4.7 在起吊模板前，应拆除模板与混凝土结构之间所有对拉螺栓、连接件。

《建筑施工模板安全技术规范》JGJ 162－2008

5.1.6 模板结构构件的长细比应符合下列规定：

1 受压构件长细比：支架立柱及桁架，不应大于150；拉条、缀条、斜撑等连系构件，不应大于200；

2 受拉构件长细比：钢杆件，不应大于350；木杆件，不应大于250。

6.1.9 支撑梁、板的支架立柱构造与安装应符合下列规定：

1 梁和板的立柱，其纵横向间距应相等或成倍数。

2 木立柱底部应设垫木，顶部应设支撑头。钢管立柱底部应设垫木和底座，顶部应设可调支托，U形支托与楞梁两侧间如有间隙，必须楔紧，其螺杆伸出钢管顶部不得大于200mm，螺杆外径与立柱钢管内径的间隙不得大于3mm，安装时应保证上下同心。

3 在立柱底距地面200mm高处，沿纵横水平方向应按纵下横上的程序设扫地杆。可调支托底部的立柱顶端应沿纵横向设置一道水平拉杆。扫地杆与顶部水平拉杆之间的间距，在满足模板设计所确定的水平拉杆步距要求条件下，进行平均分配确定步距后，在每一步距处纵横向应各设一道水平拉杆。当层高在8～20m时，在最顶步距两水平拉杆中间应加设一道水平拉杆；当层高大于20m时，在最顶两步距水平拉杆中间应分别增加一道水平拉杆。所有水平拉杆的端部均应与四周建筑物顶紧顶牢。无处可顶时，应在水平拉杆端部和中部沿竖向设置连续式剪刀撑。

4 木立柱的扫地杆、水平拉杆、剪刀撑应采用40mm×50mm木条或25mm×80mm的木板条与木立柱钉牢。钢管立柱的扫地杆、水平拉杆、剪刀撑应采用φ48mm×3.5mm钢管，用扣件与钢管立柱扣牢。木扫地杆、水平拉杆、剪刀撑应采用搭接，并应采用铁钉钉牢。钢管扫地杆、水平拉杆应采用对接，剪刀撑应采用搭接，搭接长度不得小于500mm，并应采用2个旋转扣件分别在离杆端不小于100mm处进行固定。

6.2.4 当采用扣件式钢管作立柱支撑时，其构造与安装应符合下列规定：

1 钢管规格、间距、扣件应符合设计要求。每根立柱底部应设置底座及垫板，垫板厚度不得小于50mm。

2 钢管支架立柱间距、扫地杆、水平拉杆、剪刀撑的设置应符合本规范第6.1.9条的规定。当立柱底部不在同一高度时，高处的纵向扫地杆应向低处延长不少于2跨，高低差不得大于1m，立柱距边坡上方边缘不得小于0.5m。

3 立柱接长严禁搭接，必须采用对接扣件连接，相邻两立柱的对接接头不得在同步内，且对接接头沿竖向错开的距离不宜小于500mm，各接头中心距主节点不宜大于步距的1/3。

4 严禁将上段的钢管立柱与下段钢管立柱错开固定在水平拉杆上。

5 满堂模板和共享空间模板支架立柱，在外侧周圈应设由下至上的竖向连续式剪刀撑；中间在纵横向应每隔10m左右设由下至上的竖向连续式剪刀撑，其宽度宜为4~6m，并在剪刀撑部位的顶部、扫地杆处设置水平剪刀撑（图6.2.4-1）。剪刀撑杆件的底端应与地面顶紧，夹角宜为45°~60°。当建筑层高在8~20m时，除应满足上述规定外，还应在纵横向相邻的两竖向连续式剪刀撑之间增加之字斜撑，在有水平剪刀撑的部位，应在每个剪刀撑中间处增加一道水平剪刀撑（图6.2.4-2）。当建筑层高超过20m时，在满足以上规定的基础上，应将所有之字斜撑全部改为连续式剪刀撑（图6.2.4-3）。

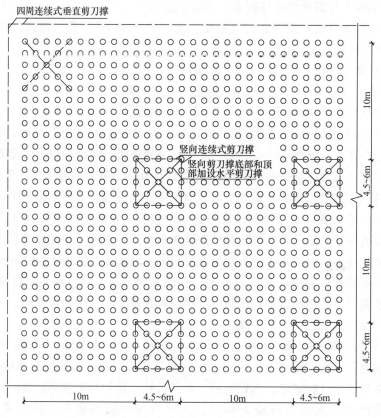

图6.2.4-1 剪刀撑布置图（一）

6 当支架立柱高度超过5m时，应在立柱周圈外侧和中间有结构柱的部位，按水平

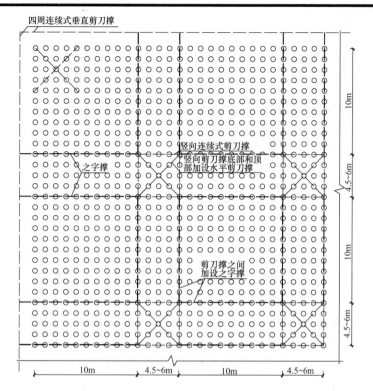

图 6.2.4-2　剪刀撑布置图（二）

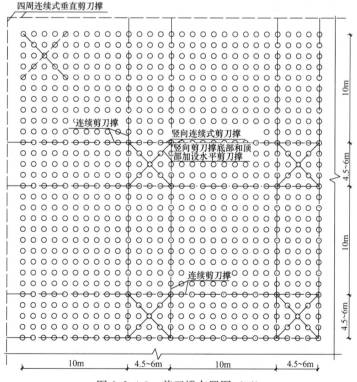

图 6.2.4-3　剪刀撑布置图（三）

间距 6～9m、竖向间距 2～3m 与建筑结构设置一个固结点。

《液压爬升模板工程技术规程》JGJ 195－2010

3.0.1 采用液压爬升模板进行施工必须编制爬模专项施工方案，进行爬模装置设计与工作荷载计算；且必须对承载螺栓、支承杆和导轨主要受力部件分别按施工、爬升和停工三种工况进行强度、刚度及稳定性计算。

3.0.6 在爬模装置爬升时，承载体受力处的混凝土强度必须大于 10MPa，且必须满足设计要求。

5.2.4 承载螺栓和锥形承载接头设计应符合下列规定：

1 固定在墙体预留孔内的承载螺栓在垫板、螺母以外长度不应少于 3 个螺距，垫板尺寸不应小于 100mm 板尺寸不应小于螺栓在垫。

2 锥形承载接头应有可靠锚固措施，锥体螺母长度不应小于承载螺栓外径的 3 倍，预埋件和承载螺栓拧入锥体螺母的深度均不得小于承载螺栓外径的 1.5 倍。

3 当锥体螺母与挂钩连接座设计成一个整体部件时，其挂钩部分的最小截面应按照承载螺栓承载力计算方法计算。

9.0.2 爬模工程必须编制安全专项施工方案，且必须经专家论证。

9.0.15 爬模装置拆除时，参加拆除的人员必须系好安全带并扣好保险钩；每起吊一段模板或架体前，操作人员必须离开。

9.0.16 爬模施工现场必须有明显的安全标志，爬模安装、拆除时地面必须设围栏和警戒标志，并派专人看守，严禁非操作人员入内。

50 建筑拆除工程施工

《建筑拆除工程安全技术规范》JGJ 147-2004

4.1.1 进行人工拆除作业时，楼板上严禁人员聚集或堆放材料，作业人员应站在稳定的结构或脚手架上操作，被拆除的构件应有安全的放置场所。

4.1.2 人工拆除施工应从上至下、逐层拆除分段进行，不得垂直交叉作业。作业面的孔洞应封闭。

4.1.3 人工拆除建筑墙体时，严禁采用掏掘或推倒的方法。

4.1.7 拆除管道及容器时，必须在查清残留物的性质，并采取相应措施确保安全后，方可进行拆除施工。

4.2.1 当采用机械拆除建筑时，应从上至下、逐层分段进行；应先拆除非承重结构，再拆除承重结构。拆除框架结构建筑，必须按楼板、次梁、主梁、柱子的顺序进行施工。对只进行部分拆除的建筑，必须先将保留部分加固，再进行分离拆除。

4.2.3 拆除施工时，应按照施工组织设计选定的机械设备及吊装方案进行施工，严禁超载作业或任意扩大使用范围。供机械设备使用的场地必须保证足够的承载力。作业中机械不得同时回转、行走。

4.3.2 从事爆破拆除工程的施工单位，必须持有工程所在地法定部门核发的《爆炸物品使用许可证》，承担相应等级的爆破拆除工程。爆破拆除设计人员应具有承担爆破拆除作业范围和相应级别的爆破工程技术人员作业证。从事爆破拆除施工的作业人员应持证上岗。

4.4.2 采用具有腐蚀性的静力破碎剂作业时，灌浆人员必须戴防护手套和防护眼镜。孔内注入破碎剂后，作业人员应保持安全距离，严禁在注孔区域行走。

4.4.4 在相邻的两孔之间，严禁钻孔与注入破碎剂同步进行施工。

4.5.4 施工单位必须依据拆除工程安全施工组织设计或安全专项施工方案，在拆除施工现场划定危险区域，并设置警戒线和相关的安全标志，应派专人监管。

5.0.5 拆除工程施工前，必须对施工作业人员进行书面安全技术交底。

51 环境保护

《建筑施工现场环境与卫生标准》JGJ 146－2013

2.0.2 施工现场必须采用封闭围挡，高度不得小于1.8m。

3.1.1 施工现场的主要道路必须进行硬化处理，土方应集中堆放。裸露的场地和集中堆放的土方应采取覆盖、固化或绿化等措施。

3.1.7 建筑物内施工垃圾的清运，必须采用相应容器或管道运输，严禁凌空抛掷。

3.1.11 施工现场严禁焚烧各类废弃物。

4.1.6 施工现场宿舍必须设置可开启式窗户，宿舍内的床铺不得超过2层，严禁使用通铺。

4.2.3 食堂必须有卫生许可证，炊事人员必须持身体健康证上岗。

除了《建筑施工现场环境与卫生标准》JGJ 146 现场环境与对施工现场环境保护的相关强制性规定，国家标准《混凝土结构工程施工规范》GB 50666－2011 在同类规范中首次将"环境保护"单列成章，凸显了建筑工程施工环境保护日益增长的重要性。其"环境保护"章节为了确保施工过程中的各项管理和施工活动遵守国家有关环境保护法律法规、制度文件和相关标准，对施工过程对环境的污染主要包括噪音与振动、泥浆污染、粉尘污染、水污染、光污染、土壤污染和建筑垃圾等提出了控制性措施。

《混凝土结构工程施工规范》GB 50666－2011

11.1.1 施工项目部应制订施工环境保护计划，落实责任人员，并组织实施。对混凝土结构施工过程的环境保护效果，宜进行自评估。

11.1.2 施工过程中，应采取建筑垃圾减量化措施。对施工过程中产生的建筑垃圾，应进行分类、统计和处理。

11.2.1 施工过程中，应采取防尘、降尘措施。施工现场的主要道路，宜进行硬化处理或采取其他扬尘控制措施。对可能造成扬尘的露天堆储材料，宜采取扬尘控制措施。

11.2.2 施工过程中，应对材料搬运、施工设备和机具作业等采取可靠的降低噪声措施。施工作业在施工场界的噪声级应符合现行国家标准《建筑施工场界噪声限值》GB 12523的有关规定。

11.2.3 施工过程中，应采取光污染控制措施。对可能产生强光的施工作业，应采取防护和遮挡措施。夜间施工时，应采用低角度灯光照明。

11.2.4 应采取沉淀、隔油等措施处理施工过程中产生的污水，不得直接排放。

11.2.5 宜选用环保型脱模剂。涂刷模板脱模剂时，应防止洒漏。对含有污染环境成分的脱模剂，使用后剩余的脱模剂及其包装等不得与普通垃圾混放，并应由厂家或有资质的单位回收处理。

11.2.6 施工过程中，对施工设备和机具维修、运行、存储时的漏油，应采取有效的隔离措施，不得直接污染土壤。漏油应统一收集并进行无害化处理。

11.2.7 混凝土外加剂、养护剂的使用应满足环境保护和人身健康的要求。

11.2.8 施工中可能接触挥发性有害物质的操作人员应采取有效的防护措施。

11.2.9 不可循环使用的建筑垃圾，应集中收集，并应及时清运至有关部门指定的地点。可循环使用的建筑垃圾，应加强回收利用，并应做好记录。

52 劳动防护

《建筑施工作业劳动防护用品配备及使用标准》JGJ 184－2009

2.0.4 进入施工现场人员必须佩戴安全帽。作业人员必须戴安全帽、穿工作鞋和工作服；应按作业要求正确使用劳动防护用品。在 2m 及以上的无可靠安全防护设施的高处、悬崖和陡坡作业时，必须系挂安全带。

3.0.1 架子工、起重吊装工、信号指挥工的劳动防护用品配备应符合下列规定：

1 架子工、塔式起重机操作人员、起重吊装工应配备灵便紧口的工作服、系带防滑鞋和工作手套。

2 信号指挥工应配备专用标志服装。在自然强光环境条件作业时，应配备有色防护眼镜。

3.0.2 电工的劳动防护用品配备应符合下列规定：

1 维修电工应配备绝缘鞋、绝缘手套和灵便紧口的工作服。

2 安装电工应配备手套和防护眼镜。

3 高压电气作业时，应配备相应等级的绝缘鞋、绝缘手套和有色防护眼镜。

3.0.3 电焊工、气割工的劳动防护用品配备应符合下列规定：

1 电焊工、气割工应配备阻燃防护服、绝缘鞋、鞋盖、电焊手套和焊接防护面罩。在高处作业时，应配备安全帽与面罩连接式焊接防护面罩和阻燃安全带。

2 从事清除焊渣作业时，应配备防护眼镜。

3 从事磨削钨极作业时，应配备手套、防尘口罩和防护眼镜。

4 从事酸碱等腐蚀性作业时，应配备防腐蚀性工作服、耐酸碱胶鞋，戴耐酸碱手套、防护口罩和防护眼镜。

5 在密闭环境或通风不良的情况下，应配备送风式防护面罩。

3.0.4 锅炉、压力容器及管道安装工的劳动防护用品配备应符合下列规定：

1 锅炉及压力容器安装工、管道安装工应配备紧口工作服和保护足趾安全鞋。在强光环境条件作业时，应配备有色防护眼镜。

2 在地下或潮湿场所，应配备紧口工作服、绝缘鞋和绝缘手套。

3.0.5 油漆工在从事涂刷、喷漆作业时，应配备防静电工作服、防静电鞋、防静电手套、防毒口罩和防护眼镜；从事砂纸打磨作业时，应配备防尘口罩和密闭式防护眼镜。

3.0.6 普通工从事淋灰、筛灰作业时，应配备高腰工作鞋、鞋盖、手套和防尘口罩，应配备防护眼镜；从事抬、扛物料作业时，应配备垫肩；从事人工挖扩桩孔孔井下作业时，应配备雨靴、手套和安全绳；从事拆除工程作业时，应配备保护足趾安全鞋、手套。

3.0.10 磨石工应配备紧口工作服、绝缘胶靴、绝缘手套和防尘口罩。

3.0.14 防水工的劳动防护用品配备应符合下列规定：

    1 从事涂刷作业时，应配备防静电工作服、防静电鞋和鞋盖、防护手套、防毒口罩和防护眼镜。

    2 从事沥青熔化、运送作业时，应配备防烫工作服、高腰布面胶底防滑鞋和鞋盖、工作帽、耐高温长手套、防毒口罩和防护眼镜。

3.0.17 钳工、铆工、通风工的劳动防护用品配备应符合下列规定：

    1 从事使用锉刀、刮刀、錾子、扁铲等工具作业时，应配备紧口工作服和防护眼镜。

    2 从事剔凿作业时，应配备手套和防护眼镜；从事搬抬作业时，应配备保护足趾安全鞋和手套。

    3 从事石棉、玻璃棉等含尘毒材料作业时，操作人员应配备防异物工作服、防尘口罩、风帽、风镜和薄膜手套。

3.0.19 电梯安装工、起重机械安装拆卸工从事安装、拆卸和维修作业时，应配备紧口工作服、保护足趾安全鞋和手套。

附　　录

附录 1 建设工程质量管理条例

第一章 总 则

第一条 为了加强对建设工程质量的管理，保证建设工程质量，保护人民生命和财产安全，根据《中华人民共和国建筑法》，制定本条例。

第二条 凡在中华人民共和国境内从事建设工程的新建、扩建、改建等有关活动及实施对建设工程质量监督管理的，必须遵守本条例。

本条例所称建设工程，是指土木工程、建筑工程、线路管道和设备安装工程及装修工程。

第三条 建设单位、勘察单位、设计单位、施工单位、工程监理单位依法对建设工程质量负责。

第四条 县级以上人民政府建设行政主管部门和其他有关部门应当加强对建设工程质量的监督管理。

第五条 从事建设工程活动，必须严格执行基本建设程序，坚持先勘察、后设计、再施工的原则。

县级以上人民政府及其有关部门不得超越权限审批建设项目或者擅自简化基本建设程序。

第六条 国家鼓励采用先进的科学技术和管理方法，提高建设工程质量。

第二章 建设单位的质量责任和义务

第七条 建设单位应当将工程发包给具有相应资质等级的单位。

建设单位不得将建设工程肢解发包。

第八条 建设单位应当依法对工程建设项目的勘察、设计、施工、监理以及与工程建设有关的重要设备、材料等的采购进行招标。

第九条 建设单位必须向有关的勘察、设计、施工、工程监理等单位提供与建设工程有关的原始资料。

原始资料必须真实、准确、齐全。

第十条 建设工程发包单位不得迫使承包方以低于成本的价格竞标，不得任意压缩合理工期。

建设单位不得明示或者暗示设计单位或者施工单位违反工程建设强制性标准，降低建设工程质量。

第十一条 建设单位应当将施工图设计文件报县级以上人民政府建设行政主管部门或

者其他有关部门审查。施工图设计文件审查的具体办法，由国务院建设行政主管部门会同国务院其他有关部门制定。

施工图设计文件未经审查批准的，不得使用。

第十二条 实行监理的建设工程，建设单位应当委托具有相应资质等级的工程监理单位进行监理，也可以委托具有工程监理相应资质等级并与被监理工程的施工承包单位没有隶属关系或者其他利害关系的该工程的设计单位进行监理。

下列建设工程必须实行监理：

（一）国家重点建设工程；

（二）大中型公用事业工程；

（三）成片开发建设的住宅小区工程；

（四）利用外国政府或者国际组织贷款、援助资金的工程；

（五）国家规定必须实行监理的其他工程。

第十三条 建设单位在领取施工许可证或者开工报告前，应当按照国家有关规定办理工程质量监督手续。

第十四条 按照合同约定，由建设单位采购建筑材料、建筑构配件和设备的，建设单位应当保证建筑材料、建筑构配件和设备符合设计文件和合同要求。

建设单位不得明示或者暗示施工单位使用不合格的建筑材料、建筑构配件和设备。

第十五条 涉及建筑主体和承重结构变动的装修工程，建设单位应当在施工前委托原设计单位或者具有相应资质等级的设计单位提出设计方案；没有设计方案的，不得施工。

房屋建筑使用者在装修过程中，不得擅自变动房屋建筑主体和承重结构。

第十六条 建设单位收到建设工程竣工报告后，应当组织设计、施工、工程监理等有关单位进行竣工验收。

建设工程竣工验收应当具备下列条件：

（一）完成建设工程设计和合同约定的各项内容；

（二）有完整的技术档案和施工管理资料；

（三）有工程使用的主要建筑材料、建筑构配件和设备的进场试验报告；

（四）有勘察、设计、施工、工程监理等单位分别签署的质量合格文件；

（五）有施工单位签署的工程保修书。

建设工程经验收合格的，方可交付使用。

第十七条 建设单位应当严格按照国家有关档案管理的规定，及时收集、整理建设项目各环节的文件资料，建立、健全建设项目档案，并在建设工程竣工验收后，及时向建设行政主管部门或者其他有关部门移交建设项目档案。

第三章 勘察、设计单位的质量责任和义务

第十八条 从事建设工程勘察、设计的单位应当依法取得相应等级的资质证书，并在其资质等级许可的范围内承揽工程。

禁止勘察、设计单位超越其资质等级许可的范围或者以其他勘察、设计单位的名义承

揽工程。禁止勘察、设计单位允许其他单位或者个人以本单位的名义承揽工程。

勘察、设计单位不得转包或者违法分包所承揽的工程。

第十九条　勘察、设计单位必须按照工程建设强制性标准进行勘察、设计，并对其勘察、设计的质量负责。

注册建筑师、注册结构工程师等注册执业人员应当在设计文件上签字，对设计文件负责。

第二十条　勘察单位提供的地质、测量、水文等勘察成果必须真实、准确。

第二十一条　设计单位应当根据勘察成果文件进行建设工程设计。

设计文件应当符合国家规定的设计深度要求，注明工程合理使用年限。

第二十二条　设计单位在设计文件中选用的建筑材料、建筑构配件和设备，应当注明规格、型号、性能等技术指标，其质量要求必须符合国家规定的标准。

除有特殊要求的建筑材料、专用设备、工艺生产线等外，设计单位不得指定生产厂、供应商。

第二十三条　设计单位应当就审查合格的施工图设计文件向施工单位作出详细说明。

第二十四条　设计单位应当参与建设工程质量事故分析，并对因设计造成的质量事故，提出相应的技术处理方案。

第四章　施工单位的质量责任和义务

第二十五条　施工单位应当依法取得相应等级的资质证书，并在其资质等级许可的范围内承揽工程。

禁止施工单位超越本单位资质等级许可的业务范围或者以其他施工单位的名义承揽工程。禁止施工单位允许其他单位或者个人以本单位的名义承揽工程。

施工单位不得转包或者违法分包工程。

第二十六条　施工单位对建设工程的施工质量负责。

施工单位应当建立质量责任制，确定工程项目的项目经理、技术负责人和施工管理负责人。

建设工程实行总承包的，总承包单位应当对全部建设工程质量负责；建设工程勘察、设计、施工、设备采购的一项或者多项实行总承包的，总承包单位应当对其承包的建设工程或者采购的设备的质量负责。

第二十七条　总承包单位依法将建设工程分包给其他单位的，分包单位应当按照分包合同的约定对其分包工程的质量向总承包单位负责，总承包单位与分包单位对分包工程的质量承担连带责任。

第二十八条　施工单位必须按照工程设计图纸和施工技术标准施工，不得擅自修改工程设计，不得偷工减料。

施工单位在施工过程中发现设计文件和图纸有差错的，应当及时提出意见和建议。

第二十九条　施工单位必须按照工程设计要求、施工技术标准和合同约定，对建筑材料、建筑构配件、设备和商品混凝土进行检验，检验应当有书面记录和专人签字；未经检验或者检验不合格的，不得使用。

第三十条　施工单位必须建立、健全施工质量的检验制度，严格工序管理，作好隐蔽工程的质量检查和记录。隐蔽工程在隐蔽前，施工单位应当通知建设单位和建设工程质量监督机构。

第三十一条　施工人员对涉及结构安全的试件、试件以及有关材料，应当在建设单位或者工程监理单位监督下现场取样，并送具有相应资质等级的质量检测单位进行检测。

第三十二条　施工单位对施工中出现质量问题的建设工程或者竣工验收不合格的建设工程，应当负责返修。

第三十三条　施工单位应当建立、健全教育培训制度，加强对职工的教育培训；未经教育培训或者考核不合格的人员，不得上岗作业。

第五章　工程监理单位的质量责任和义务

第三十四条　工程监理单位应当依法取得相应等级的资质证书，并在其资质等级许可的范围内承担工程监理业务。

禁止工程监理单位超越本单位资质等级许可的范围或者以其他工程监理单位的名义承担工程监理业务。禁止工程监理单位允许其他单位或者个人以本单位的名义承担工程监理业务。

工程监理单位不得转让工程监理业务。

第三十五条　工程监理单位与被监理工程的施工承包单位以及建筑材料、建筑构配件和设备供应单位有隶属关系或者其他利害关系的，不得承担该项建设工程的监理业务。

第三十六条　工程监理单位应当依照法律、法规以及有关技术标准、设计文件和建设工程承包合同，代表建设单位对施工质量实施监理，并对施工质量承担监理责任。

第三十七条　工程监理单位应当选派具备相应资格的总监理工程师和监理工程师进驻施工现场。

未经监理工程师签字，建筑材料、建筑构配件和设备不得在工程上使用或者安装，施工单位不得进行下一道工序的施工。未经总监理工程师签字，建设单位不拨付工程款，不进行竣工验收。

第三十八条　监理工程师应当按照工程监理规范的要求，采取旁站、巡视和平行检验等形式，对建设工程实施监理。

第六章　建设工程质量保修

第三十九条　建设工程实行质量保修制度。

建设工程承包单位在向建设单位提交工程竣工验收报告时，应当向建设单位出具质量保修书。质量保修书中应当明确建设工程的保修范围、保修期限和保修责任等。

第四十条　在正常使用条件下，建设工程的最低保修期限为：

（一）基础设施工程、房屋建筑的地基基础工程和主体结构工程，为设计文件规定的该工程的合理使用年限；

（二）屋面防水工程、有防水要求的卫生间、房间和外墙面的防渗漏，为 5 年；

（三）供热与供冷系统，为 2 个采暖期、供冷期；

（四）电气管线、给排水管道、设备安装和装修工程，为 2 年。

其他项目的保修期限由发包方与承包方约定。

建设工程的保修期，自竣工验收合格之日起计算。

第四十一条　建设工程在保修范围和保修期限内发生质量问题的，施工单位应当履行保修义务，并对造成的损失承担赔偿责任。

第四十二条　建设工程在超过合理使用年限后需要继续使用的，产权所有人应当委托具有相应资质等级的勘察、设计单位鉴定，并根据鉴定结果采取加固、维修等措施，重新界定使用期。

第七章　监　督　管　理

第四十三条　国家实行建设工程质量监督管理制度。

国务院建设行政主管部门对全国的建设工程质量实施统一监督管理。国务院铁路、交通、水利等有关部门按照国务院规定的职责分工，负责对全国的有关专业建设工程质量的监督管理。

县级以上地方人民政府建设行政主管部门对本行政区域内的建设工程质量实施监督管理。县级以上地方人民政府交通、水利等有关部门在各自的职责范围内，负责对本行政区域内的专业建设工程质量的监督管理。

第四十四条　国务院建设行政主管部门和国务院铁路、交通、水利等有关部门应当加强对有关建设工程质量的法律、法规和强制性标准执行情况的监督检查。

第四十五条　国务院发展计划部门按照国务院规定的职责，组织稽察特派员，对国家出资的重大建设项目实施监督检查。

国务院经济贸易主管部门按照国务院规定的职责，对国家重大技术改造项目实施监督检查。

第四十六条　建设工程质量监督管理，可以由建设行政主管部门或者其他有关部门委托的建设工程质量监督机构具体实施。

从事房屋建筑工程和市政基础设施工程质量监督的机构，必须按照国家有关规定经国务院建设行政主管部门或者省、自治区、直辖市人民政府建设行政主管部门考核；从事专业建设工程质量监督的机构，必须按照国家有关规定经国务院有关部门或者省、自治区、直辖市人民政府有关部门考核。经考核合格后，方可实施质量监督。

第四十七条　县级以上地方人民政府建设行政主管部门和其他有关部门应当加强对有关建设工程质量的法律、法规和强制性标准执行情况的监督检查。

第四十八条　县级以上人民政府建设行政主管部门和其他有关部门履行监督检查职责时，有权采取下列措施：

（一）要求被检查的单位提供有关工程质量的文件和资料；

（二）进入被检查单位的施工现场进行检查；

（三）发现有影响工程质量的问题时，责令改正。

第四十九条 建设单位应当自建设工程竣工验收合格之日起 15 日内，将建设工程竣工验收报告和规划、公安消防、环保等部门出具的认可文件或者准许使用文件报建设行政主管部门或者其他有关部门备案。

建设行政主管部门或者其他有关部门发现建设单位在竣工验收过程中有违反国家有关建设工程质量管理规定行为的，责令停止使用，重新组织竣工验收。

第五十条 有关单位和个人对县级以上人民政府建设行政主管部门和其他有关部门进行的监督检查应当支持与配合，不得拒绝或者阻碍建设工程质量监督检查人员依法执行职务。

第五十一条 供水、供电、供气、公安消防等部门或者单位不得明示或者暗示建设单位、施工单位购买其指定的生产供应单位的建筑材料、建筑构配件和设备。

第五十二条 建设工程发生质量事故，有关单位应当在 24 小时内向当地建设行政主管部门和其他有关部门报告。对重大质量事故，事故发生地的建设行政主管部门和其他有关部门应当按照事故类别和等级向当地人民政府和上级建设行政主管部门和其他有关部门报告。

特别重大质量事故的调查程序按照国务院有关规定办理。

第五十三条 任何单位和个人对建设工程的质量事故、质量缺陷都有权检举、控告、投诉。

第八章 罚 则

第五十四条 违反本条例规定，建设单位将建设工程发包给不具有相应资质等级的勘察、设计、施工单位或者委托给不具有相应资质等级的工程监理单位的，责令改正，处 50 万元以上 100 万元以下的罚款。

第五十五条 违反本条例规定，建设单位将建设工程肢解发包的，责令改正，处工程合同价款百分之零点五以上百分之一以下的罚款；对全部或者部分使用国有资金的项目，并可以暂停项目执行或者暂停资金拨付。

第五十六条 违反本条例规定，建设单位有下列行为之一的，责令改正，处 20 万元以上 50 万元以下的罚款：

（一）迫使承包方以低于成本的价格竞标的；

（二）任意压缩合理工期的；

（三）明示或者暗示设计单位或者施工单位违反工程建设强制性标准，降低工程质量的；

（四）施工图设计文件未经审查或者审查不合格，擅自施工的；

（五）建设项目必须实行工程监理而未实行工程监理的；

（六）未按照国家规定办理工程质量监督手续的；

（七）明示或者暗示施工单位使用不合格的建筑材料、建筑构配件和设备的；

（八）未按照国家规定将竣工验收报告、有关认可文件或者准许使用文件报送备案的。

第五十七条 违反本条例规定，建设单位未取得施工许可证或者开工报告未经批准，擅自施工的，责令停止施工，限期改正，处工程合同价款百分之一以上百分之二以下的罚款。

第五十八条 违反本条例规定，建设单位有下列行为之一的，责令改正，处工程合同价款百分之二以上百分之四以下的罚款；造成损失的，依法承担赔偿责任：

（一）未组织竣工验收，擅自交付使用的；

（二）验收不合格，擅自交付使用的；

（三）对不合格的建设工程按照合格工程验收的。

第五十九条 违反本条例规定，建设工程竣工验收后，建设单位未向建设行政主管部门或者其他有关部门移交建设项目档案的，责令改正，处1万元以上10万元以下的罚款。

第六十条 违反本条例规定，勘察、设计、施工、工程监理单位超越本单位资质等级承揽工程的，责令停止违法行为，对勘察、设计单位或者工程监理单位处合同约定的勘察费、设计费或者监理酬金1倍以上2倍以下的罚款；对施工单位处工程合同价款百分之二以上百分之四以下的罚款，可以责令停业整顿，降低资质等级；情节严重的，吊销资质证书；有违法所得的，予以没收。

未取得资质证书承揽工程的，予以取缔，依照前款规定处以罚款；有违法所得的，予以没收。

以欺骗手段取得资质证书承揽工程的，吊销资质证书，依照本条第一款规定处以罚款；有违法所得的，予以没收。

第六十一条 违反本条例规定，勘察、设计、施工、工程监理单位允许其他单位或者个人以本单位名义承揽工程的，责令改正，没收违法所得，对勘察、设计单位和工程监理单位处合同约定的勘察费、设计费和监理酬金1倍以上2倍以下的罚款；对施工单位处工程合同价款百分之二以上百分之四以下的罚款；可以责令停业整顿，降低资质等级；情节严重的，吊销资质证书。

第六十二条 违反本条例规定，承包单位将承包的工程转包或者违法分包的，责令改正，没收违法所得，对勘察、设计单位处合同约定的勘察费、设计费百分之二十五以上百分之五十以下的罚款；对施工单位处工程合同价款百分之零点五以上百分之一以下的罚款；可以责令停业整顿，降低资质等级；情节严重的，吊销资质证书。

工程监理单位转让工程监理业务的，责令改正，没收违法所得，处合同约定的监理酬金百分之二十五以上百分之五十以下的罚款；可以责令停业整顿，降低资质等级；情节严重的，吊销资质证书。

第六十三条 违反本条例规定，有下列行为之一的，责令改正，处10万元以上30万元以下的罚款：

（一）勘察单位未按照工程建设强制性标准进行勘察的；

（二）设计单位未根据勘察成果文件进行工程设计的；

（三）设计单位指定建筑材料、建筑构配件的生产厂、供应商的；

（四）设计单位未按照工程建设强制性标准进行设计的。

有前款所列行为，造成工程质量事故的，责令停业整顿，降低资质等级；情节严重的，吊销资质证书；造成损失的，依法承担赔偿责任。

第六十四条　违反本条例规定，施工单位在施工中偷工减料的，使用不合格的建筑材料、建筑构配件和设备的，或者有不按照工程设计图纸或者施工技术标准施工的其他行为的，责令改正，处工程合同价款百分之二以上百分之四以下的罚款；造成建设工程质量不符合规定的质量标准的，负责返工、修理，并赔偿因此造成的损失；情节严重的，责令停业整顿，降低资质等级或者吊销资质证书。

第六十五条　违反本条例规定，施工单位未对建筑材料、建筑构配件、设备和商品混凝土进行检验，或者未对涉及结构安全的试件、试件以及有关材料取样检测的，责令改正，处 10 万元以上 20 万元以下的罚款；情节严重的，责令停业整顿，降低资质等级或者吊销资质证书；造成损失的，依法承担赔偿责任。

第六十六条　违反本条例规定，施工单位不履行保修义务或者拖延履行保修义务的，责令改正，处 10 万元以上 20 万元以下的罚款，并对在保修期内因质量缺陷造成的损失承担赔偿责任。

第六十七条　工程监理单位有下列行为之一的，责令改正，处 50 万元以上 100 万元以下的罚款，降低资质等级或者吊销资质证书；有违法所得的，予以没收；造成损失的，承担连带赔偿责任：

（一）与建设单位或者施工单位串通，弄虚作假、降低工程质量的；

（二）将不合格的建设工程、建筑材料、建筑构配件和设备按照合格签字的。

第六十八条　违反本条例规定，工程监理单位与被监理工程的施工承包单位以及建筑材料、建筑构配件和设备供应单位有隶属关系或者其他利害关系承担该项建设工程的监理业务的，责令改正，处 5 万元以上 10 万元以下的罚款，降低资质等级或者吊销资质证书；有违法所得的，予以没收。

第六十九条　违反本条例规定，涉及建筑主体或者承重结构变动的装修工程，没有设计方案擅自施工的，责令改正，处 50 万元以上 100 万元以下的罚款；房屋建筑使用者在装修过程中擅自变动房屋建筑主体和承重结构的，责令改正，处 5 万元以上 10 万元以下的罚款。

有前款所列行为，造成损失的，依法承担赔偿责任。

第七十条　发生重大工程质量事故隐瞒不报、谎报或者拖延报告期限的，对直接负责的主管人员和其他责任人员依法给予行政处分。

第七十一条　违反本条例规定，供水、供电、供气、公安消防等部门或者单位明示或者暗示建设单位或者施工单位购买其指定的生产供应单位的建筑材料、建筑构配件和设备的，责令改正。

第七十二条　违反本条例规定，注册建筑师、注册结构工程师、监理工程师等注册执业人员因过错造成质量事故的，责令停止执业 1 年；造成重大质量事故的，吊销执业资格证书，5 年以内不予注册；情节特别恶劣的，终身不予注册。

第七十三条　依照本条例规定，给予单位罚款处罚的，对单位直接负责的主管人员和其他直接责任人员处单位罚款数额百分之五以上百分之十以下的罚款。

第七十四条　建设单位、设计单位、施工单位、工程监理单位违反国家规定，降低工程质量标准，造成重大安全事故，构成犯罪的，对直接责任人员依法追究刑事责任。

第七十五条　本条例规定的责令停业整顿，降低资质等级和吊销资质证书的行政处罚，由颁发资质证书的机关决定；其他行政处罚，由建设行政主管部门或者其他有关部门依照法定职权决定。

依照本条例规定被吊销资质证书的，由工商行政管理部门吊销其营业执照。

第七十六条　国家机关工作人员在建设工程质量监督管理工作中玩忽职守、滥用职权、徇私舞弊，构成犯罪的，依法追究刑事责任；尚不构成犯罪的，依法给予行政处分。

第七十七条　建设、勘察、设计、施工、工程监理单位的工作人员因调动工作、退休等原因离开该单位后，被发现在该单位工作期间违反国家有关建设工程质量管理规定，造成重大工程质量事故的，仍应当依法追究法律责任。

第九章　附　　则

第七十八条　本条例所称肢解发包，是指建设单位将应当由一个承包单位完成的建设工程分解成若干部分发包给不同的承包单位的行为。

本条例所称违法分包，是指下列行为：

（一）总承包单位将建设工程分包给不具备相应资质条件的单位的；

（二）建设工程总承包合同中未有约定，又未经建设单位认可，承包单位将其承包的部分建设工程交由其他单位完成的；

（三）施工总承包单位将建设工程主体结构的施工分包给其他单位的；

（四）分包单位将其承包的建设工程再分包的。

本条例所称转包，是指承包单位承包建设工程后，不履行合同约定的责任和义务，将其承包的全部建设工程转给他人或者将其承包的全部建设工程肢解以后以分包的名义分别转给其他单位承包的行为。

第七十九条　本条例规定的罚款和没收的违法所得，必须全部上缴国库。

第八十条　抢险救灾及其他临时性房屋建筑和农民自建低层住宅的建设活动，不适用本条例。

第八十一条　军事建设工程的管理，按照中央军事委员会的有关规定执行。

第八十二条　本条例自发布之日起施行。

附：刑法有关条款

第一百三十七条　建设单位、设计单位、施工单位、工程监理单位违反国家规定，降低工程质量标准，造成重大安全事故的，对直接责任人员处五年以下有期徒刑或者拘役，并处罚金；后果特别严重的，处五年以上十年以下有期徒刑，并处罚金。

附录2　实施工程建设强制性标准监督规定

第一条　为加强工程建设强制性标准实施的监督工作，保证建设工程质量，保障人民的生命、财产安全，维护社会公共利益，根据《中华人民共和国标准化法》、《中华人民共和国标准化法实施条例》和《建设工程质量管理条例》，制定本规定。

第二条　在中华人民共和国境内从事新建、扩建、改建等工程建设活动，必须执行工程建设强制性标准。

第三条　本规定所称工程建设强制性标准是指直接涉及工程质量、安全、卫生及环境保护等方面的工程建设标准强制性条文。

国家工程建设标准强制性条文由国务院建设行政主管部门会同国务院有关行政主管部门确定。

第四条　国务院建设行政主管部门负责全国实施工程建设强制性标准的监督管理工作。

国务院有关行政主管部门按照国务院的职能分工负责实施工程建设强制性标准的监督管理工作。

县级以上地方人民政府建设行政主管部门负责本行政区域内实施工程建设强制性标准的监督管理工作。

第五条　工程建设中拟采用的新技术、新工艺、新材料，不符合现行强制性标准规定的，应当由拟采用单位提请建设单位组织专题技术论证，报批准标准的建设行政主管部门或者国务院有关主管部门审定。

工程建设中采用国际标准或者国外标准，现行强制性标准未作规定的，建设单位应当向国务院建设行政主管部门或者国务院有关行政主管部门备案。

第六条　建设项目规划审查机关应当对工程建设规划阶段执行强制性标准的情况实施监督。

施工图设计文件审查单位应当对工程建设勘察、设计阶段执行强制性标准的情况实施监督。

建筑安全监督管理机构应当对工程建设施工阶段执行施工安全强制性标准的情况实施监督。

工程质量监督机构应当对工程建设施工、监理、验收等阶段执行强制性标准的情况实施监督。

第七条　建设项目规划审查机关、施工图设计文件审查单位、建筑安全监督管理机构、工程质量监督机构的技术人员必须熟悉、掌握工程建设强制性标准。

第八条　工程建设标准批准部门应当定期对建设项目规划审查机关、施工图设计文件审查单位、建筑安全监督管理机构、工程质量监督机构实施强制性标准的监督进行检查，对监督不力的单位和个人，给予通报批评，建议有关部门处理。

第九条　工程建设标准批准部门应当对工程项目执行强制性标准情况进行监督检查。监督检查可以采取重点检查、抽查和专项检查的方式。

第十条　强制性标准监督检查的内容包括：

（一）有关工程技术人员是否熟悉、掌握强制性标准；

（二）工程项目的规划、勘察、设计、施工、验收等是否符合强制性标准的规定；

（三）工程项目采用的材料、设备是否符合强制性标准的规定；

（四）工程项目的安全、质量是否符合强制性标准的规定；

（五）工程中采用的导则、指南、手册、计算机软件的内容是否符合强制性标准的规定。

第十一条　工程建设标准批准部门应当将强制性标准监督检查结果在一定范围内公告。

第十二条　工程建设强制性标准的解释由工程建设标准批准部门负责。

有关标准具体技术内容的解释，工程建设标准批准部门可以委托该标准的编制管理单位负责。

第十三条　工程技术人员应当参加有关工程建设强制性标准的培训，并可以计入继续教育学时。

第十四条　建设行政主管部门或者有关行政主管部门在处理重大工程事故时，应当有工程建设标准方面的专家参加；工程事故报告应当包括是否符合工程建设强制性标准的意见。

第十五条　任何单位和个人对违反工程建设强制性标准的行为有权向建设行政主管部门或者有关部门检举、控告、投诉。

第十六条　建设单位有下列行为之一的，责令改正，并处以 20 万元以上 50 万元以下的罚款：

（一）明示或者暗示施工单位使用不合格的建筑材料、建筑构配件和设备的；

（二）明示或者暗示设计单位或者施工单位违反工程建设强制性标准，降低工程质量的。

第十七条　勘察、设计单位违反工程建设强制性标准进行勘察、设计的，责令改正，并处以 10 万元以上 30 万元以下的罚款。

有前款行为，造成工程质量事故的，责令停业整顿，降低资质等级；情节严重的，吊销资质证书；造成损失的，依法承担赔偿责任。

第十八条　施工单位违反工程建设强制性标准的，责令改正，处工程合同价款 2% 以上 4% 以下的罚款；造成建设工程质量不符合规定的质量标准的，负责返工、修理，并赔偿因此造成的损失；情节严重的，责令停业整顿，降低资质等级或吊销资质证书。

第十九条　工程监理单位违反强制性标准规定，将不合格的建设工程以及建筑材料、建筑构配件和设备按照合格签字的，责令改正，处 50 万元以上 100 万元以下的罚款，降低资质等级或者吊销资质证书；有违法所得的，予以没收；造成损失的，承担连带赔偿责任。

第二十条　违反工程建设强制性标准造成工程质量、安全隐患或者工程事故的，按照

《建设工程质量管理条例》有关规定，对事故责任单位和责任人进行处罚。

　　第二十一条　有关责令停业整顿、降低资质等级和吊销资质证书的行政处罚，由颁发资质证书的机关决定；其他行政处罚，由建设行政主管部门或者有关部门依照法定职权决定。

　　第二十二条　建设行政主管部门和有关行政主管部门工作人员，玩忽职守、滥用职权、徇私舞弊的，给予行政处分；构成犯罪的，依法追究刑事责任。

　　第二十三条　本规定由国务院建设行政主管部门负责解释。

　　第二十四条　本规定自发布之日起施行。

附录3 建筑工程施工许可管理办法

第一条 为了加强对建筑活动的监督管理，维护建筑市场秩序，保证建筑工程的质量和安全，根据《中华人民共和国建筑法》，制定本办法。

第二条 在中华人民共和国境内从事各类房屋建筑及其附属设施的建造、装修装饰和与其配套的线路、管道、设备的安装，以及城镇市政基础设施工程的施工，建设单位在开工前应当依照本办法的规定，向工程所在地的县级以上地方人民政府住房城乡建设主管部门（以下简称发证机关）申请领取施工许可证。

工程投资额在30万元以下或者建筑面积在300平方米以下的建筑工程，可以不申请办理施工许可证。省、自治区、直辖市人民政府住房城乡建设主管部门可以根据当地的实际情况，对限额进行调整，并报国务院住房城乡建设主管部门备案。

按照国务院规定的权限和程序批准开工报告的建筑工程，不再领取施工许可证。

第三条 本办法规定应当申请领取施工许可证的建筑工程未取得施工许可证的，一律不得开工。

任何单位和个人不得将应当申请领取施工许可证的工程项目分解为若干限额以下的工程项目，规避申请领取施工许可证。

第四条 建设单位申请领取施工许可证，应当具备下列条件，并提交相应的证明文件：

（一）依法应当办理用地批准手续的，已经办理该建筑工程用地批准手续。

（二）在城市、镇规划区的建筑工程，已经取得建设工程规划许可证。

（三）施工场地已经基本具备施工条件，需要征收房屋的，其进度符合施工要求。

（四）已经确定施工企业。按照规定应当招标的工程没有招标，应当公开招标的工程没有公开招标，或者肢解发包工程，以及将工程发包给不具备相应资质条件的企业的，所确定的施工企业无效。

（五）有满足施工需要的技术资料，施工图设计文件已按规定审查合格。

（六）有保证工程质量和安全的具体措施。施工企业编制的施工组织设计中有根据建筑工程特点制定的相应质量、安全技术措施。建立工程质量安全责任制并落实到人。专业性较强的工程项目编制了专项质量、安全施工组织设计，并按照规定办理了工程质量、安全监督手续。

（七）按照规定应当委托监理的工程已委托监理。

（八）建设资金已经落实。建设工期不足一年的，到位资金原则上不得少于工程合同价的50%，建设工期超过一年的，到位资金原则上不得少于工程合同价的30%。建设单位应当提供本单位截至申请之日无拖欠工程款情形的承诺书或者能够表明其无拖欠工程款情形的其他材料，以及银行出具的到位资金证明，有条件的可以实行银行付款保函或者其他第三方担保。

（九）法律、行政法规规定的其他条件。

县级以上地方人民政府住房城乡建设主管部门不得违反法律法规规定，增设办理施工许可证的其他条件。

第五条　申请办理施工许可证，应当按照下列程序进行：

（一）建设单位向发证机关领取《建筑工程施工许可证申请表》。

（二）建设单位持加盖单位及法定代表人印鉴的《建筑工程施工许可证申请表》，并附本办法第四条规定的证明文件，向发证机关提出申请。

（三）发证机关在收到建设单位报送的《建筑工程施工许可证申请表》和所附证明文件后，对于符合条件的，应当自收到申请之日起十五日内颁发施工许可证；对于证明文件不齐全或者失效的，应当当场或者五日内一次告知建设单位需要补正的全部内容，审批时间可以自证明文件补正齐全后作相应顺延；对于不符合条件的，应当自收到申请之日起十五日内书面通知建设单位，并说明理由。

建筑工程在施工过程中，建设单位或者施工单位发生变更的，应当重新申请领取施工许可证。

第六条　建设单位申请领取施工许可证的工程名称、地点、规模，应当符合依法签订的施工承包合同。

施工许可证应当放置在施工现场备查，并按规定在施工现场公开。

第七条　施工许可证不得伪造和涂改。

第八条　建设单位应当自领取施工许可证之日起三个月内开工。因故不能按期开工的，应当在期满前向发证机关申请延期，并说明理由；延期以两次为限，每次不超过三个月。既不开工又不申请延期或者超过延期次数、时限的，施工许可证自行废止。

第九条　在建的建筑工程因故中止施工的，建设单位应当自中止施工之日起一个月内向发证机关报告，报告内容包括中止施工的时间、原因、在施部位、维修管理措施等，并按照规定做好建筑工程的维护管理工作。

建筑工程恢复施工时，应当向发证机关报告；中止施工满一年的工程恢复施工前，建设单位应当报发证机关核验施工许可证。

第十条　发证机关应当将办理施工许可证的依据、条件、程序、期限以及需要提交的全部材料和申请表示范文本等，在办公场所和有关网站予以公示。

发证机关作出的施工许可决定，应当予以公开，公众有权查阅。

第十一条　发证机关应当建立颁发施工许可证后的监督检查制度，对取得施工许可证后条件发生变化、延期开工、中止施工等行为进行监督检查，发现违法违规行为及时处理。

第十二条　对于未取得施工许可证或者为规避办理施工许可证将工程项目分解后擅自施工的，由有管辖权的发证机关责令停止施工，限期改正，对建设单位处工程合同价款1%以上2%以下罚款；对施工单位处3万元以下罚款。

第十三条　建设单位采用欺骗、贿赂等不正当手段取得施工许可证的，由原发证机关撤销施工许可证，责令停止施工，并处1万元以上3万元以下罚款；构成犯罪的，依法追究刑事责任。

第十四条　建设单位隐瞒有关情况或者提供虚假材料申请施工许可证的，发证机关不予受理或者不予许可，并处 1 万元以上 3 万元以下罚款；构成犯罪的，依法追究刑事责任。

建设单位伪造或者涂改施工许可证的，由发证机关责令停止施工，并处 1 万元以上 3 万元以下罚款；构成犯罪的，依法追究刑事责任。

第十五条　依照本办法规定，给予单位罚款处罚的，对单位直接负责的主管人员和其他直接责任人员处单位罚款数额 5％以上 10％以下罚款。

单位及相关责任人受到处罚的，作为不良行为记录予以通报。

第十六条　发证机关及其工作人员，违反本办法，有下列情形之一的，由其上级行政机关或者监察机关责令改正；情节严重的，对直接负责的主管人员和其他直接责任人员，依法给予行政处分：

（一）对不符合条件的申请人准予施工许可的；

（二）对符合条件的申请人不予施工许可或者未在法定期限内作出准予许可决定的；

（三）对符合条件的申请不予受理的；

（四）利用职务上的便利，收受他人财物或者谋取其他利益的；

（五）不依法履行监督职责或者监督不力，造成严重后果的。

第十七条　建筑工程施工许可证由国务院住房城乡建设主管部门制定格式，由各省、自治区、直辖市人民政府住房城乡建设主管部门统一印制。

施工许可证分为正本和副本，正本和副本具有同等法律效力。复印的施工许可证无效。

第十八条　本办法关于施工许可管理的规定适用于其他专业建筑工程。有关法律、行政法规有明确规定的，从其规定。

《建筑法》第八十三条第三款规定的建筑活动，不适用本办法。

军事房屋建筑工程施工许可的管理，按国务院、中央军事委员会制定的办法执行。

第十九条　省、自治区、直辖市人民政府住房城乡建设主管部门可以根据本办法制定实施细则。

第二十条　本办法自 2014 年 10 月 25 日起施行。1999 年 10 月 15 日建设部令第 71 号发布、2001 年 7 月 4 日建设部令第 91 号修正的《建筑工程施工许可管理办法》同时废止。

附录 4　建筑施工企业主要负责人、项目负责人和专职安全生产管理人员安全生产管理规定

第一章　总　　则

第一条　为了加强房屋建筑和市政基础设施工程施工安全监督管理，提高建筑施工企业主要负责人、项目负责人和专职安全生产管理人员（以下合称"安管人员"）的安全生产管理能力，根据《中华人民共和国安全生产法》、《建设工程安全生产管理条例》等法律法规，制定本规定。

第二条　在中华人民共和国境内从事房屋建筑和市政基础设施工程施工活动的建筑施工企业的"安管人员"，参加安全生产考核，履行安全生产责任，以及对其实施安全生产监督管理，应当符合本规定。

第三条　企业主要负责人，是指对本企业生产经营活动和安全生产工作具有决策权的领导人员。

项目负责人，是指取得相应注册执业资格，由企业法定代表人授权，负责具体工程项目管理的人员。

专职安全生产管理人员，是指在企业专职从事安全生产管理工作的人员，包括企业安全生产管理机构的人员和工程项目专职从事安全生产管理工作的人员。

第四条　国务院住房城乡建设主管部门负责对全国"安管人员"安全生产工作进行监督管理。

县级以上地方人民政府住房城乡建设主管部门负责对本行政区域内"安管人员"安全生产工作进行监督管理。

第二章　考　核　发　证

第五条　"安管人员"应当通过其受聘企业，向企业工商注册地的省、自治区、直辖市人民政府住房城乡建设主管部门（以下简称考核机关）申请安全生产考核，并取得安全生产考核合格证书。安全生产考核不得收费。

第六条　申请参加安全生产考核的"安管人员"，应当具备相应文化程度、专业技术职称和一定安全生产工作经历，与企业确立劳动关系，并经企业年度安全生产教育培训合格。

第七条　安全生产考核包括安全生产知识考核和管理能力考核。

安全生产知识考核内容包括：建筑施工安全的法律法规、规章制度、标准规范，建筑施工安全管理基本理论等。

安全生产管理能力考核内容包括：建立和落实安全生产管理制度、辨识和监控危险性较大的分部分项工程、发现和消除安全事故隐患、报告和处置生产安全事故等方面的能力。

第八条　对安全生产考核合格的，考核机关应当在 20 个工作日内核发安全生产考核合格证书，并予以公告；对不合格的，应当通过"安管人员"所在企业通知本人并说明理由。

第九条　安全生产考核合格证书有效期为 3 年，证书在全国范围内有效。

证书式样由国务院住房城乡建设主管部门统一规定。

第十条　安全生产考核合格证书有效期届满需要延续的，"安管人员"应当在有效期届满前 3 个月内，由本人通过受聘企业向原考核机关申请证书延续。准予证书延续的，证书有效期延续 3 年。

对证书有效期内未因生产安全事故或者违反本规定受到行政处罚，信用档案中无不良行为记录，且已按规定参加企业和县级以上人民政府住房城乡建设主管部门组织的安全生产教育培训的，考核机关应当在受理延续申请之日起 20 个工作日内，准予证书延续。

第十一条　"安管人员"变更受聘企业的，应当与原聘用企业解除劳动关系，并通过新聘用企业到考核机关申请办理证书变更手续。考核机关应当在受理变更申请之日起 5 个工作日内办理完毕。

第十二条　"安管人员"遗失安全生产考核合格证书的，应当在公共媒体上声明作废，通过其受聘企业向原考核机关申请补办。考核机关应当在受理申请之日起 5 个工作日内办理完毕。

第十三条　"安管人员"不得涂改、倒卖、出租、出借或者以其他形式非法转让安全生产考核合格证书。

第三章　安　全　责　任

第十四条　主要负责人对本企业安全生产工作全面负责，应当建立健全企业安全生产管理体系，设置安全生产管理机构，配备专职安全生产管理人员，保证安全生产投入，督促检查本企业安全生产工作，及时消除安全事故隐患，落实安全生产责任。

第十五条　主要负责人应当与项目负责人签订安全生产责任书，确定项目安全生产考核目标、奖惩措施，以及企业为项目提供的安全管理和技术保障措施。

工程项目实行总承包的，总承包企业应当与分包企业签订安全生产协议，明确双方安全生产责任。

第十六条　主要负责人应当按规定检查企业所承担的工程项目，考核项目负责人安全生产管理能力。发现项目负责人履职不到位的，应当责令其改正；必要时，调整项目负责人。检查情况应当记入企业和项目安全管理档案。

第十七条　项目负责人对本项目安全生产管理全面负责，应当建立项目安全生产管理体系，明确项目管理人员安全职责，落实安全生产管理制度，确保项目安全生产费用有效使用。

第十八条　项目负责人应当按规定实施项目安全生产管理，监控危险性较大分部分项工程，及时排查处理施工现场安全事故隐患，隐患排查处理情况应当记入项目安全管理档案；发生事故时，应当按规定及时报告并开展现场救援。

工程项目实行总承包的，总承包企业项目负责人应当定期考核分包企业安全生产管理情况。

第十九条　企业安全生产管理机构专职安全生产管理人员应当检查在建项目安全生产管理情况，重点检查项目负责人、项目专职安全生产管理人员履责情况，处理在建项目违规违章行为，并记入企业安全管理档案。

第二十条　项目专职安全生产管理人员应当每天在施工现场开展安全检查，现场监督危险性较大的分部分项工程安全专项施工方案实施。对检查中发现的安全事故隐患，应当立即处理；不能处理的，应当及时报告项目负责人和企业安全生产管理机构。项目负责人应当及时处理。检查及处理情况应当记入项目安全管理档案。

第二十一条　建筑施工企业应当建立安全生产教育培训制度，制定年度培训计划，每年对"安管人员"进行培训和考核，考核不合格的，不得上岗。培训情况应当记入企业安全生产教育培训档案。

第二十二条　建筑施工企业安全生产管理机构和工程项目应当按规定配备相应数量和相关专业的专职安全生产管理人员。危险性较大的分部分项工程施工时，应当安排专职安全生产管理人员现场监督。

第四章　监　督　管　理

第二十三条　县级以上人民政府住房城乡建设主管部门应当依照有关法律法规和本规定，对"安管人员"持证上岗、教育培训和履行职责等情况进行监督检查。

第二十四条　县级以上人民政府住房城乡建设主管部门在实施监督检查时，应当有两名以上监督检查人员参加，不得妨碍企业正常的生产经营活动，不得索取或者收受企业的财物，不得谋取其他利益。

有关企业和个人对依法进行的监督检查应当协助与配合，不得拒绝或者阻挠。

第二十五条　县级以上人民政府住房城乡建设主管部门依法进行监督检查时，发现"安管人员"有违反本规定行为的，应当依法查处并将违法事实、处理结果或者处理建议告知考核机关。

第二十六条　考核机关应当建立本行政区域内"安管人员"的信用档案。违法违规行为、被投诉举报处理、行政处罚等情况应当作为不良行为记入信用档案，并按规定向社会公开。

"安管人员"及其受聘企业应当按规定向考核机关提供相关信息。

第五章　法　律　责　任

第二十七条　"安管人员"隐瞒有关情况或者提供虚假材料申请安全生产考核的，考核机关不予考核，并给予警告；"安管人员"管年内不得再次申请考核。

"安管人员"以欺骗、贿赂等不正当手段取得安全生产考核合格证书的，由原考核机关撤销安全生产考核合格证书；"安管人员"管年内不得再次申请考核。

第二十八条　"安管人员"涂改、倒卖、出租、出借或者以其他形式非法转让安全生产考核合格证书的，由县级以上地方人民政府住房城乡建设主管部门给予警告，并处1000元以上5000元以下的罚款。

第二十九条　建筑施工企业未按规定开展"安管人员"安全生产教育培训考核，或者未按规定如实将考核情况记入安全生产教育培训档案的，由县级以上地方人民政府住房城乡建设主管部门责令限期改正，并处2万元以下的罚款。

第三十条　建筑施工企业有下列行为之一的，由县级以上人民政府住房城乡建设主管部门责令限期改正；逾期未改正的，责令停业整顿，并处2万元以下的罚款；导致不具备《安全生产许可证条例》规定的安全生产条件的，应当依法暂扣或者吊销安全生产许可证：

（一）未按规定设立安全生产管理机构的；

（二）未按规定配备专职安全生产管理人员的；

（三）危险性较大的分部分项工程施工时未安排专职安全生产管理人员现场监督的；

（四）"安管人员"未取得安全生产考核合格证书的。

第三十一条　"安管人员"未按规定办理证书变更的，由县级以上地方人民政府住房城乡建设主管部门责令限期改正，并处1000元以上5000元以下的罚款。

第三十二条　主要负责人、项目负责人未按规定履行安全生产管理职责的，由县级以上人民政府住房城乡建设主管部门责令限期改正；逾期未改正的，责令建筑施工企业停业整顿；造成生产安全事故或者其他严重后果的，按照《生产安全事故报告和调查处理条例》的有关规定，依法暂扣或者吊销安全生产考核合格证书；构成犯罪的，依法追究刑事责任。

主要负责人、项目负责人有前款违法行为，尚不够刑事处罚的，处2万元以上20万元以下的罚款或者按照管理权限给予撤职处分；自刑罚执行完毕或者受处分之日起，5年内不得担任建筑施工企业的主要负责人、项目负责人。

第三十三条　专职安全生产管理人员未按规定履行安全生产管理职责的，由县级以上地方人民政府住房城乡建设主管部门责令限期改正，并处1000元以上5000元以下的罚款；造成生产安全事故或者其他严重后果的，按照《生产安全事故报告和调查处理条例》的有关规定，依法暂扣或者吊销安全生产考核合格证书；构成犯罪的，依法追究刑事责任。

第三十四条　县级以上人民政府住房城乡建设主管部门及其工作人员，有下列情形之一的，由其上级行政机关或者监察机关责令改正，对直接负责的主管人员和其他直接责任人员依法给予处分；构成犯罪的，依法追究刑事责任：

（一）向不具备法定条件的"安管人员"核发安全生产考核合格证书的；

（二）对符合法定条件的"安管人员"不予核发或者不在法定期限内核发安全生产考核合格证书的；

（三）对符合法定条件的申请不予受理或者未在法定期限内办理完毕的；

（四）利用职务上的便利，索取或者收受他人财物或者谋取其他利益的；

（五）不依法履行监督管理职责，造成严重后果的。

第六章　附　　则

第三十五条　本规定自 2014 年 9 月 1 日起施行。

附录5　房屋建筑和市政基础设施工程质量监督管理规定

第一条　为了加强房屋建筑和市政基础设施工程质量的监督，保护人民生命和财产安全，规范住房和城乡建设主管部门及工程质量监督机构（以下简称主管部门）的质量监督行为，根据《中华人民共和国建筑法》、《建设工程质量管理条例》等有关法律、行政法规，制定本规定。

第二条　在中华人民共和国境内主管部门实施对新建、扩建、改建房屋建筑和市政基础设施工程质量监督管理的，适用本规定。

第三条　国务院住房和城乡建设主管部门负责全国房屋建筑和市政基础设施工程（以下简称工程）质量监督管理工作。

县级以上地方人民政府建设主管部门负责本行政区域内工程质量监督管理工作。

工程质量监督管理的具体工作可以由县级以上地方人民政府建设主管部门委托所属的工程质量监督机构（以下简称监督机构）实施。

第四条　本规定所称工程质量监督管理，是指主管部门依据有关法律法规和工程建设强制性标准，对工程实体质量和工程建设、勘察、设计、施工、监理单位（以下简称工程质量责任主体）和质量检测等单位的工程质量行为实施监督。

本规定所称工程实体质量监督，是指主管部门对涉及工程主体结构安全、主要使用功能的工程实体质量情况实施监督。

本规定所称工程质量行为监督，是指主管部门对工程质量责任主体和质量检测等单位履行法定质量责任和义务的情况实施监督。

第五条　工程质量监督管理应当包括下列内容：

（一）执行法律法规和工程建设强制性标准的情况；

（二）抽查涉及工程主体结构安全和主要使用功能的工程实体质量；

（三）抽查工程质量责任主体和质量检测等单位的工程质量行为；

（四）抽查主要建筑材料、建筑构配件的质量；

（五）对工程竣工验收进行监督；

（六）组织或者参与工程质量事故的调查处理；

（七）定期对本地区工程质量状况进行统计分析；

（八）依法对违法违规行为实施处罚。

第六条　对工程项目实施质量监督，应当依照下列程序进行：

（一）受理建设单位办理质量监督手续；

（二）制订工作计划并组织实施；

（三）对工程实体质量、工程质量责任主体和质量检测等单位的工程质量行为进行抽查、抽测；

（四）监督工程竣工验收，重点对验收的组织形式、程序等是否符合有关规定进行监督；

（五）形成工程质量监督报告；

（六）建立工程质量监督档案。

第七条　工程竣工验收合格后，建设单位应当在建筑物明显部位设置永久性标牌，载明建设、勘察、设计、施工、监理单位等工程质量责任主体的名称和主要责任人姓名。

第八条　主管部门实施监督检查时，有权采取下列措施：

（一）要求被检查单位提供有关工程质量的文件和资料；

（二）进入被检查单位的施工现场进行检查；

（三）发现有影响工程质量的问题时，责令改正。

第九条　县级以上地方人民政府建设主管部门应当根据本地区的工程质量状况，逐步建立工程质量信用档案。

第十条　县级以上地方人民政府建设主管部门应当将工程质量监督中发现的涉及主体结构安全和主要使用功能的工程质量问题及整改情况，及时向社会公布。

第十一条　省、自治区、直辖市人民政府建设主管部门应当按照国家有关规定，对本行政区域内监督机构每三年进行一次考核。

监督机构经考核合格后，方可依法对工程实施质量监督，并对工程质量监督承担监督责任。

第十二条　监督机构应当具备下列条件：

（一）具有符合本规定第十三条规定的监督人员。人员数量由县级以上地方人民政府建设主管部门根据实际需要确定。监督人员应当占监督机构总人数的75％以上；

（二）有固定的工作场所和满足工程质量监督检查工作需要的仪器、设备和工具等；

（三）有健全的质量监督工作制度，具备与质量监督工作相适应的信息化管理条件。

第十三条　监督人员应当具备下列条件：

（一）具有工程类专业大学专科以上学历或者工程类执业注册资格；

（二）具有三年以上工程质量管理或者设计、施工、监理等工作经历；

（三）熟悉掌握相关法律法规和工程建设强制性标准；

（四）具有一定的组织协调能力和良好职业道德。

监督人员符合上述条件经考核合格后，方可从事工程质量监督工作。

第十四条　监督机构可以聘请中级职称以上的工程类专业技术人员协助实施工程质量监督。

第十五条　省、自治区、直辖市人民政府建设主管部门应当每两年对监督人员进行一次岗位考核，每年进行一次法律法规、业务知识培训，并适时组织开展继续教育培训。

第十六条　国务院住房和城乡建设主管部门对监督机构和监督人员的考核情况进行监督抽查。

第十七条　主管部门工作人员玩忽职守、滥用职权、徇私舞弊，构成犯罪的，依法追究刑事责任；尚不构成犯罪的，依法给予行政处分。

第十八条　抢险救灾工程、临时性房屋建筑工程和农民自建低层住宅工程，不适用本规定。

第十九条　省、自治区、直辖市人民政府建设主管部门可以根据本规定制定具体实施办法。

第二十条　本规定自 2010 年 9 月 1 日起施行。

附录6　房屋建筑和市政基础设施工程施工图设计文件审查管理办法

第一条　为了加强对房屋建筑工程、市政基础设施工程施工图设计文件审查的管理，提高工程勘察设计质量，根据《建设工程质量管理条例》、《建设工程勘察设计管理条例》等行政法规，制定本办法。

第二条　在中华人民共和国境内从事房屋建筑工程、市政基础设施工程施工图设计文件审查和实施监督管理的，应当遵守本办法。

第三条　国家实施施工图设计文件（含勘察文件，以下简称施工图）审查制度。

本办法所称施工图审查，是指施工图审查机构（以下简称审查机构）按照有关法律、法规，对施工图涉及公共利益、公众安全和工程建设强制性标准的内容进行的审查。施工图审查应当坚持先勘察、后设计的原则。

施工图未经审查合格的，不得使用。从事房屋建筑工程、市政基础设施工程施工、监理等活动，以及实施对房屋建筑和市政基础设施工程质量安全监督管理，应当以审查合格的施工图为依据。

第四条　国务院住房城乡建设主管部门负责对全国的施工图审查工作实施指导、监督。

县级以上地方人民政府住房城乡建设主管部门负责对本行政区域内的施工图审查工作实施监督管理。

第五条　省、自治区、直辖市人民政府住房城乡建设主管部门应当按照本办法规定的审查机构条件，结合本行政区域内的建设规模，确定相应数量的审查机构。具体办法由国务院住房城乡建设主管部门另行规定。

审查机构是专门从事施工图审查业务，不以营利为目的的独立法人。

省、自治区、直辖市人民政府住房城乡建设主管部门应当将审查机构名录报国务院住房城乡建设主管部门备案，并向社会公布。

第六条　审查机构按承接业务范围分两类，一类机构承接房屋建筑、市政基础设施工程施工图审查业务范围不受限制；二类机构可以承接中型及以下房屋建筑、市政基础设施工程的施工图审查。

房屋建筑、市政基础设施工程的规模划分，按照国务院住房城乡建设主管部门的有关规定执行。

第七条　一类审查机构应当具备下列条件：

（一）有健全的技术管理和质量保证体系。

（二）审查人员应当有良好的职业道德；有15年以上所需专业勘察、设计工作经历；主持过不少于5项大型房屋建筑工程、市政基础设施工程相应专业的设计或者甲级工程勘察项目相应专业的勘察；已实行执业注册制度的专业，审查人员应当具有一级注册建筑师、一级注册结构工程师或者勘察设计注册工程师资格，并在本审查机构注册；未实行执业注册制度的专业，审查人员应当具有高级工程师职称；近 5 年内未因违反工程建设法律法规和强制性标准受到行政处罚。

（三）在本审查机构专职工作的审查人员数量：从事房屋建筑工程施工图审查的，结构专业审查人员不少于 7 人，建筑专业不少于 3 人，电气、暖通、给排水、勘察等专业审查人员各不少于 2 人；从事市政基础设施工程施工图审查的，所需专业的审查人员不少于 7 人，其他必须配套的专业审查人员各不少于 2 人；专门从事勘察文件审查的，勘察专业审查人员不少于 7 人。

承担超限高层建筑工程施工图审查的，还应当具有主持过超限高层建筑工程或者 100 米以上建筑工程结构专业设计的审查人员不少于 3 人。

（四）60 岁以上审查人员不超过该专业审查人员规定数的 1/2。

（五）注册资金不少于 300 万元。

第八条　二类审查机构应当具备下列条件：

（一）有健全的技术管理和质量保证体系。

（二）审查人员应当有良好的职业道德；有 10 年以上所需专业勘察、设计工作经历；主持过不少于 5 项中型以上房屋建筑工程、市政基础设施工程相应专业的设计或者乙级以上工程勘察项目相应专业的勘察；已实行执业注册制度的专业，审查人员应当具有一级注册建筑师、一级注册结构工程师或者勘察设计注册工程师资格，并在本审查机构注册；未实行执业注册制度的专业，审查人员应当具有高级工程师职称；近 5 年内未因违反工程建设法律法规和强制性标准受到行政处罚。

（三）在本审查机构专职工作的审查人员数量：从事房屋建筑工程施工图审查的，结构专业审查人员不少于 3 人，建筑、电气、暖通、给排水、勘察等专业审查人员各不少于 2 人；从事市政基础设施工程施工图审查的，所需专业的审查人员不少于 4 人，其他必须配套的专业审查人员各不少于 2 人；专门从事勘察文件审查的，勘察专业审查人员不少于 4 人。

（四）60 岁以上审查人员不超过该专业审查人员规定数的 1/2。

（五）注册资金不少于 100 万元。

第九条　建设单位应当将施工图送审查机构审查，但审查机构不得与所审查项目的建设单位、勘察设计企业有隶属关系或者其他利害关系。送审管理的具体办法由省、自治区、直辖市人民政府住房城乡建设主管部门按照"公开、公平、公正"的原则规定。

建设单位不得明示或者暗示审查机构违反法律法规和工程建设强制性标准进行施工图审查，不得压缩合理审查周期、压低合理审查费用。

第十条　建设单位应当向审查机构提供下列资料并对所提供资料的真实性负责：

（一）作为勘察、设计依据的政府有关部门的批准文件及附件；

（二）全套施工图；

（三）其他应当提交的材料。

第十一条　审查机构应当对施工图审查下列内容：

（一）是否符合工程建设强制性标准；

（二）地基基础和主体结构的安全性；

（三）是否符合民用建筑节能强制性标准，对执行绿色建筑标准的项目，还应当审查是否符合绿色建筑标准；

（四）勘察设计企业和注册执业人员以及相关人员是否按规定在施工图上加盖相应的图章和签字；

（五）法律、法规、规章规定必须审查的其他内容。

第十二条 施工图审查原则上不超过下列时限：

（一）大型房屋建筑工程、市政基础设施工程为15个工作日，中型及以下房屋建筑工程、市政基础设施工程为10个工作日。

（二）工程勘察文件，甲级项目为7个工作日，乙级及以下项目为5个工作日。

以上时限不包括施工图修改时间和审查机构的复审时间。

第十三条 审查机构对施工图进行审查后，应当根据下列情况分别作出处理：

（一）审查合格的，审查机构应当向建设单位出具审查合格书，并在全套施工图上加盖审查专用章。审查合格书应当有各专业的审查人员签字，经法定代表人签发，并加盖审查机构公章。审查机构应当在出具审查合格书后5个工作日内，将审查情况报工程所在地县级以上地方人民政府住房城乡建设主管部门备案。

（二）审查不合格的，审查机构应当将施工图退建设单位并出具审查意见告知书，说明不合格原因。同时，应当将审查意见告知书及审查中发现的建设单位、勘察设计企业和注册执业人员违反法律、法规和工程建设强制性标准的问题，报工程所在地县级以上地方人民政府住房城乡建设主管部门。

施工图退建设单位后，建设单位应当要求原勘察设计企业进行修改，并将修改后的施工图送原审查机构复审。

第十四条 任何单位或者个人不得擅自修改审查合格的施工图；确需修改的，凡涉及本办法第十一条规定内容的，建设单位应当将修改后的施工图送原审查机构审查。

第十五条 勘察设计企业应当依法进行建设工程勘察、设计，严格执行工程建设强制性标准，并对建设工程勘察、设计的质量负责。

审查机构对施工图审查工作负责，承担审查责任。施工图经审查合格后，仍有违反法律、法规和工程建设强制性标准的问题，给建设单位造成损失的，审查机构依法承担相应的赔偿责任。

第十六条 审查机构应当建立、健全内部管理制度。施工图审查应当有经各专业审查人员签字的审查记录。审查记录、审查合格书、审查意见告知书等有关资料应当归档保存。

第十七条 已实行执业注册制度的专业，审查人员应当按规定参加执业注册继续教育。

未实行执业注册制度的专业，审查人员应当参加省、自治区、直辖市人民政府住房城乡建设主管部门组织的有关法律、法规和技术标准的培训，每年培训时间不少于40学时。

第十八条 按规定应当进行审查的施工图，未经审查合格的，住房城乡建设主管部门不得颁发施工许可证。

第十九条　县级以上人民政府住房城乡建设主管部门应当加强对审查机构的监督检查，主要检查下列内容：

（一）是否符合规定的条件；

（二）是否超出范围从事施工图审查；

（三）是否使用不符合条件的审查人员；

（四）是否按规定的内容进行审查；

（五）是否按规定上报审查过程中发现的违法违规行为；

（六）是否按规定填写审查意见告知书；

（七）是否按规定在审查合格书和施工图上签字盖章；

（八）是否建立健全审查机构内部管理制度；

（九）审查人员是否按规定参加继续教育。

县级以上人民政府住房城乡建设主管部门实施监督检查时，有权要求被检查的审查机构提供有关施工图审查的文件和资料，并将监督检查结果向社会公布。

第二十条　审查机构应当向县级以上地方人民政府住房城乡建设主管部门报审查情况统计信息。

县级以上地方人民政府住房城乡建设主管部门应当定期对施工图审查情况进行统计，并将统计信息报上级住房城乡建设主管部门。

第二十一条　县级以上人民政府住房城乡建设主管部门应当及时受理对施工图审查工作中违法、违规行为的检举、控告和投诉。

第二十二条　县级以上人民政府住房城乡建设主管部门对审查机构报告的建设单位、勘察设计企业、注册执业人员的违法违规行为，应当依法进行查处。

第二十三条　审查机构列入名录后不再符合规定条件的，省、自治区、直辖市人民政府住房城乡建设主管部门应当责令其限期改正；逾期不改的，不再将其列入审查机构名录。

第二十四条　审查机构违反本办法规定，有下列行为之一的，由县级以上地方人民政府住房城乡建设主管部门责令改正，处3万元罚款，并记入信用档案；情节严重的，省、自治区、直辖市人民政府住房城乡建设主管部门不再将其列入审查机构名录：

（一）超出范围从事施工图审查的；

（二）使用不符合条件审查人员的；

（三）未按规定的内容进行审查的；

（四）未按规定上报审查过程中发现的违法违规行为的；

（五）未按规定填写审查意见告知书的；

（六）未按规定在审查合格书和施工图上签字盖章的；

（七）已出具审查合格书的施工图，仍有违反法律、法规和工程建设强制性标准的。

第二十五条　审查机构出具虚假审查合格书的，审查合格书无效，县级以上地方人民政府住房城乡建设主管部门处3万元罚款，省、自治区、直辖市人民政府住房城乡建设主管部门不再将其列入审查机构名录。

审查人员在虚假审查合格书上签字的，终身不得再担任审查人员；对于已实行执业注册制度的专业的审查人员，还应当依照《建设工程质量管理条例》第七十二条、《建设工程安全生产管理条例》第五十八条规定予以处罚。

第二十六条　建设单位违反本办法规定，有下列行为之一的，由县级以上地方人民政府住房城乡建设主管部门责令改正，处 3 万元罚款；情节严重的，予以通报：

（一）压缩合理审查周期的；

（二）提供不真实送审资料的；

（三）对审查机构提出不符合法律、法规和工程建设强制性标准要求的。

建设单位为房地产开发企业的，还应当依照《房地产开发企业资质管理规定》进行处理。

第二十七条　依照本办法规定，给予审查机构罚款处罚的，对机构的法定代表人和其他直接责任人员处机构罚款数额 5% 以上 10% 以下的罚款，并记入信用档案。

第二十八条　省、自治区、直辖市人民政府住房城乡建设主管部门未按照本办法规定确定审查机构的，国务院住房城乡建设主管部门责令改正。

第二十九条　国家机关工作人员在施工图审查监督管理工作中玩忽职守、滥用职权、徇私舞弊，构成犯罪的，依法追究刑事责任；尚不构成犯罪的，依法给予行政处分。

第三十条　省、自治区、直辖市人民政府住房城乡建设主管部门可以根据本办法，制订实施细则。

第三十一条　本办法自 2013 年 8 月 1 日起施行。原建设部 2004 年 8 月 23 日发布的《房屋建筑和市政基础设施工程施工图设计文件审查管理办法》（建设部令第 134 号）同时废止。

附录7　房屋建筑工程抗震设防管理规定

第一条　为了加强对房屋建筑工程抗震设防的监督管理，保护人民生命和财产安全，根据《中华人民共和国防震减灾法》、《中华人民共和国建筑法》、《建设工程质量管理条例》、《建设工程勘察设计管理条例》等法律、行政法规，制定本规定。

第二条　在抗震设防区从事房屋建筑工程抗震设防的有关活动，实施对房屋建筑工程抗震设防的监督管理，适用本规定。

第三条　房屋建筑工程的抗震设防，坚持预防为主的方针。

第四条　国务院建设主管部门负责全国房屋建筑工程抗震设防的监督管理工作。

县级以上地方人民政府建设主管部门负责本行政区域内房屋建筑工程抗震设防的监督管理工作。

第五条　国家鼓励采用先进的科学技术进行房屋建筑工程的抗震设防。

制定、修订工程建设标准时，应当及时将先进适用的抗震新技术、新材料和新结构体系纳入标准、规范，在房屋建筑工程中推广使用。

第六条　新建、扩建、改建的房屋建筑工程，应当按照国家有关规定和工程建设强制性标准进行抗震设防。

任何单位和个人不得降低抗震设防标准。

第七条　建设单位、勘察单位、设计单位、施工单位、工程监理单位，应当遵守有关房屋建筑工程抗震设防的法律、法规和工程建设强制性标准的规定，保证房屋建筑工程的抗震设防质量，依法承担相应责任。

第八条　城市房屋建筑工程的选址，应当符合城市总体规划中城市抗震防灾专业规划的要求；村庄、集镇建设的工程选址，应当符合村庄与集镇防灾专项规划和村庄与集镇建设规划中有关抗震防灾的要求。

第九条　采用可能影响房屋建筑工程抗震安全，又没有国家技术标准的新技术、新材料的，应当按照有关规定申请核准。申请时，应当说明是否适用于抗震设防区以及适用的抗震设防烈度范围。

第十条　《建筑工程抗震设防分类标准》中甲类和乙类建筑工程的初步设计文件应当有抗震设防专项内容。

超限高层建筑工程应当在初步设计阶段进行抗震设防专项审查。

新建、扩建、改建房屋建筑工程的抗震设计应当作为施工图审查的重要内容。

第十一条　产权人和使用人不得擅自变动或者破坏房屋建筑抗震构件、隔震装置、减震部件或者地震反应观测系统等抗震设施。

第十二条　已建成的下列房屋建筑工程，未采取抗震设防措施且未列入近期拆除改造计划的，应当委托具有相应设计资质的单位按现行抗震鉴定标准进行抗震鉴定：

（一）《建筑工程抗震设防分类标准》中甲类和乙类建筑工程；

（二）有重大文物价值和纪念意义的房屋建筑工程；

（三）地震重点监视防御区的房屋建筑工程。

鼓励其他未采取抗震设防措施且未列入近期拆除改造计划的房屋建筑工程产权人，委托具有相应设计资质的单位按现行抗震鉴定标准进行抗震鉴定。

经鉴定需加固的房屋建筑工程，应当在县级以上地方人民政府建设主管部门确定的限期内采取必要的抗震加固措施；未加固前应当限制使用。

第十三条　从事抗震鉴定的单位，应当遵守有关房屋建筑工程抗震设防的法律、法规和工程建设强制性标准的规定，保证房屋建筑工程的抗震鉴定质量，依法承担相应责任。

第十四条　对经鉴定需抗震加固的房屋建筑工程，产权人应当委托具有相应资质的设计、施工单位进行抗震加固设计与施工，并按国家规定办理相关手续。

抗震加固应当与城市近期建设规划、产权人的房屋维修计划相结合。经鉴定需抗震加固的房屋建筑工程在进行装修改造时，应当同时进行抗震加固。

有重大文物价值和纪念意义的房屋建筑工程的抗震加固，应当注意保持其原有风貌。

第十五条　房屋建筑工程的抗震鉴定、抗震加固费用，由产权人承担。

第十六条　已按工程建设标准进行抗震设计或抗震加固的房屋建筑工程在合理使用年限内，因各种人为因素使房屋建筑工程抗震能力受损的，或者因改变原设计使用性质，导致荷载增加或需提高抗震设防类别的，产权人应当委托有相应资质的单位进行抗震验算、修复或加固。需要进行工程检测的，应由委托具有相应资质的单位进行检测。

第十七条　破坏性地震发生后，当地人民政府建设主管部门应当组织对受损房屋建筑工程抗震性能的应急评估，并提出恢复重建方案。

第十八条　震后经应急评估需进行抗震鉴定的房屋建筑工程，应当按照抗震鉴定标准进行鉴定。经鉴定需修复或者抗震加固的，应当按照工程建设强制性标准进行修复或者抗震加固。需易地重建的，应当按照国家有关法律、法规的规定进行规划和建设。

第十九条　当发生地震的实际烈度大于现行地震动参数区划图对应的地震基本烈度时，震后修复或者建设的房屋建筑工程，应当以国家地震部门审定、发布的地震动参数复核结果，作为抗震设防的依据。

第二十条　县级以上地方人民政府建设主管部门应当加强对房屋建筑工程抗震设防质量的监督管理，并对本行政区域内房屋建筑工程执行抗震设防的法律、法规和工程建设强制性标准情况，定期进行监督检查。

县级以上地方人民政府建设主管部门应当对村镇建设抗震设防进行指导和监督。

第二十一条　县级以上地方人民政府建设主管部门应当对农民自建低层住宅抗震设防进行技术指导和技术服务，鼓励和指导其采取经济、合理、可靠的抗震措施。

地震重点监视防御区县级以上地方人民政府建设主管部门应当通过拍摄科普教育宣传片、发送农房抗震图集、建设抗震样板房、技术培训等多种方式，积极指导农民自建低层住宅进行抗震设防。

第二十二条　县级以上地方人民政府建设主管部门有权组织抗震设防检查，并采取下列措施：

（一）要求被检查的单位提供有关房屋建筑工程抗震的文件和资料；

（二）发现有影响房屋建筑工程抗震设防质量的问题时，责令改正。

第二十三条　地震发生后，县级以上地方人民政府建设主管部门应当组织专家，对破坏程度超出工程建设强制性标准允许范围的房屋建筑工程的破坏原因进行调查，并依法追究有关责任人的责任。

国务院建设主管部门应当根据地震调查情况，及时组织力量开展房屋建筑工程抗震科学研究，并对相关工程建设标准进行修订。

第二十四条　任何单位和个人对房屋建筑工程的抗震设防质量问题都有权检举和投诉。

第二十五条　违反本规定，擅自使用没有国家技术标准又未经审定通过的新技术、新材料，或者将不适用于抗震设防区的新技术、新材料用于抗震设防区，或者超出经审定的抗震烈度范围的，由县级以上地方人民政府建设主管部门责令限期改正，并处以 1 万元以上 3 万元以下罚款。

第二十六条　违反本规定，擅自变动或者破坏房屋建筑抗震构件、隔震装置、减震部件或者地震反应观测系统等抗震设施的，由县级以上地方人民政府建设主管部门责令限期改正，并对个人处以 1000 元以下罚款，对单位处以 1 万元以上 3 万元以下罚款。

第二十七条　违反本规定，未对抗震能力受损、荷载增加或者需提高抗震设防类别的房屋建筑工程，进行抗震验算、修复和加固的，由县级以上地方人民政府建设主管部门责令限期改正，逾期不改的，处以 1 万元以下罚款。

第二十八条　违反本规定，经鉴定需抗震加固的房屋建筑工程在进行装修改造时未进行抗震加固的，由县级以上地方人民政府建设主管部门责令限期改正，逾期不改的，处以 1 万元以下罚款。

第二十九条　本规定所称抗震设防区，是指地震基本烈度六度及六度以上地区（地震动峰值加速度≥第二十九的地区）。

本规定所称超限高层建筑工程，是指超出国家现行规范、规程所规定的适用高度和适用结构类型的高层建筑工程，体型特别不规则的高层建筑工程，以及有关规范、规程规定应当进行抗震专项审查的高层建筑工程。

第三十条　本规定自 2006 年 4 月 1 日起施行。

附录8 超限高层建筑工程抗震设防管理规定

第一条 为了加强超限高层建筑工程的抗震设防管理，提高超限高层建筑工程抗震设计的可靠性和安全性，保证超限高层建筑工程抗震设防的质量，根据《中华人民共和国建筑法》、《中华人民共和国防震减灾法》、《建设工程质量管理条例》、《建设工程勘察设计管理条例》等法律、法规，制定本规定。

第二条 本规定适用于抗震设防区内超限高层建筑工程的抗震设防管理。

本规定所称超限高层建筑工程，是指超出国家现行规范、规程所规定的适用高度和适用结构类型的高层建筑工程，体型特别不规则的高层建筑工程，以及有关规范、规程规定应当进行抗震专项审查的高层建筑工程。

第三条 国务院建设行政主管部门负责全国超限高层建筑工程抗震设防的管理工作。

省、自治区、直辖市人民政府建设行政主管部门负责本行政区内超限高层建筑工程抗震设防的管理工作。

第四条 超限高层建筑工程的抗震设防应当采取有效的抗震措施，确保超限高层建筑工程达到规范规定的抗震设防目标。

第五条 在抗震设防区内进行超限高层建筑工程的建设时，建设单位应当在初步设计阶段向工程所在地的省、自治区、直辖市人民政府建设行政主管部门提出专项报告。

第六条 超限高层建筑工程所在地的省、自治区、直辖市人民政府建设行政主管部门，负责组织省、自治区、直辖市超限高层建筑工程抗震设防专家委员会对超限高层建筑工程进行抗震设防专项审查。

审查难度大或审查意见难以统一的，工程所在地的省、自治区、直辖市人民政府建设行政主管部门可请全国超限高层建筑工程抗震设防专家委员会提出专项审查意见，并报国务院建设行政主管部门备案。

第七条 全国和省、自治区、直辖市的超限高层建筑工程抗震设防审查专家委员会委员分别由国务院建设行政主管部门和省、自治区、直辖市人民政府建设行政主管部门聘任。

超限高层建筑工程抗震设防专家委员会应当由长期从事并精通高层建筑工程抗震的勘察、设计、科研、教学和管理专家组成，并对抗震设防专项审查意见承担相应的审查责任。

第八条 超限高层建筑工程的抗震设防专项审查内容包括：建筑的抗震设防分类、抗震设防烈度（或者设计地震动参数）、场地抗震性能评价、抗震概念设计、主要结构布置、建筑与结构的协调、使用的计算程序、结构计算结果、地基基础和上部结构抗震性能评估等。

第九条 建设单位申报超限高层建筑工程的抗震设防专项审查时，应当提供以下材料：

（一）超限高层建筑工程抗震设防专项审查表；

（二）设计的主要内容、技术依据、可行性论证及主要抗震措施；

（三）工程勘察报告；

（四）结构设计计算的主要结果；

（五）结构抗震薄弱部位的分析和相应措施；

（六）初步设计文件；

（七）设计时参照使用的国外有关抗震设计标准、工程和震害资料及计算机程序；

（八）对要求进行模型抗震性能试验研究的，应当提供抗震试验研究报告。

第十条 建设行政主管部门应当自接到抗震设防专项审查全部申报材料之日起 25 日内，组织专家委员会提出书面审查意见，并将审查结果通知建设单位。

第十一条 超限高层建筑工程抗震设防专项审查费用由建设单位承担。

第十二条 超限高层建筑工程的勘察、设计、施工、监理，应当由具备甲级（一级及以上）资质的勘察、设计、施工和工程监理单位承担，其中建筑设计和结构设计应当分别由具有高层建筑设计经验的一级注册建筑师和一级注册结构工程师承担。

第十三条 建设单位、勘察单位、设计单位应当严格按照抗震设防专项审查意见进行超限高层建筑工程的勘察、设计。

第十四条 未经超限高层建筑工程抗震设防专项审查，建设行政主管部门和其他有关部门不得对超限高层建筑工程施工图设计文件进行审查。

超限高层建筑工程的施工图设计文件审查应当由经国务院建设行政主管部门认定的具有超限高层建筑工程审查资格的施工图设计文件审查机构承担。

施工图设计文件审查时应当检查设计图纸是否执行了抗震设防专项审查意见；未执行专项审查意见的，施工图设计文件审查不能通过。

第十五条 建设单位、施工单位、工程监理单位应当严格按照经抗震设防专项审查和施工图设计文件审查的勘察设计文件进行超限高层建筑工程的抗震设防和采取抗震措施。

第十六条 对国家现行规范要求设置建筑结构地震反应观测系统的超限高层建筑工程，建设单位应当按照规范要求设置地震反应观测系统。

第十七条 建设单位违反本规定，施工图设计文件未经审查或者审查不合格，擅自施工的，责令改正，处以 20 万元以上 50 万元以下的罚款。

第十八条 勘察、设计单位违反本规定，未按照抗震设防专项审查意见进行超限高层建筑工程勘察、设计的，责令改正，处以 1 万元以上 3 万元以下的罚款；造成损失的，依法承担赔偿责任。

第十九条 国家机关工作人员在超限高层建筑工程抗震设防管理工作中玩忽职守，滥用职权，徇私舞弊，构成犯罪的，依法追究刑事责任；尚不构成犯罪的，依法给予行政处分。

第二十条 省、自治区、直辖市人民政府建设行政主管部门，可结合本地区的具体情况制定实施细则，并报国务院建设行政主管部门备案。

第二十一条 本规定自 2002 年 9 月 1 日起施行。1997 年 12 月 23 日建设部颁布的《超限高层建筑工程抗震设防管理暂行规定》（建设部令第 59 号）同时废止。

附录9 建设工程质量检测管理办法

第一条 为了加强对建设工程质量检测的管理，根据《中华人民共和国建筑法》、《建设工程质量管理条例》，制定本办法。

第二条 申请从事对涉及建筑物、构筑物结构安全的试件、试件以及有关材料检测的工程质量检测机构资质，实施对建设工程质量检测活动的监督管理，应当遵守本办法。

本办法所称建设工程质量检测（以下简称质量检测），是指工程质量检测机构（以下简称检测机构）接受委托，依据国家有关法律、法规和工程建设强制性标准，对涉及结构安全项目的抽样检测和对进入施工现场的建筑材料、构配件的见证取样检测。

第三条 国务院建设主管部门负责对全国质量检测活动实施监督管理，并负责制定检测机构资质标准。

省、自治区、直辖市人民政府建设主管部门负责对本行政区域内的质量检测活动实施监督管理，并负责检测机构的资质审批。

市、县人民政府建设主管部门负责对本行政区域内的质量检测活动实施监督管理。

第四条 检测机构是具有独立法人资格的中介机构。检测机构从事本办法附件一规定的质量检测业务，应当依据本办法取得相应的资质证书。

检测机构资质按照其承担的检测业务内容分为专项检测机构资质和见证取样检测机构资质。检测机构资质标准由附件二规定。

检测机构未取得相应的资质证书，不得承担本办法规定的质量检测业务。

第五条 申请检测资质的机构应当向省、自治区、直辖市人民政府建设主管部门提交下列申请材料：

（一）《检测机构资质申请表》一式三份；

（二）工商营业执照原件及复印件；

（三）与所申请检测资质范围相对应的计量认证证书原件及复印件；

（四）主要检测仪器、设备清单；

（五）技术人员的职称证书、身份证和社会保险合同的原件及复印件；

（六）检测机构管理制度及质量控制措施。

《检测机构资质申请表》由国务院建设主管部门制定式样。

第六条 省、自治区、直辖市人民政府建设主管部门在收到申请人的申请材料后，应当即时作出是否受理的决定，并向申请人出具书面凭证；申请材料不齐全或者不符合法定形式的，应当在5日内一次性告知申请人需要补正的全部内容。逾期不告知的，自收到申请材料之日起即为受理。

省、自治区、直辖市建设主管部门受理资质申请后，应当对申报材料进行审查，自受理之日起20个工作日内审批完毕并作出书面决定。对符合资质标准的，自作出决定之日起10个工作日内颁发《检测机构资质证书》，并报国务院建设主管部门备案。

第七条　《检测机构资质证书》应当注明检测业务范围，分为正本和副本，由国务院建设主管部门制定式样，正、副本具有同等法律效力。

第八条　检测机构资质证书有效期为 3 年。资质证书有效期满需要延期的，检测机构应当在资质证书有效期满 30 个工作日前申请办理延期手续。

检测机构在资质证书有效期内没有下列行为的，资质证书有效期届满时，经原审批机关同意，不再审查，资质证书有效期延期 3 年，由原审批机关在其资质证书副本上加盖延期专用章；检测机构在资质证书有效期内有下列行为之一的，原审批机关不予延期：

（一）超出资质范围从事检测活动的；

（二）转包检测业务的；

（三）涂改、倒卖、出租、出借或者以其他形式非法转让资质证书的；

（四）未按照国家有关工程建设强制性标准进行检测，造成质量安全事故或致使事故损失扩大的；

（五）伪造检测数据，出具虚假检测报告或者鉴定结论的。

第九条　检测机构取得检测机构资质后，不再符合相应资质标准的，省、自治区、直辖市人民政府建设主管部门根据利害关系人的请求或者依据职权，可以责令其限期改正；逾期不改的，可以撤回相应的资质证书。

第十条　任何单位和个人不得涂改、倒卖、出租、出借或者以其他形式非法转让资质证书。

第十一条　检测机构变更名称、地址、法定代表人、技术负责人，应当在 3 个月内到原审批机关办理变更手续。

第十二条　本办法规定的质量检测业务，由工程项目建设单位委托具有相应资质的检测机构进行检测。委托方与被委托方应当签订书面合同。

检测结果利害关系人对检测结果发生争议的，由双方共同认可的检测机构复检，复检结果由提出复检方报当地建设主管部门备案。

第十三条　质量检测试样的取样应当严格执行有关工程建设标准和国家有关规定，在建设单位或者工程监理单位监督下现场取样。提供质量检测试样的单位和个人，应当对试样的真实性负责。

第十四条　检测机构完成检测业务后，应当及时出具检测报告。检测报告经检测人员签字、检测机构法定代表人或者其授权的签字人签署，并加盖检测机构公章或者检测专用章后方可生效。检测报告经建设单位或者工程监理单位确认后，由施工单位归档。

见证取样检测的检测报告中应当注明见证人单位及姓名。

第十五条　任何单位和个人不得明示或者暗示检测机构出具虚假检测报告，不得篡改或者伪造检测报告。

第十六条　检测人员不得同时受聘于两个或者两个以上的检测机构。

检测机构和检测人员不得推荐或者监制建筑材料、构配件和设备。

检测机构不得与行政机关，法律、法规授权的具有管理公共事务职能的组织以及所检测工程项目相关的设计单位、施工单位、监理单位有隶属关系或者其他利害关系。

第十七条　检测机构不得转包检测业务。

检测机构跨省、自治区、直辖市承担检测业务的，应当向工程所在地的省、自治区、直辖市人民政府建设主管部门备案。

第十八条　检测机构应当对其检测数据和检测报告的真实性和准确性负责。

检测机构违反法律、法规和工程建设强制性标准，给他人造成损失的，应当依法承担相应的赔偿责任。

第十九条　检测机构应当将检测过程中发现的建设单位、监理单位、施工单位违反有关法律、法规和工程建设强制性标准的情况，以及涉及结构安全检测结果的不合格情况，及时报告工程所在地建设主管部门。

第二十条　检测机构应当建立档案管理制度。检测合同、委托单、原始记录、检测报告应当按年度统一编号，编号应当连续，不得随意抽撤、涂改。

检测机构应当单独建立检测结果不合格项目台账。

第二十一条　县级以上地方人民政府建设主管部门应当加强对检测机构的监督检查，主要检查下列内容：

（一）是否符合本办法规定的资质标准；

（二）是否超出资质范围从事质量检测活动；

（三）是否有涂改、倒卖、出租、出借或者以其他形式非法转让资质证书的行为；

（四）是否按规定在检测报告上签字盖章，检测报告是否真实；

（五）检测机构是否按有关技术标准和规定进行检测；

（六）仪器设备及环境条件是否符合计量认证要求；

（七）法律、法规规定的其他事项。

第二十二条　建设主管部门实施监督检查时，有权采取下列措施：

（一）要求检测机构或者委托方提供相关的文件和资料；

（二）进入检测机构的工作场地（包括施工现场）进行抽查；

（三）组织进行比对试验以验证检测机构的检测能力；

（四）发现有不符合国家有关法律、法规和工程建设标准要求的检测行为时，责令改正。

第二十三条　建设主管部门在监督检查中为收集证据的需要，可以对有关试样和检测资料采取抽样取证的方法；在证据可能灭失或者以后难以取得的情况下，经部门负责人批准，可以先行登记保存有关试样和检测资料，并应当在7日内及时作出处理决定，在此期间，当事人或者有关人员不得销毁或者转移有关试样和检测资料。

第二十四条　县级以上地方人民政府建设主管部门，对监督检查中发现的问题应当按规定权限进行处理，并及时报告资质审批机关。

第二十五条　建设主管部门应当建立投诉受理和处理制度，公开投诉电话号码、通讯地址和电子邮件信箱。

检测机构违反国家有关法律、法规和工程建设标准规定进行检测的，任何单位和个人都有权向建设主管部门投诉。建设主管部门收到投诉后，应当及时核实并依据本办法对检测机构作出相应的处理决定，于30日内将处理意见答复投诉人。

第二十六条　违反本办法规定，未取得相应的资质，擅自承担本办法规定的检测业务的，其检测报告无效，由县级以上地方人民政府建设主管部门责令改正，并处 1 万元以上 3 万元以下的罚款。

第二十七条　检测机构隐瞒有关情况或者提供虚假材料申请资质的，省、自治区、直辖市人民政府建设主管部门不予受理或者不予行政许可，并给予警告，1 年之内不得再次申请资质。

第二十八条　以欺骗、贿赂等不正当手段取得资质证书的，由省、自治区、直辖市人民政府建设主管部门撤销其资质证书，3 年内不得再次申请资质证书；并由县级以上地方人民政府建设主管部门处以 1 万元以上 3 万元以下的罚款；构成犯罪的，依法追究刑事责任。

第二十九条　检测机构违反本办法规定，有下列行为之一的，由县级以上地方人民政府建设主管部门责令改正，可并处 1 万元以上 3 万元以下的罚款；构成犯罪的，依法追究刑事责任：

（一）超出资质范围从事检测活动的；

（二）涂改、倒卖、出租、出借、转让资质证书的；

（三）使用不符合条件的检测人员的；

（四）未按规定上报发现的违法违规行为和检测不合格事项的；

（五）未按规定在检测报告上签字盖章的；

（六）未按照国家有关工程建设强制性标准进行检测的；

（七）档案资料管理混乱，造成检测数据无法追溯的；

（八）转包检测业务的。

第三十条　检测机构伪造检测数据，出具虚假检测报告或者鉴定结论的，县级以上地方人民政府建设主管部门给予警告，并处 3 万元罚款；给他人造成损失的，依法承担赔偿责任；构成犯罪的，依法追究其刑事责任。

第三十一条　违反本办法规定，委托方有下列行为之一的，由县级以上地方人民政府建设主管部门责令改正，处 1 万元以上 3 万元以下的罚款：

（一）委托未取得相应资质的检测机构进行检测的；

（二）明示或暗示检测机构出具虚假检测报告，篡改或伪造检测报告的；

（三）弄虚作假送检试样的。

第三十二条　依照本办法规定，给予检测机构罚款处罚的，对检测机构的法定代表人和其他直接责任人员处罚款数额 5% 以上 10% 以下的罚款。

第三十三条　县级以上人民政府建设主管部门工作人员在质量检测管理工作中，有下列情形之一的，依法给予行政处分；构成犯罪的，依法追究刑事责任：

（一）对不符合法定条件的申请人颁发资质证书的；

（二）对符合法定条件的申请人不予颁发资质证书的；

（三）对符合法定条件的申请人未在法定期限内颁发资质证书的；

（四）利用职务上的便利，收受他人财物或者其他好处的；

（五）不依法履行监督管理职责，或者发现违法行为不予查处的。

第三十四条 检测机构和委托方应当按照有关规定收取、支付检测费用。没有收费标准的项目由双方协商收取费用。

第三十五条 水利工程、铁道工程、公路工程等工程中涉及结构安全的试件、试件及有关材料的检测按照有关规定，可以参照本办法执行。节能检测按照国家有关规定执行。

第三十六条 本规定自 2005 年 11 月 1 日起施行。

附录 10　房屋建筑工程质量保修办法

第一条　为保护建设单位、施工单位、房屋建筑所有人和使用人的合法权益，维护公共安全和公众利益，根据《中华人民共和国建筑法》和《建设工程质量管理条例》，制订本办法。

第二条　在中华人民共和国境内新建、扩建、改建各类房屋建筑工程（包括装修工程）的质量保修，适用本办法。

第三条　本办法所称房屋建筑工程质量保修，是指对房屋建筑工程竣工验收后在保修期限内出现的质量缺陷，予以修复。

本办法所称质量缺陷，是指房屋建筑工程的质量不符合工程建设强制性标准以及合同的约定。

第四条　房屋建筑工程在保修范围和保修期限内出现质量缺陷，施工单位应当履行保修义务。

第五条　国务院建设行政主管部门负责全国房屋建筑工程质量保修的监督管理。

县级以上地方人民政府建设行政主管部门负责本行政区域内房屋建筑工程质量保修的监督管理。

第六条　建设单位和施工单位应当在工程质量保修书中约定保修范围、保修期限和保修责任等，双方约定的保修范围、保修期限必须符合国家有关规定。

第七条　在正常使用下，房屋建筑工程的最低保修期限为：

（一）地基基础工程和主体结构工程，为设计文件规定的该工程的合理使用年限；

（二）屋面防水工程、有防水要求的卫生间、房间和外墙面的防渗漏，为 5 年；

（三）供热与供冷系统，为 2 个采暖期、供冷期；

（四）电气管线、给排水管道、设备安装为 2 年；

（五）装修工程为 2 年。

其他项目的保修期限由建设单位和施工单位约定。

第八条　房屋建筑工程保修期从工程竣工验收合格之日起计算。

第九条　房屋建筑工程在保修期限内出现质量缺陷，建设单位或者房屋建筑所有人应当向施工单位发出保修通知。施工单位接到保修通知后，应当到现场核查情况，在保修书约定的时间内予以保修。发生涉及结构安全或者严重影响使用功能的紧急抢修事故，施工单位接到保修通知后，应当立即到达现场抢修。

第十条　发生涉及结构安全的质量缺陷，建设单位或者房屋建筑所有人应当立即向当地建设行政主管部门报告，采取安全防范措施；由原设计单位或者具有相应资质等级的设计单位提出保修方案，施工单位实施保修，原工程质量监督机构负责监督。

第十一条　保修完成后，由建设单位或者房屋建筑所有人组织验收。涉及结构安全的，应当报当地建设行政主管部门备案。

第十二条　施工单位不按工程质量保修书约定保修的，建设单位可以另行委托其他单位保修，由原施工单位承担相应责任。

第十三条　保修费用由质量缺陷的责任方承担。

第十四条　在保修期内，因房屋建筑工程质量缺陷造成房屋所有人、使用人或者第三方人身、财产损害的，房屋所有人、使用人或者第三方可以向建设单位提出赔偿要求。建设单位向造成房屋建筑工程质量缺陷的责任方追偿。

第十五条　因保修不及时造成新的人身、财产损害，由造成拖延的责任方承担赔偿责任。

第十六条　房地产开发企业售出的商品房保修，还应当执行《城市房地产开发经营管理条例》和其他有关规定。

第十七条　下列情况不属于本办法规定的保修范围：

（一）因使用不当或者第三方造成的质量缺陷；

（二）不可抗力造成的质量缺陷。

第十八条　施工单位有下列行为之一的，由建设行政主管部门责令改正，并处 1 万元以上 3 万元以下的罚款。

（一）工程竣工验收后，不向建设单位出具质量保修书的；

（二）质量保修的内容、期限违反本办法规定的。

第十九条　施工单位不履行保修义务或者拖延履行保修义务的，由建设行政主管部门责令改正，处 10 万元以上 20 万元以下的罚款。

第二十条　军事建设工程的管理，按照中央军事委员会的有关规定执行。

第二十一条　本办法由国务院建设行政主管部门负责解释。

第二十二条　本办法自发布之日起施行。

附录 11　工程建设标准解释管理办法

第一条　为加强工程建设标准实施管理，规范工程建设标准解释工作，根据《标准化法》、《标准化法实施条例》和《实施工程建设强制性标准监督规定》（建设部令第 81 号）等有关规定，制定本办法。

第二条　工程建设标准解释（以下简称标准解释）是指具有标准解释权的部门（单位）按照解释权限和工作程序，对标准规定的依据、涵义以及适用条件等所作的书面说明。

第三条　本办法适用于工程建设国家标准、行业标准和地方标准的解释工作。

第四条　国务院住房城乡建设主管部门负责全国标准解释的管理工作，国务院有关主管部门负责本行业标准解释的管理工作，省级住房城乡建设主管部门负责本行政区域标准解释的管理工作。

第五条　标准解释应按照"谁批准、谁解释"的原则，做到科学、准确、公正、规范。

第六条　标准解释由标准批准部门负责。

对涉及强制性条文的，标准批准部门可指定有关单位出具意见，并做出标准解释。

对涉及标准具体技术内容的，可由标准主编单位或技术依托单位出具解释意见。当申请人对解释意见有异议时，可提请标准批准部门作出标准解释。

第七条　申请标准解释应以书面形式提出，申请人应提供真实身份、姓名和联系方式。

第八条　符合本办法第七条规定的标准解释申请应予受理，但下列情况除外：

（一）不属于标准规定的内容；

（二）执行标准的符合性判定；

（三）尚未发布的标准。

第九条　标准解释申请受理后，应在 15 个工作日内给予答复。对于情况复杂或需要技术论证，在规定期限内不能答复的，应及时告知申请人延期理由和答复时间。

第十条　标准解释应以标准条文规定为准，不得扩展或延伸标准条文的规定，如有必要可组织专题论证。办理答复前，应听取标准主编单位或主要起草人员的意见和建议。

第十一条　标准解释应加盖负责部门（单位）的公章。

第十二条　标准解释过程中的全部资料和记录，应由负责解释的部门（单位）存档。对申请人提出的问题及答复情况应定期进行分析、整理和汇总。

第十三条　对标准解释中的共性问题及答复内容，经标准批准部门同意，可在相关专业期刊、官方网站上予以公布。

第十四条　标准修订后，原已作出的标准解释不适用于新标准。

第十五条　本办法由住房城乡建设部负责解释。

第十六条　本办法自印发之日起实施。

附录 12 住房和城乡建设部强制性条文协调委员会简介

　　住房和城乡建设部强制性条文协调委员会（以下简称"强条委"）是由住房和城乡建设部批准成立，以原《工程建设标准强制性条文》（房屋建筑部分）咨询委员会为基础重新组建，开展城乡规划、城乡建设和房屋建筑领域工程建设标准强制性条文管理工作的标准化技术支撑机构，于 2012 年成立。

　　强条委第一届强条委由 59 名委员组成。田国民任主任委员，黄强任常务副主任委员，徐文龙、王凯、李铮任副主任委员，王果英任秘书长，程志军任常务副秘书长，王磐岩、鹿勤、林常青任副秘书长。秘书处承担单位为中国建筑科学研究院。

　　主要工作任务：

　　1. 负责对住房和城乡建设领域工程建设标准强制性条文进行审查。

　　2. 协助住房和城乡建设部对强制性条文进行日常管理和对强制性条文技术内容进行解释。

　　3. 协助住房和城乡建设部开展强制性条文实施的监督检查；组织开展强制性条文复审工作。

　　4. 组织开展强制性条文的宣贯培训工作。

　　5. 组织开展强制性条文的发展研究工作等。

　　秘书处联系方式：

　　地　址：北京市北三环东路 30 号，中国建筑科学研究院标准规范处（100013）

　　网　址：http://www.actr.org.cn/

　　E-mail：qtw@cabr.com.cn

附录 13　住房和城乡建设部强制性条文协调委员会章程

第一章　总　　则

第一条　根据《住房和城乡建设部专业标准化技术委员会工作准则》的有关规定，结合住房城乡建设领域工程建设标准强制性条文工作的具体情况，制定本章程。

第二条　住房和城乡建设部强制性条文协调委员会（简称"强条委"）是经住房和城乡建设部批准成立并开展城乡规划、城乡建设和房屋建筑领域工程建设标准强制性条文管理工作的标准化技术支撑机构。

第二章　工　作　任　务

第三条　负责对住房和城乡建设部各专业标准化技术委员会提交的工程建设国家标准、行业标准，以及各地方建设行政主管部门或其委托机构报请备案的地方标准中的强制性条文进行审查。

第四条　协助住房和城乡建设部对强制性条文进行日常管理和对强制性条文技术内容进行解释。

第五条　协助住房和城乡建设部开展强制性条文实施的监督检查。

第六条　根据工作需要，派员参加相关国家标准、行业标准的送审稿审查会议。

第七条　组织开展强制性条文复审工作。

第八条　组织开展强制性条文的宣贯培训工作。

第九条　组织开展强制性条文的发展研究工作。

第十条　承担住房和城乡建设部标准定额司委托的其他工作。

第三章　组　织　机　构

第十一条　强条委由具有较高理论水平和丰富实践经验，熟悉和热心标准化工作的工程技术人员、研究人员和管理人员等组成。

第十二条　强条委设主任委员 1 人，常务副主任委员 1 人，副主任委员若干人，秘书长 1 人，常务副秘书长 1 人，副秘书长若干人，委员若干人。协调委员会每届任期四年，委员由住房和城乡建设部聘任。

第十三条　强条委设秘书处，负责日常工作和印章管理。秘书处承担单位应委派工作人员承担秘书处具体工作，并为秘书处提供必要的工作条件和经费。秘书处工作应纳入秘书处承担单位的工作计划。

第十四条　强条委新增委员可由强条委秘书处提出推荐人选，经主任委员审核后，报住房和城乡建设部批准并聘任。

第十五条　根据工作需要，强条委秘书处可临时聘请相关社会团体、单位的代表和专家参与强制性条文具体工作。

第十六条　根据工作需要，强条委可成立专业工作组，承担各专业领域强制性条文的有关具体工作。

第四章　工　作　制　度

第十七条　强条委制订年度工作计划并组织实施。

第十八条　强条委实行工作会议制度。强条委工作会议，原则上每年召开一次，讨论强条委工作中的重大事项，对上一年度工作进行总结并对下一年度工作做出计划安排。

第十九条　根据工作需要，强条委可决定临时召开全体委员或部分委员会议。强条委会议可由主任委员、副主任委员、秘书长或副秘书长主持，会议议题由主任委员或副主任委员决定。

第二十条　强制性条文审查可采取函审或会议审查方式。

第二十一条　强条委与住房和城乡建设部有关专业标准化技术委员会建立并实行联络员制度。

第五章　委员的权利和义务

第二十二条　强条委委员在委员会内拥有建议权、表决权和获得委员会有关文件和资料的权利。

第二十三条　强条委委员有遵守委员会章程、执行委员会决议、参加委员会活动的义务。

第二十四条　强条委委员应承担委员会分配的工作，积极参加各项活动。对不履行职责，或每届任期内两次不参加活动，或因其他原因不适宜继续担任委员者，秘书处可向强条委主任委员提出调整或解聘的建议，经主任委员审核后，报住房和城乡建设部批准。

第二十五条　强条委委员应向所在单位报告强制性条文有关工作，所在单位应支持委员的工作，提供必要的工作条件和经费。

第六章　工　作　经　费

第二十六条　强条委的工作经费主要由以下几方面提供：

（一）主管部门为强条委提供的支持经费；

（二）强条委秘书处承担单位提供的工作经费；

（三）强条委委员所在单位提供的支持经费；

（四）强条委开展咨询、培训和服务等工作的收入。

第二十七条　强条委的工作经费按照专款专用的原则筹集和开支。

第二十八条　强条委工作经费的主要用途为：

（一）强条委会议等活动经费；

（二）向委员提供文件、资料所需费用；

（三）强制性条文审查费用；

（四）出版物编辑、国际标准文件翻译等稿酬和人员劳务费等；

（五）参与国际、国内标准化活动所需费用；

（六）秘书处日常工作费用等。

第二十九条　强条委工作经费的管理与使用，应严格遵守国家有关财务制度和财经纪律，并接受主管部门和秘书处承担单位的审计和监督。

第七章　附　　则

第三十条　强条委依据本章程制定强制性条文审查等事项的工作程序和管理办法。

第三十一条　本章程由强条委秘书处负责解释。

第三十二条　本章程经强条委第一次全体会议（2012 年 4 月 5 日，北京）讨论通过，自印发之日起施行。

附录 14 住房和城乡建设部强制性条文协调委员会强制性条文解释工作办法

第一章 总 则

第一条 为协助主管部门做好强制性条文的解释工作，更好地发挥住房和城乡建设部强制性条文协调委员会（以下简称强条委）的技术支撑作用，根据《住房和城乡建设部强制性条文协调委员会章程》等文件，制定本工作办法。

第二条 本工作办法适用于城乡规划、城乡建设和房屋建筑工程建设标准强制性条文的解释。

本工作办法所称工程建设标准包括工程建设国家标准和行业标准；工程建设标准强制性条文（以下简称强制性条文）包括全文强制标准的条文和非全文强制标准中的强制性条文。

第二章 任 务 和 执 行

第三条 强条委秘书处负责组织执行主管部门下达的强制性条文解释任务。对强制性条文解释任务，主管部门应出具书面文件。

第四条 对有关部门、强制性条文实施单位提出的强制性条文解释要求，应转请主管部门提出解释要求，由强条委秘书处组织执行。

第五条 强条委秘书处负责组织相关人员或成立专题工作组开展相关强制性条文具体技术内容的解释。相关人员或专题工作组成员包括强条委委员、相关标准化技术委员会委员、相关标准主要起草人和有关专家。

第六条 对强制性条文的解释，应出具强制性条文解释函。起草强制性条文解释函时，应当深入调查研究，对主要技术内容做出具体解释，并进行论证。

第七条 强制性条文解释函的解释内容应以条文规定为依据，不得扩展或延伸条文规定，并应做到措辞准确、逻辑严密，与相关强制性条文协调统一。

第八条 强制性条文解释函应加盖强条委公章后报送主管部门；经主管部门同意或授权，也可直接回复给提出强制性条文解释要求的部门或单位。

第九条 强制性条文解释过程中的全部资料和记录由强条委秘书处存档。

第十条 强条委委员和秘书处成员不得以强条委或个人名义对强制性条文进行解释。

第三章 附 则

第十一条 本工作办法由强条委秘书处负责解释。

第十二条 本工作办法由强条委全体委员讨论通过，自印发之日起施行。